Das Buch

Weltweit das gleiche Bild: Männer allein auf den Inseln der Entscheidung. Dort, wo die Generatoren der Zukunft laufen, an der Spitze von Weltkonzernen, kämpfen und scheitern sie männlich, überschätzen sie ihre Kraftreserven, unterschätzen sie manches Risiko. Sie sind *high-risk gambler* ohne den Flankenschutz der *safe investors*, der Frauen. Männer bewegen die Welt, obwohl sie nur die halbe darstellen, und Frauen liefern Zwischenrufe wie »Laß uns mitspielen!« Aber wenn wir so weitermachen, werden wir an den Herausforderungen des neuen Jahrtausends scheitern. Diese Erkenntnisse und ihre eigenen Erfahrungen in den Leitungsgremien von Großkonzernen verbindet Gertrud Höhler, Pilotfigur eines neuen Frauentypus, zu einem überraschend schlüssigen Lösungsmodell für das gemeinsame Dilemma von Mann und Frau. *Mixed Leadership* heißt die befreiende Formel: Erst wenn die komplexe Problemsicht der Fau den erfolgsorientierten Vereinfacher Mann frühzeitig dort mit farbigen Bildern versorgt, wo er bisher im Schwarzweiß seines Tunnelblicks viele Chancen ausblendete, können Fehler vermieden und gemeinsame Siege möglich werden. Denn Wolfsrudel brauchen nun mal Wölfinnen ...

Die Autorin

Gertrud Höhler, namhafte Publizistin und Professorin für Literatur, ist heute als Managementberaterin in der freien Wirtschaft tätig und hat mehrere Bestseller verfaßt.

In unserem Hause sind von Gertrud Höhler bereits erschienen:
Herzschlag der Sieger
Spielregeln des Glücks
Spielregeln für Sieger

Gertrud Höhler

Wölfin unter Wölfen

Warum Männer ohne Frauen
Fehler machen

Ullstein

Besuchen Sie uns im Internet:
www.ullstein-taschenbuch.de

Umwelthinweis:
Dieses Buch wurde auf chlor- und säurefreiem Papier gedruckt.

Ullstein Verlag
Ullstein ist ein Verlag des Verlagshauses Ullstein Heyne List GmbH & Co. KG
2. Auflage 2003
© 2003 by Ullstein Heyne List GmbH & Co. KG
© 2003 by Econ Heyne List Verlag GmbH & Co. KG, München / Econ Verlag
Umschlagkonzept: Büro Meyer & Schmidt, München – Jorge Schmidt
Umschlaggestaltung: Petra Soeltzer, Düsseldorf
Titelabbildung: Erwin Falk
Druck und Bindearbeiten: Clausen & Bosse, Leck
Printed in Germany
ISBN 3-548-36595-7

Für Abel und Luna –
Zweimal die ganze Welt!

Inhalt

I Zwei Optionen: Tunnelblick und weites Land

1. Zwischen Gewalt und Fürsorge:
   Homo sapiens, das »riskierte Wesen« 13
2. Der Mann – ein Sparmodell:
   mehr Neugier, weniger Optionen 29
3. Maskuline und feminine Hälfte des Himmels 39
4. Zwei Gehirne – zwei strategische Konzepte 55
5. Defizite? – Differenzen! 73
6. Silent Revolution: zwei Codes kombinieren 84

II Rausch und Ethos der Macht

7. Auch Lorbeerkränze welken......................... 91
8. Global Players – Helden mit immer mehr androgynen
   Botschaften 99
9. Der Auftritt – Topmanager, wie sie sein möchten 105
10. Wieviel Androgene braucht ein Topmanager?........... 113

III Das Ende der Legende von Wölfen und Lämmern

11. Wölfe, die keinen Schafspelz brauchen 123
12. Die Laster der Lämmer 134
13. Wie Opferlämmer in den Wolfspelz schlüpfen 142

IV Warum maskuline Teams gefährlich leben

14. Drei Geschichten aus der männlichen Hälfte der Welt –
    mit weiblichem Einspruch
    ① *Der Kampf kommt plötzlich –
    seine Vorgeschichte ist lautlos* 157
    ② *Du spielst nicht mehr mit!
    Ethos als Karrierekiller* 166
    ③ *Jäger und ihre Beute:
    erst das Gruppenego, dann die Firma* 171

V Spielregeln des Erfolgs: Es geht nicht ohne die andern

15. Karriere als Kommunikationserfolg:
    »If you've got it, flaunt it!« 179
16. Topmanager: der reißende Wolf als guter Hirte 190
17. Nicht wer, sondern was du bist, ist wichtig!
    Von der Statuslust der Männer 196

VI Männerland in Frauenhand: die Fackel im Tunnel

18. Kinderland ist abgebrannt 209
19. Der Auftritt der Wölfin 226
20. Ein Mythos fällt:
    Das globale Business ist maskufeminin 233
21. Der *global manager* – das androgyne Wesen 241

VII Nie mehr ohne Wölfin jagen

22. Die weißen Flecken auf der Landkarte der Fusionäre 253
23. Wölfe beim Kreideschlucken –
    Optionen aus der femininen Hälfte des Himmels 265
24. Gemeinsam siegen 278
25. Männer und Frauen – als Team unschlagbar 285

Register 295

I
Zwei Optionen:
Tunnelblick und weites Land

1. Zwischen Gewalt und Fürsorge: Homo sapiens, das »riskierte Wesen«

Homo sapiens – so optimistisch beschreibt der schwedische Botaniker Carl von Linné die menschliche Rolle unter den Kreaturen. Neugier ist eine der Triebfedern unseres Umstiegs aus der Welt der Kreaturen in die Menschenwelt gewesen. So sagt es auch die Genesis: Neugier trieb Eva, als sie der Schlange zuhörte. Und das Versprechen: Ihr werdet klug werden, war das verführerischste, das man Adam machen konnte. Klug werden und herrschen – wie Gott. Expansiv und explorativ sind die beiden an ihr Werk gegangen. Von Reue ist nicht die Rede. Der schützende Garten wird im Mythos aufgehoben für die Heimkehr, irgendwann.

Suchend und offen sind die Menschen bestens präpariert, Fertigkeiten zu erlernen und Erfahrungen zu machen. Hungrig auf Neues, mit einem riesigen Informationsappetit bewegt sich der Mensch durch seine Geschichte. Um sich zurechtzufinden, zeichnet er auf, rechnet, reicht weiter an künftige Generationen, was er verstanden hat, – damit nicht jede Generation von neuem anfangen muß. Schicksalsoffen – und schicksalsempfindlich hat ihn die Forschung genannt; was ihn stark macht, das ist auch seine verletzliche Stelle: Er denkt über sich selbst hinaus. Er steht neben sich und schaut seinem eigenen Tun zu. Kulte sollen die Ängste bannen, die ihn dabei befallen.

Die Biologen liefern Selbstvertrauen: Der weltoffene Generalist Mensch sei den meisten Tieren dieser Erde überlegen.

Das gilt auch vordergründig: Schwimmen, klettern, laufen, tauchen, springen, weite Strecken zu Fuß gehen, all das kann ein

Mensch relativ leicht lernen. Die Tiere haben jeweils die eine oder andere dieser Fähigkeiten, kein Tier hat alle. Auch körperlich ist der Mensch ein Generalist. Und er ist ein Kulturwesen, das sich gegen Feinde schützt. Die Schaltstelle für seine Vielseitigkeit ist das Zentralnervensystem, ein Informations- und Erfahrungsspeicher mit Strukturen, die das Kommunikationsnetz der Sprache zugänglich machen. So kann er aufbrechen aus dem Hier und Jetzt in Vergangenheit und Zukunft – und in die entferntesten realen und virtuellen Orte.

Die Sprache ist der Rohstoff zum Denken und Kommunizieren. Nicht mehr nur vormachen und nachahmen, sondern beschreiben und erklären kann man nun; soziale Vererbung, die auch unsere nächsten Verwandten unter den Primaten kennen, wird so komplexer und nimmt Tempo auf. Die Hände zum Be-greifen der Welt bewaffnen sich mit Werkzeugen, die sie je nach Werkstück wechseln können. Alle Lebensfunktionen gewinnen so mehr Spielbreite; der Mensch ist der Spezialist fürs Offene. Weil er nicht festgelegt ist, kann er mehr erreichen als jede andere Kreatur.

Entsprechend erfolgreich war seine Ausbreitung über die Erde. Aus unendlich scheinenden Räumen zum Ausweichen und Weiterziehen, unermeßlichen Weiten zum immer neuen Ausprobieren und Ausbeuten natürlicher Ressourcen wurde schließlich die moderne Enge und Knappheit. Haben beide, Männer und Frauen, besinnungslos ihrer Neugier und Expansionslust folgend, sich die Arbeit so schlecht geteilt, daß auf der langen Reise in die Übervölkerung keinerlei Selbstkorrektur möglich war? Wo sind die männlichen, die weiblichen Beiträge in diesem Eroberungsdrama »Mensch unterwirft Erde«? – Die Selbstzweifel des Homo sapiens sind am Ende des 20. Jahrhunderts lebhaft; aber seine Neugier ist nicht geringer geworden.

Die Evolutionsbiologen sagen uns: Er ist nicht nur der ungebändigte Räuber, der die Macht über den Globus will, sondern ein hin und her gerissener Sieger der Evolution, der schwankend zwischen Aggression und Fürsorge seine Balance sucht – und oft verfehlt. Diese Balancestörungen nimmt er als »Selbstbegleiter« wahr und setzt ihnen Zukunftsziele entgegen, die stereotyp lauten: Morgen muß besser gelingen, was heute mißlang. Die unzählbaren Gegen-

Homo sapiens –
Der Spezialist fürs Offene

- Sieger der Evolution

- erfahrungsoffen und schicksalsempfindlich

- schwankend zwischen Aggression, Dominanz und Fürsorglichkeit

© Prof. Dr. Höhler

beweise entmutigen den Menschen nicht: Er traut es sich zu, besser zu werden, seit er in der Geschichte unterwegs ist. Die Überlebensstrategien, bei andern Lebewesen instinktgesichert und tief verankert, haben beim Menschen eine geistige Dimension hinzugewonnen.

Ziele setzen, um Aggression und Fürsorge in die Balance zu bringen – das fordert Freiheit. Sie ist durch Neugier und Machthunger ständig bedroht. Aber sie wird auch immer wieder erobert, sonst könnten wir nicht überleben. Bei allem, was gelingt, mischen sich sozial Erlerntes, »Eingesehenes«, Trainiertes und Verstandenes mit sehr alten Programmen, die oft auch gegen unseren Willen und unsere Wünsche zu unserem Schutz anspringen. Auch dort, wo »Überleben« gar nicht mehr das Thema zu sein scheint, im dahinplätschernden Alltag der Büros und Großstädte, findet ständig das Puzzlespiel der Überlebenssicherung statt. Die Alltagsroutinen wie Einkaufen und Fahrstuhlfahren, Zur-Uhr-Schauen und Bussebesteigen, Grüßen und Warten und Platznehmen im Büro – die monotone Wiederholung gleicher Abläufe verbirgt uns meist, daß wir immer noch Überleben sichern, wenn auch in einem sehr abgeleiteten Sinne. Unterließen wir länger alle Trivialitäten des Alltags, fielen wir aus dem Zusammenhang der tausend unwichtigen Handgriffe und Wege bald spürbar hart heraus; wir wären keine Mitspieler mehr; die Ressourcen, die täglich erarbeitet werden, während alle mitspielen, gingen uns verloren, wir gerieten schließlich in Not. Wer nicht mitspielt, ist »aus dem Spiel«. Auch die Belohnungen und Spielgewinne lassen ihn nun aus.

Die Gemeinsamkeit der Spieleinsätze wird manchen Menschen in der modernen Welt erst klar, wenn sie herausgefallen sind aus dem gemeinsam geknüpften Netz. Ihr Beitrag erschien ihnen unspektakulär, aber wenn er nicht mehr geleistet wird, entzieht die Gemeinschaft ihnen auch die Rückmeldung, und plötzlich wird es kalt. Bis es soweit ist, kann es eine Weile dauern, denn neben der Aggression ist auch die Fürsorge kollektiviert worden. Eine Weile wird man weitergetragen, wenn man nicht mehr mitspielt. Auch das bringt Lernerfolg: Die Belohnungen fallen aus, wenn man sich nicht mehr einmischt.

Wer neugieriger, stärker und selbstbewußter ist als die Mehrzahl, mischt sich entschiedener ein, spielt sich nach vorn, nach oben und verteidigt seinen Erfolg. Das Dominanzstreben, so zeigt die Forschung, haben wir mitgebracht aus uralten Programmen, die den Wirbeltieren beim Überleben helfen. Sind das männliche Programme? Oder gehören sie ursprünglich zu beiden Geschlechtern? Schon bei unseren sehr entfernten Vorfahren, den Meerechsen, ist die Dominanz eine männliche Domäne, wie Irenäus Eibl-Eibesfeldt beobachtete. Daran könnte sich im Laufe der Evolution eine Menge geändert haben. Jene Säugetiere, die uns viel näher stehen, die Bären und Menschenaffen, aber auch die Pinguine und Füchse und Wölfe, die Hunde und Katzen zeigen uns eine Verteilung von Dominanz und Fürsorge auf beide Geschlechter, die der Selbstbehauptung und dem Schutz von Artgenossen bei männlichen und weiblichen Tieren verschiedene Ausprägungen gibt. Warum man das so differenziert ausdrücken muß, zeige ich im Kapitel 9: Der Wolfsrüde ist der große Versöhner der Gruppe, wenn Welpen geschützt werden müssen. Er steht über allen Alltagsrangeleien, er ist die Güte selbst, sanft und besonnen. Die Wölfin hingegen ist verteidigungsbereit, wenn andere Wölfinnen diesen überlegenen Beschützer durch Werbung ablenken wollen. So oszillieren Dominanz und Zuwendung zwischen den beiden Geschlechtern, je nach Lage des Rudels.

Was unser modernes Sozialverhalten immer noch als starkes Ostinato begleitet, sind die steinzeitlichen Überlebensprogramme – nach deren Eignung für die virtuelle Welt globaler Netzwerke man erst fragen kann, wenn man diese Programme zu erkennen gelernt hat. Die Option, sich kurzerhand von ihnen zu trennen, ist nicht mitgeliefert. Biologisches Erbe hat sehr lange Verfallszeiten.

Etwa 98 Prozent unserer eigenen Geschichte sind vergangen mit Jagen und Sammeln. Die überschaubaren Gruppen lebten mit einem »Wir«-Gefühl, das entsteht, wenn jeder jeden kennt. Als Christus geboren wurde, waren noch zwei Drittel der Erdoberfläche von Kulturen geprägt, die so lebten. In den siebziger Jahren des 20. Jahrhunderts waren die letzten Relikte dieser Kulturen zu bestaunen – in der Kalahari und im südlichen Angola.

Erst 15 000 Jahre ist es her, daß Menschen begannen, Tiere zu züchten und Pflanzen zu kultivieren. Damit war eine Beschleunigung des Wandels eröffnet, die heute, um ein Vielfaches multipliziert, die hochentwickelten Zivilisationen in Atem hält. Mit der planvollen Tierzucht und dem Ackerbau beschleunigt sich auch die Vermehrung der Menschen; Stammeskulturen wuchsen in Stadtkulturen und Staaten. Die Umwelt veränderte sich schneller als der Mensch selbst. In der Millionenkultur der Massengesellschaften angekommen, steht er immer noch im kaum beschwichtigten Signalschauer seines Stammhirns, und seine Emotionen sind immer noch angekoppelt an die Warn-, Flucht- und Kampfimpulse aus seiner Jäger- und Sammlerzeit.

Die meisten Kopfarbeiter werden das für sich nicht gelten lassen wollen: Allenfalls in der Kinderzeit, so berichten Männer aus der vordersten Reihe der Führungselite, haben sie heftige emotionale Überfälle aus unbekannten Zonen ihres Gehirns – nein, es war sicher der Bauch, nicht der Kopf! – erlebt. Aber das liegt weit zurück. Längst haben sie sich intellektuell im Griff; was da noch im Keller ihres Stammhirns an der Kette liegt, mag in der Phantasie von Evolutionsbiologen oder Psychiatern eine Rolle spielen – und die sitzen ja bezeichnenderweise nicht in Führungsetagen von Großkonzernen. Gut so, meint der Topmanager.

Es wäre gut für ihn und gut für die andern, wenn er es besser wüßte. Die andern, das sind seine Mitarbeiter, aber auch die Kunden – und die Wettbewerber und die Öffentlichkeit. Ist der Topmanager eine Frau – oder sitzt im obersten Führungsgremium auch nur eine einzige von dieser ergänzenden Spezies, dann wird das Tabu, das die von der Forschung beschriebene »steinzeitliche Emotionalität« umgibt, immer wieder angetastet werden. Die Frau wird den Managern zeigen, daß viele Reaktionen im Hause, Stimmungen im Markt und Bewegungen der Wettbewerber, aber auch eigene Impulse, die rational nicht nachvollziehbar sind, von diesen entfernten und gut verplombten Sendestationen aus der eigenen Vorzeit kommen. Sie wird dann Männern die Sprengkraft beweisen können, die das Steinzeitprogramm in den Köpfen entwickelt, wenn man nur mit Zensur vorgeht, statt die explosive Energie aus der Zeit der Raubtierbegegnungen produktiv, nicht destruktiv zu nutzen.

Was ist nun gefährlicher, der steinzeitliche Zuschnitt von Botschaften aus der Tiefe unseres Gehirns, während wir vor neuzeitlichen Aufgaben stehen, oder die Ratio-Zensur, die diese Botschaften auslöscht? Ratio ist langsamer als Emotion, das wissen wir von den Hirnforschern zuverlässig. Schneller begreifen, was los ist, rascher zupacken können: Wäre das mit ungefilterten Steinzeitimpulsen möglich? Aber hat das Steinzeitraster überhaupt Lösungsentwürfe für uns? Ist es nicht überholt?

Das sind nur ein paar von den widerstreitenden Gedanken, die durch unser Gehirn zucken, wenn wir den Evolutionsbiologen zuhören. Glücklicherweise gibt es Antworten. Und sie melden uns beides: Ja, für die Macht und Reichweite, die der Homo sapiens heute erreicht hat, sind die alten Warn-, Flucht- und Kampfimpulse oft wie grobe Schlüssel, die sich im hochkomplexen Schloß nicht drehen wollen. Aber, und das ist der verblüffende andere Aspekt: Wer es lernt, die emotionalen Vorzeitimpulse intelligent abzutasten und zu »übersetzen« in die virtuelle Welt, der erfährt staunend: Die Kernimpulse stimmen. Ob wir vor Chance oder Risiko stehen, ob es zu kämpfen oder zu fliehen gilt, ob wir den Anflug von Angst, Wut, von Übermut und Erfolgsfreude ernst nehmen dürfen, das können uns die emotionalen Fanfaren aus unserem vorgeschichtlichen Stammhirn immer noch sagen.

Voraussetzung: der intelligente Umgang mit den emotionalen Reserven. Genau vor ihn aber haben die männlichen Götter die unüberwindliche Mauer des Vorurteils gesetzt – die eigentlich eine Mauer der Angst ist. Diese Angst fängt in der männlichen Kindheit an. Der kleine Junge legt seine starken Emotionen an die kurze Kette. Nie mehr sollen sie ihn zur Unzeit überfallen, so daß er sich schämen muß. Nie mehr sollen Gefühle ihn schwach machen, wenn er stark sein will, nie mehr soll ihn Versöhnlichkeit befallen, wenn es noch um den Sieg geht – später dann, aber nicht jetzt darf er großmütig sein, weil es seinen Sieg kosten wird. Das Spielprogramm kleiner Jungen ist ein gut verschlüsselter Katalog an Männlichkeitsproben, die nicht die andern, sondern jeder sich selbst auferlegt. Der werdende Mann will vor allem eines: sich in der Hand haben. Für junge Mädchen ist das ein völlig fremder Text. Sie sind in der Hand des Schicksals, und das Schicksal heißt

»Frau werden«. Was sie auch tun, um es hinauszuzögern, es holt sie doch ein. Der kleine Junge ist ein Kämpfer – mehr oder weniger, je nach persönlichem Temperament und Begabungsspektrum: Die sensiblen und künstlerischen Jungen leiden eher unter der Rabaukenwelt, in der sie leben müssen. Aber sie spüren auch, daß sich abzusetzen tödlich wäre für die eigene Ehre.

Von intelligentem Einsatz der Großmacht Emotion kann also nicht die Rede sein in den zivilisierten Völkern. Eher von intelligenten Siegen über dieses uralte Orchester dunkler und heller Stimmen, das von tief unten mitspielt, wenn der rationale Karriereweg eines Schülers in unserer Gesellschaft beginnt. Gewiß: Es gibt Reservate, in denen man weiter den aggressiven Schüben ungebremster Emotionalität ihren Lauf lassen darf. Im Sport, in Jugendbanden, bei Schulstreichen. Offizielle Erfolgsstraßen sind mit logischen Entscheidungen gepflastert. Gefühlsstürme gehören nicht in einen berechenbaren Erfolgsweg.

Die Debattenklischees in unserer Kultur behandeln diesen Trainingssieg der Männer über ihre emotionalen Ressourcen so, als sei er nicht Ergebnis, sondern Ausgangslage für männliche Tüchtigkeiten. Frauen, so geht dieselbe Legende weiter, sind emotional offenbar stärker gestreßt; sie gehen längst nicht so souverän mit ihren Gefühlen um wie Männer: Auf Schritt und Tritt spürt jeder, daß Frauen Gefühle haben. Dies ist der Beweis, meint das landläufige Urteil, daß Frauen ihren Gefühlen ausgeliefert und Männer Befehlshaber ihrer Gefühle sind.

Alle diese Legenden sind mit der neuen Hirnforschung hinfällig geworden. Sie zeigt auf vielfältige Weise, daß die rohe Zensur, mit der Männer ihre Gefühle wegsperren, dem heftigen Ansturm ihrer Emotionen entspricht: Die Antriebslage des Mannes, schon des kleinen Jungen ist ungleich aggressiver als die des kleinen Mädchens. Schließlich hat schon der ungeborene Junge eine gründliche Hormondusche hinter sich*, sein Gehirn hat ebenso wie seine Physis eine männliche Identität und nicht nur eine erziehungsoffene.

Auch das kleine Mädchen kommt mit einer weiblichen, nicht mit

---

* Zur Hormondusche im letzten Drittel der Schwangerschaft s. S. 29 f.

irgendeiner beliebig umsteuerbaren Identität zur Welt. Alles, was es später den Männern voraushat: Hellhörigkeit und Kommunikationsmacht, Sprachgewandtheit und Empathie, soziale Sensibilität und weiträumige Wahrnehmung, ist im Lebensbudget »Weiblichkeit« bereits mitgeboren. Da erscheint ein eigener Kerker für die Emotionen gänzlich überflüssig: Ohne Gefühlsstärke wäre das weibliche Leistungsspektrum leblos.

Verständlich aber auch, daß schon kleine Jungen um ihr Täterprofil kämpfen und dabei Imponiergehabe und Prahlerei wie Dampfwalzen über zartere Gefühle in der eigenen Seele rollen. Sieger sein, das Leben schaffen, keine Schwäche zeigen. Emotion macht schwach, das ist die männliche Vermutung. Emotion hat ein anderes Tempo als die Ratio, sie ist schneller. Sie wird die Ratio immer übereilen – zunächst. Das reicht, um sie abzuqualifizieren. Probleme beherrschen, statt von ihnen beherrscht zu werden, das ist die männliche Variante. Probleme verstehen, um sie lösen zu können, das ist die weibliche.

Das steinzeitliche Erbe – schadet oder nützt es nun, wenn die Probleme nicht mehr die des Jägers, der Wächterin des Feuers sind, nicht mehr die Fragen der Nahrungsbeschaffung und -lagerung, der Abwehr von Raubtieren und feindlichen Stämmen, der Sicherung des Wohnbaus oder der Höhle vor Unwettern und Blitzeinschlag, der Beschaffung von frischem Wasser und genug warmen Fellen für den nächsten Winter?

Anders als unsere steinzeitlichen Vorfahren sind wir geübt genug, hinter all diesen Begriffen die Meta-Ebene zu erkennen – und amüsiert festzustellen: Der Jäger begegnet uns tagtäglich auf den Autobahnen, in den Flughafen-Lobbies, in den wogenden Großstadtstraßen. Die Hüterin des Feuers ist überall, wo Wärme gespeichert wird; dafür bedarf es nicht der züngelnden Kaminflammen, aber offenbar erinnern sie uns an die Grundlagen von Geborgenheit lange vor unserer komfortablen Zeit. Natürlich ist ein moderner Manager von Raubtieren umlagert, ganz wie sein Unternehmen; und der Buchhalter drei Stufen tiefer kann dasselbe berichten. Gewiß bedrohen feindliche Stämme die kleine feine Firma, und selbstverständlich wird sie sich gegen die Unwetter feindlicher

Übernahmen und die Blitzschläge interner Korruption zu schützen haben. Wenn uns dabei Uraltprogramme helfen, um so besser.

Die steinzeitliche Gesellschaft war überschaubar; jeder kannte jeden. Wen man nicht kannte, der war der Feind. Mit diesem Abwehrimpuls gegen den Fremden und erst recht gegen die Masse der Fremden ecken wir heute gewaltig an. Darum ist die Dienstleistungsmentalität nicht ein Selbstläufer, sondern ein Stück hartes Training, um die alten Impulse weichzukochen: Abwehr auf der ganzen Linie, gesträubtes Nackenhaar bei den Wölfen der Großstadt, wenn die Lektion lautet: Sei nett zu Leuten, die du überhaupt nicht beurteilen kannst! Sei freundlich mit Fremden, die gar nicht deine Freunde sind! Interessiere dich für nie gesehene Gesichter, die du vielleicht nie wieder sehen wirst! Heiße sie erfreut willkommen!

Großstadt ist ein Gegenprogramm zu steinzeitlichen Überlebenssignalen. Dienstleistung als Lernprogramm verschärft den Widerspruch noch. Nicht mehr durch all die Fremden hindurchsehen wie ein Fliehender – genau das tun wir, berichten die Anthropologen –, sondern ihnen mit Wärme begegnen: Das ist wahrhaftig nicht das Jagdprogramm des steinzeitlichen Jägers, aber es ist – Frauenland.

Das soziale Interesse von Frauen öffnet das bekannte Terrain ins unbekannte. Deshalb ist sie die Innovationsanwältin, wie ich zeigen werde. Es gelingt also, die neuen Bedingungen einzuarbeiten in die alten Spontanreaktionen, ohne eines von beiden ganz aufzugeben. Die Option, eines von beiden aufzugeben, die Signale aus der historischen Tiefe oder den Erfolg in der Neuzeit, ist ja auch gänzlich theoretisch.

Aber es ist wichtig, die eigenen Abwehrimpulse gegen zeitgemäße Forderungen zu verstehen. Nur wer sie versteht, wird flexibel darauf reagieren können. Großstadt als Feindesland, Dienstleistung als groteske Zumutung: Ja, so dürfen wir im ersten Zugriff fühlen. Autobahn als Jagdstrecke, wo wir unsere Macht als Jäger erproben und dabei unendlich gefährlicher leben als unsere Vorfahren, oder Imponiergehabe mit übervollen Terminkalendern, die dann Jäger zu Gejagten machen, die zu immer schlechteren Entscheidern werden: Das sind die Mißerfolge im Transfer unserer Überlebensimpulse über die Zeiten.

Die Botschaften aus dem fast jenseitsfernen Raum unserer vordergründigen Überlebenskämpfe sagen uns aber auch Wichtiges über uns, das wir nur noch in den Chiffren von Bedürfnissen lesen wie in einer verwehten Schrift: Menschen brauchen Natur, heißt eine dieser Botschaften. Das Topfpflanzenunwesen der Büros, die Balkonkultur, der Fensterblick: harmlos, aber nicht zufällig, wie die Forschung fand. Kranke mit Bäumen im Fensterblick genesen schneller als andere, die auf eine kahle Hauswand starren müssen. Die Hieroglyphen, die wir da lesen, heißen ungefähr: Wo Pflanzen wachsen, läßt sich's gut leben. Blumen in Räume zu bringen, auf den ersten Blick gegen ihren natürlichen Ort entscheiden, um sie dort zu haben, wo wir sind, das bringt optimistische Gefühle, weil eine assoziativ verankerte Gewißheit in uns anspringt: Wo die Pflanze gedeiht, da ist auch Lebensraum für Menschen. Der Hintergrund ist trivial und überzeugend: Wüste ist kein Lebensraum für Menschen. Grün meldet Wasser, es meldet Blüten und Früchte – und Schatten zum Schutz.

Ob wir die Gefahr suchen, um risikofähig zu bleiben, oder ob wir uns mit Grün umgeben, an Brunnen uns sammeln, obwohl wir keinen Durst leiden, überall schwingen alte Signale für Herausforderung und Geborgenheit mit, ohne daß wir es noch wahrnehmen.

Daß es häufiger Jungen und Männer sind, die akute Gefahren suchen oder Tempowettläufe veranstalten, und daß es häufiger Frauen sind, die Grün in die Zimmer tragen; daß es ungefähr gleich viele Männer und Frauen sind, die abends am Brunnen sitzen, in Rom, in Paris oder Hamburg, das zeigt, wie wir die Welt unter Männern und Frauen teilen und wo wir uns wieder zusammenfinden. In keinem modernen Büro ist es anders, wenn beide präsent sind, Männer und Frauen. Wo überwiegend Männer sind, wie im Big Business unserer Tage, da dominieren die männlichen Freuden: Tempo, Risiko, strategische statt friedlicher Kommunikation, *big* statt *small talk*, *high* statt *low tech*. Männer vergessen, die Blumen im Büro zu gießen. Daher die sterilen »Hydrokulturen«, die jeden natürlichen Impuls bestrafen.

Das Zentrum des Erbes, mit dem der Homo sapiens unterwegs ist, liegt aber in einer Innovation gegenüber seinen gepanzerten Vorfahren, den Echsen und Krokodilen (denen er immerhin sein »Reptilhirn« verdankt), und es führt in das gemeinsame Terrain von Biologie und Ethik. Auch dieses gemeinsame Gelände haben die modernen Ordnungsbemühungen des Homo rationalis zerschnitten in zwei angeblich weit voneinander entfernte Hälften. Biowissenschaften und Ethos, so der weiterverbreitete Irrtum, seien kaum miteinander zu versöhnen, weil sie ganz verschiedenen Gesetzen gehorchten.

Dieser Irrtum ist grundlegend auch für die Kette der angeschlossenen Mißverständnisse. Als sei »Überleben« im biologischen Sinne ein blindes Ziel der Spezies, das ethisch öfter zweifelhaft als akzeptabel sei. Wer näher und vor allem gründlicher hinsieht, der wird sehr überrascht: Die Strategien zum »Überleben« im weitesten Sinne, die wir aus unserer Vorgeschichte mitbringen, sind sozusagen textgleich mit dem Ethos, das unsere moderne Wissensgesellschaft zum Überleben ihrer wichtigsten Erfahrungen und Wertvorstellungen braucht.

Wer die Reptilien auf den Galapagos-Inseln beobachtet, der glaubt zunächst an freundlich-friedfertiges Zusammenleben: Eng aneinandergeschmiegt liegen die Meerechsen auf den Felsen. Wer länger hinschaut, erlebt ihre Dominanzkämpfe und Reviersicherungen, ihr ritualisiertes Imponiergehabe und die Unterlegenheitsmeldungen des kapitulierenden Rivalen als ein Spiel, das nur von Drohung und Unterwerfung bestimmt ist. Auch die Paarung der Echsen läuft nach diesem Muster ab: Drohung und Unterwerfung. Eine Tiergesellschaft ohne Fürsorglichkeit.

Bei den Wirbeltieren sind es die Jungen, die zu einer sozialen Kultur der Fürsorge herausfordern. Sobald es nicht mehr der Sonne oder dem heißen Sand überlassen wird, die Jungen ins Leben zu locken, beginnt das, was wir Brutpflege nennen. Selbst die Krokodile überraschen uns hier durch eine Mitwirkung beim Überleben ihres Nachwuchses, die sogar die Artgrenzen überspringt: Wenn die jungen Krokodile aus den im Sand gewärmten Eiern schlüpfen, beginnen erwachsene Krokodile (sind es männliche und weibliche? – die Reportagen verschweigen es bislang), die Kleinen sehr vorsichtig in ihrem Maul zum Wasser zu tragen und dort abzusetzen. Sie beschränken sich bei dieser Hilfsaktion aber nicht auf Krokodilbabys, sondern genauso vorsichtig wie diese tragen sie plötzlich frischgeborene winzige Schildkröten zum Wasser, die in derselben Sandbrutstätte ausgeschlüpft sind wie ihre eigenen Krokodiljungen. Im Wasser endet dann die Fürsorglichkeit: Da mag es sein, daß das nächstliegende Krokodil sich die kleine Schildkröte schnappt, die eben vom fürsorglichen großen Krokodil zum Wasser getragen wurde. Die gemeinsame Brutpflege verbindet die Eltern der neugeborenen Wirbeltiere freundlicher miteinander – ein Motiv, das in unzähligen Bildern durch die Geschichte der Arten läuft.

Sich gemeinsam um die nächste Generation zu kümmern, das ist im abgeleiteten Sinne natürlich auch das Motiv von gut zusammenwirkenden gemischten Teams. Wer mit diesem Sprung in die moderne Menschenwelt Probleme hat, der lasse sich von Naturforschern erzählen, wie die Bereitschaft, die nächste Generation zu fördern, schon in der Tierwelt zum Werbeverhalten gehört. Sie wird symbolisch gezeigt mit kleinen Werkstücken, die zum Nestbau gehören. Bei der Brutpflege selbst belohnen die Partner sich ständig gegenseitig und lösen einander nach Belohnungsritualen bei der Arbeit ab. Triviale Vergleiche? Dieser ferne Nachhall unserer Vorgeschichte liefert nicht nur Vergleiche, sondern er führt Regeln vor, nach denen Arbeitsteilung, Einsatzbereitschaft und Verläßlichkeit auch unter Menschen laufen. Und das wichtige Merkmal dieser langen Geschichte, die auf uns zuläuft, ist die Kooperation von Männern und Frauen – worin die Pflege des gemeinsamen Nachwuchses nur eine, sicher die ursprüngliche Variante für gemeinsame Arbeit am Überleben ist.

Die Qualitäten, die dabei Motivation garantieren, sind Versprechen, Einlösung des Versprechens, also Zuverlässigkeit, Leistungsbereitschaft und soziale Flexibilität – das Sicheinlassen auf die Bedürfnisse anderer. Die Belohnungen sind integrierter Teil des Systems aus Erfüllung von Versprechen und Rückmeldung, die in stetem Wechsel ablaufen. »Werbung« erscheint damit in einem ganz anderen Licht, als sie der kurzgreifende Paaraspekt zu sehen erlaubt: Werbung ist Einsatzversprechen. Aus diesem Versprechen gibt es auch später kein Entkommen, weil die gemeinsam geschaffenen Fakten die Einlösung erzwingen.

Sieht man die Bindungs- und Fürsorgeprogramme der Evolution

Das Urteam besteht aus Mann und Frau

Der Mann expansiv,
high-risk gambler, von
ständiger Unruhe getrieben.
Unbestimmtheitssuche

Der Mann:

- fokussiert, um Erfolg zu haben: erfolgsorientierter Vereinfacher
- streicht den »Rest der Welt«, um eines Zieles willen
- Tunnelblick

Die Frau hegend und das Erreichte schützend,
safe investor. Bergend statt ausschweifend.

Die Frau:

- gestreute Aufmerksamkeit, komplexe Wahrnehmung. »Störanfällig«
- improvisationsstark, down to earth
- Panoramablick

© Prof. Dr. Höhler

unter diesem Gesichtswinkel, so ist das »Urteam« aus männlicher und weiblicher Leistung nicht nur mühelos als ideale Kerngruppe erkennbar, sondern auch die Deckungsgleichheit von biologischem »Sinn« und ethischer Substanz der Versprechen, ihrer Einlösung, der Leistung und ihrer Belohnung – angekoppelt an das Überlebensziel, die heranwachsende nächste Generation.

Die nächste Generation von Leistungen und Projekten hat nicht notwendig die Gestalt von »Nachwuchs« im biologischen Sinne. Die nächste Generation der Gedanken und Ideen sorgt ebenfalls für Kontinuität und wirbt für die Tradierung der wechselseitigen Einsatzversprechen in die Zukunft. Ideologische Polemik gegen männliche und weibliche Eroberungen oder Platzanweisungen im eroberten Terrain wirkt fast wie überflüssiges Beiwerk, wenn man sich so auf die schöne Entsprechung von »Nutzen« und »Sinn« einläßt, wie sie im natürlichen Zusammenspiel von männlichem und weiblichem Versprechen und seiner Einlösung abläuft.

Tatsächlich sind auch unter instinktgesteuerten Tieren hochsymbolische Ladungen der Werbung, der Einigung und der gemeinsamen Leistung wie der wechselseitigen Belohnung zu beobachten – Symbole, von deren virtuellem Gewicht die handelnden Tiere nichts wissen. Das Regelwerk des Überlebens »spielt« also auch mit den Überlebenden selbst, die in ihm aufgehoben sind.

Menschen spüren sehr genau, daß sie nicht mehr ohne weiteres »aufgehoben« sind in Abläufen, auf deren Bekömmlichkeit sie sich verlassen könnten. Daher die Anstrengung des Verstehens, mit dem wir uns zu den Ursprüngen unseres vielfach überlagerten und gestörten Verhaltens zurücktasten.

Erst die gesicherte Kooperation in der Gruppe der vertrauten Menschen, mit denen uns eine Kultur der wechselseitigen Leistungsversprechen verbindet, macht das Dominanzstreben dieser Gruppe gegen äußere Bedroher möglich. Und überall begleiten das gut komponierte Team die Belohnungen für Einsätze: Dominanz, also Selbstbehauptung im Wettbewerb, wird unmittelbar belohnt mit euphorisierenden Drogen, die unser Gehirn ausschüttet. Beim Tennisspieler – aber auch beim frisch zum Vorstandschef aufgerückten Manager – schnellt der Testosteronspiegel hoch, wenn er den Sieg erreicht hat. Es ist ein Hochschnellen und Wiederabsinken, das die begleitenden Glücksgefühle, den Genuß der Dominanzleistung manifest macht. Ich zeige in Kapitel 2, daß bei Frauen eine eher breit gestreute Erfolgsorientierung vorherrscht. Der punktuelle Sieg wird nicht mit so auffallenden Hormongaben im Körper begleitet, aber ansteigende Testosteronspiegel bei hochleistungsorientierten Frauen sind durchaus meßbar. Am Siegercocktail sind aber auch andere Hormone beteiligt: Die Endorphine und das Serotonin, Hormon der Alphatiere genannt, regelrechte körpereigene Rauschdrogen, schaffen bei Frauen und Männern ein Grundgefühl der Gelassenheit, das zum Sieg gehört. Es ist die nächsthöhere Stufe des Siegerglücks nach dem ersten Taumel und Übermut.

Dominanz als Teamziel – darüber kann erst gründlich nachdenken, wer verstanden hat, daß es sich um gemischte Teams handeln muß, damit nicht die interne Teamkultur entgleist in lauter männliche Dominanzkämpfe. Wir kennen die beiden Stimulanzien, die das männliche Team zusammenhalten: Rivalität und Solidarität. Unschlagbar wird das Team aber erst, auch was seine Zukunftstüchtigkeit angeht, wenn in der Teamkultur die Impulse der Fürsorglichkeit mit denen der Dominanz in Balance wirken. Das ist unmöglich in rein männlichen Teams. Aber es ist integrativer Bestandteil von gemischten Teams – weil die Frauen die andere Hälfte des Versprechens sind, das die Überlebenskünstler der Spezies Mensch einander geben: daß jeder seinen Einsatz gibt und daß alle einander belohnen für die Einlösung des Versprechens.

2. Der Mann – ein Sparmodell: mehr Neugier, weniger Optionen

Der Mann ist eine reduzierte Variante der Frau – ein verblüffender Befund, den die Forschung schon eine Weile anbietet, ohne interessierte Abnehmer zu finden. Präsentiert man ihn versammelten Managern, so ist das Gelächter groß: ein wohlwollendes Lachen übrigens, erleichtert wie bei einem guten Witz. Ein Gelächter, das Verwunderung verbirgt und Zweifel überspielt: Stimmt das wirklich? Und wenn – was soll's!

Die Businesswelt, wie sie heute ist, kann mit solchen Ergebnissen wenig anfangen. Solange man unter Männern ist, spielt es keine Rolle, wie der Vergleich ausfiele – und bis jetzt konnte man ihn immer zu den eigenen Gunsten entscheiden: Männer dominieren; wer fragt da noch, ob sie der abgeleitete Entwurf sind. Jedenfalls sind sie besser gelungen, die Nummer eins der Weltgeschichte, wie man in allen Geschichten dieser Welt sieht. Wer sie vorübergehend aus dem Konzept bringt, das sind die Frauen. Sie zerstreuen männliche Entschlossenheit, verwischen Ziele und kosten Zeit. Gegen Frauen muß man sich absichern, denn ihre Macht ist diffus und schwer zu greifen. Frauen sind alles, was der Mann nicht ist, aber die Ausgangsbasis für den Mann? Schwer vorstellbar.

Es gibt wohl kaum einen Manager, der sich so sieht: als Sparmodell, entwickelt aus der Frau. Und doch: Was da um den 35. Tag der Schwangerschaft geschieht, macht aus dem ursprünglich weiblichen Embryo einen männlichen. Die Spermienfabriken entstehen erst nach diesem Umbau, und in der achten Woche der Schwangerschaft wird Testosteron produziert, das Geschlechtshormon, das später eine so große Rolle für Rivalität und Siegeswillen spielen wird. Die Androgene bestimmen von nun an die Männlichkeit des Ungeborenen. Seine Vorgeschichte bis zur fünften vorgeburtlichen Lebenswoche aber ist weiblich. Jeder Junge war einmal ein Mädchen. Auch nach dem Switch in der fünften Woche produziert der nun männliche Embryo weibliche Hormone, und so wird es auch im Leben des jungen und erwachsenen Mannes bleiben. Aber seine Leber baut diese Botschaften aus der weiblichen Welt eilig ab; sie können den Mann nicht mehr umsteuern. Außer wenn etwas schiefgeht: Bei übermäßigem Alkoholkonsum zum Beispiel, wenn die Leber überfordert ist, melden sich die weiblichen Persönlichkeitszüge zurück.

Der ersten Entscheidung für das männliche Programm folgt im letzten Drittel der Schwangerschaft eine weitere: Schon vor Jahrzehnten ermittelte die Forschung, daß zu diesem Zeitpunkt plötzlich der Testosteronspiegel des Ungeborenen heftig ansteigt – hoch aufschäumend wie später erst wieder in der Pubertät.

Ein Schwall von männlichen Hormonen ergießt sich in den winzigen Fötus – »Testosteron-Dusche« haben die Forscher dieses überfallartige Männlichkeitsbad genannt.* Zugleich ist das Gehirn des kleinen Fötus in einem sehr sensiblen Stadium seiner Entwicklung. Werden hier auch psychisch männliche Züge verankert? Seit der fünften Woche ist das ungeborene Individuum männlich; es hat Testikel, die männliche Hormone produzieren.

Auch die männliche Psyche erhält hier ihr Profil, wie wir heute wissen. Wie so häufig war es ein ungewolltes Forschungsergebnis, das uns den Beweis lieferte. Die Nebenwirkung einer Behandlung gegen Fehl- und Frühgeburten, die man in den USA mit dem weiblichen Hormon Gestagen durchführte, löste androgene, also vermännlichende Abbauprodukte im mütterlichen Organismus aus – genau in jenem letzten Schwangerschaftsdrittel, das die Hirnreifung bringt. Für Jungen blieb die Behandlung ohne sichtbare Wirkung; die kleinen Mädchen aber, die nach dieser Therapie geboren wurden, zeigten auffallend männliche Bedürfnisse: Sie verschmäh-

---

* Vgl. dazu G. Höhler/M. Koch, Der veruntreute Sündenfall, Stuttgart 1998, S. 59 ff.

ten Mädchen als Spielkameraden und hielten sich an Jungen; sie suchten die Gefahr beim Klettern und Raufen. Man fand sie auf Abenteuerspielplätzen, wo es um Sieg oder Niederlage ging. Sie hatten keinerlei Verständnis für Kooperationsspiele und Sicherheitsangebote. Die Abweichung war signifikant; sie wurde als handfester Therapieschaden eingeordnet.*

Diese ungewollte Lehre zeigte, wie abhängig das Gehirn von den Hormonströmen ist, die den Organismus bestimmen. Von Rattenversuchen kannte man dieses Ergebnis bereits. Verhinderte man die pränatale Testosteron-Dusche, so entstanden zwar »Rattenknaben« körperlich, aber ihr Verhalten war das von »Rattenmädchen«. Selbst die spätere Kastration hat sehr viel mildere Wirkungen als dieser frühe Eingriff.

Wer über kulturelle Einflüsse philosophiert und durch Erziehungsprogramme in diese Prozesse noch entscheidend glaubt eingreifen zu können, muß also erfolglos bleiben. Im Gegenteil: Wer zur Kenntnis nimmt, daß die entscheidenden Weichen vor der Geburt gestellt sind, wird endlich frei für die Frage, welchen Sinn die Verschiedenheit von Männern und Frauen haben könnte, wenn sie nicht nur ein technisches, sondern ein psychisches Programm ist. Wer sich überhaupt mit der Vorgeschichte dieser beiden Varianten Mann und Frau in der Evolution befaßt, der wird auch bald begreifen, daß es sich nicht um ein Roulette handelt, dessen Zufallsergebnisse wir intelligent korrigieren müßten, sondern daß wir Ergebnisse eines unerbittlichen Optimierungsprozesses sind, dessen Sinn uns noch nicht ganz klar ist. Hinter diese Optimierung zurückzufallen oder die physisch-psychisch verankerten Identitäten von Männern und Frauen nachgeburtlich umzubauen, wegzutrainieren oder abzudressieren erscheint dann als ein ebenso einfältiges wie hybrides Unterfangen.

Der frühe Switch zur Männlichkeit, am Ende der fünften vorgeburtlichen Lebenswoche, bedeutet auch Preisgabe von Optionen. Männlichkeit ist eingeschränkte Bandbreite zugunsten der Konzentration. Am leichtesten begreift man das angesichts der entschieden ausgeklammerten Reproduktionsfähigkeit: Nicht mehr Nest für

---

* Vgl. zu diesen »Tomboys« Höhler/Koch, S. 54, 61, 236, 271.

Nachkommen, sondern Verteidiger des Nestes; nicht mehr hegend und bergend, sondern expansiv und risikobereit; nicht mehr sozial hellhörig, sondern offensiv und dominant; nicht mehr kommunikativ sensibel, sondern imperativ bestimmend sind die Grundanlagen des Entwurfes »Mann«. Das männliche Antriebspotential ist eng gekoppelt an archaische Hirnregionen, die Handlungsdruck und Power erzeugen, die Merkmale der Täterschaft. Nicht Opfer werden, wie es Frauen immer wieder sind, angefangen von ihrer Unterwerfung unter die Gesetze der Schwangerschaft und deren Folgen, so ist das lebensbegleitende Grundgefühl des Mannes.

Handlungsstark bleiben heißt das Blickfeld einzuengen. Zu viele Optionen im Blick bringen Auswahlprobleme – ein Dilemma, von dem Frauen berichten können. Die Mythen unserer Geschichte schmelzen das Echo dieser frühen Entscheidungen zwischen den beiden Grundmodellen menschlicher Identität – Abenteurer oder Hüterin des Herdfeuers – in Stereotypen ein, die uns zeigen: Die Wahrnehmung von männlichen und weiblichen Profilen begleitet Männer und Frauen, und sie ist keineswegs durchgehend ideologisch überarbeitet oder ausgebeutet worden. Der heftige Kampf des 20. Jahrhunderts unter dem Motto des Feminismus entbrannte, als man so viel Neues über die beiden Spielarten der Menschlichkeit wußte, daß man nur staunen kann, wie unbekümmert die Frauen an diesen Ergebnissen der Forschung vorbeigestürmt sind – um ihre aufgestaute Wut, das brüllende Reptilhirn* zu beschwichtigen?

Der Feminismus entstand nicht wegen, sondern trotz des neuen Wissens, das uns über uns selbst aufklärt. Die Neugierde war nicht frei für diese Ergebnisse, die Betroffenheit, eine weibliche Stärke mit gelegentlich katastrophalen Folgen, war stärker als die logische Intelligenz.

Das Dilemma: Männliches Sachinteresse hätte helfen können, aus der Betroffenheitsfalle schneller herauszukommen. Das aber lag nicht vor. Die Männer hatten genug damit zu tun, die schwer durchschaubare und diffus argumentierte Attacke der Frauen abzudämpfen. Da sie wieder einmal, ganz wie bei häuslichen Szenen, nicht eigentlich verstanden, worum es gehen sollte, bauten sie nach

---

* Zum Reptilhirn s. die Abb. S. 33.

Das »dreieinige« Gehirn des Menschen

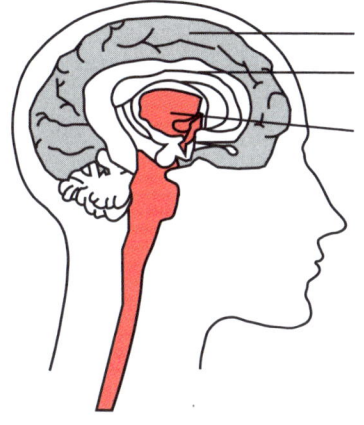

— neues Säugetiergehirn
— altes Säugetiergehirn
   (limbisches System)
— Reptilhirn

(nach Mc Lean)

Älteste (Reptilhirn, Stammhirn),

jüngere (limbisches System)

und jüngste Hirnteile (Neocortex)
koexistieren und kooperieren.

© Prof. Dr. Höhler

alter Gewohnheit Sackgassen auf, in denen sich der weibliche Furor aufstaute. Die meisten Frauen begriffen gar nicht, daß die Männer wieder einmal sprachlos waren vor dem weiblichen Kommunikationstalent.* Da Männer sich nicht als Opfer zu erkennen geben, erkannten die Frauen nur deren Beharrungsvermögen: *business as usual* – beschäftigtes Abwiegeln.

In den Mythen der vorwissenschaftlichen Zeit, den riesigen Erfahrungsspeichern der Menschheit, bewegen sich Männer und Frauen nach sehr verschiedenen Gesetzen, aber immer aufeinander bezogen. Was er tut, gilt im Grunde ihr, und was sie tut oder zuläßt, gilt ihm. Die Dame auf der Zinne, im leichten, wehenden Kleid, schaut ins weite Rund der Hügel, Wälder und Felder; der Ritter prescht hinaus, den Feind im Blick, oder er lagert hinter der Schießscharte – im verengten konzentrierten Bildausschnitt die Heerstraßen fixierend. Den Rest der Landschaft braucht er nicht – also ausblenden. Was er verteidigt, ist nicht nur sein Territorium, es ist auch das Reich der Frau. Wer Frauen raubt, meint das Reich. Und er stimuliert die äußerste Einsatzbereitschaft der Männer, die wildeste Abwehr der Frauen: Beide Reptilhirne schalten auf Wut und Verteidigung. Für die Mythenerzähler war es nicht wichtig zu wissen, daß diese beiden Alarmsysteme, das männliche und das weibliche, schon lange vor der Geburt programmiert werden. Aber vermutlich hätten sie es eher geglaubt als die Bewohner der Wissenschaftsära, die sich Korrekturen des Evolutionstextes ohne weiteres zutrauen.

Der Mann ist die Abweichung vom breit angelegten Wahrnehmungsprogramm der Frau. Sie ist der Originalentwurf. Sie behält die *multi-task*-Ausstattung mit allen Konsequenzen: Komplexe Wahrnehmung macht ablenkbar und blockiert Entscheidungsfreude; das Tempo wird gedrosselt, wo Frauen mitwirken, so meinen daher viele Männer. Eigentlich schichten die Frauen nur das Zeitbudget um: Bitte heute beachten, was morgen sehr viel mehr Zeit kosten könnte, wenn die Fehler gemacht sind, die wir heute gleich auslassen könnten. Dazu an anderer Stelle mehr.

Der Mann ist enger an die Impulse seines Reptilhirns angekop-

---

* Zu den unterschiedlichen Kommunikationsstilen s. S. 262–264.

**Mann und Frau
verbindet ein evolutionärer Beistandspakt:**

Wo sein Reptilhirn revoltiert, bleibt sie gelassen.

Wo sie im Gefühlssturm kämpft, bleibt er besonnen.

Wo er in Wut gerät, fällt sie in Trauer.

© Prof. Dr. Höhler

pelt, jener archaischen Hirnregion, in der die heftigen Emotionen angefacht werden: Angst und Wut, aber auch Erfolgsglück und Trauer.*

Das Reptilhirn produziert Klartext statt Mittelwerte. Es macht entscheidungsstark und warnt uns vor Gefahr. Es hilft zu unterscheiden: *fight or flight*? Fliehen oder kämpfen? Chance oder tödliches Risiko? – Das Reptilhirn liefert scharf umrissene Bilder und öffnet kurze Reaktionswege: kurz wie der Sekundenbruchteil, der uns vor dem stürzenden Balken im brennenden Haus rettet – auch wenn es ein virtuelles Haus ist, das lichterloh brennt. Das Reptilhirn ist ein fossiler Energiespeicher, der uns glücklicherweise in die Moderne begleitet hat. Wer den Zugriff auf diese Schaltzentrale bewahrt, wird weit seltener von den unheilstiftenden Verspätungen der Ratio am Kampfplatz der Urteile und Entscheidungen getroffen werden.

Wer reptilhirngesteuert handelt, muß Details vernachlässigen. Hat er einen Partner, dessen Reptilhirn nicht anspringt, treten diese Details wieder ins Blickfeld; die Entscheidung wird problemgerechter. Partner für den reptilhirnig schwarzweiß-zeichnenden Mann ist die Frau. Ganz selten, nämlich nur in äußerster existenzbedrohender Gefahr, werden beide Reptilhirne anspringen; dann ist aber auch nicht mehr Abstimmung, sondern nur noch Kampf oder Flucht das Thema. Fast immer aber behält sie Abstand, wenn er in die sprachlose Welt der Kampfimpulse gerissen wird, und ebenso häufig steht er gelassen daneben, wenn sie in extreme Gefühlslagen stürzt.

Der evolutionäre Beistandspakt, der hier zugrunde liegt, wird modernen Menschen in ihrer abgeleiteten und gepolsterten Welt kaum noch bewußt. Wir vertrauen weder auf ihn, noch haben wir begonnen, ihn strategisch, nämlich in den Stromschnellen der Geschäftswelt, zu nutzen. Statt dessen ist die Welt der Gefühle im ganzen tabuisiert worden; eine Kurzschlußlösung mit männlicher Handschrift, die Karrieremuster tiefkühlt und reduzierte Persönlichkeiten in Spitzenpositionen bringt. Solche gefrosteten Mann-

---

* Vgl. dazu: G. Höhler, Herzschlag der Sieger, München/Düsseldorf 1997, S. 77–80 u. ö, und: Höhler/Koch, S. 108.

Zwei verschieden gepolte Gehirne

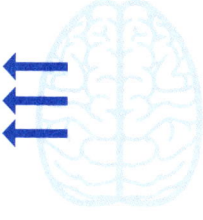

- Spezialisierung unter Preisgabe der Reproduktionsfähigkeit
- Gepolt auf Handlung
- An archaische Gehirnregionen angeschlossen

Weniger Optionen

Verluste: multi-task und emotionale Sensibilität

- Impulsgesteuert durch Reptilhirn
- Erregung wird »tiefer geleitet«: in alte Hirnteile

Handlungsorientierung
Tendenz: abschließen!

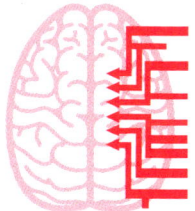

- Der ursprüngliche Entwurf – multi-task
- Gepolt auf Rezeption
- An jüngere Gehirnregionen angeschlossen

Viele Optionen

Vorteile: breit gestreute Wahrnehmung
emotionale Sensibilität

- Limbisch gesteuert: prosozial bewertend
- Erregung wird »höher geleitet«: in junge Hirnteile

Kommunikationsorientierung
Tendenz: gründlich bearbeiten!

© Prof. Dr. Höhler

schaften sind nun besonders schlecht disponiert, die weiblichen Ressourcen, die dem Unternehmen fehlen, zu erkennen, da sie ständig unter ihresgleichen leben. Schließlich glaubt jeder dieser Intelligenzakrobaten, Emotion sei eine Krankheit. So stolpern die einseitig gepolten Teams in Großfusionen und falsche Marktkonzepte, weil der ganzen Firma die Reptilhirn-Signale fehlen und nirgends mehr Warnlampen aufflammen. Das Einheitsgrau der berechenbaren Mittelmäßigkeit ist die Vorstufe des plötzlichen Firmentodes, über den sich alle Beteiligten verständnislos beugen.

Die Wahrheit ist komplex, auch wenn ihr der Ruf voraneilt, einfach zu sein. Details zu vernachlässigen kann einerseits tödlich sein und ist andererseits unverzichtbar, wenn eine Entscheidung gefunden werden soll. Wer unentwegt differenziert und jede Nische des Problems ausleuchtet, stört nicht nur die lösungssüchtigen Männer, sondern verzehrt auch Lösungsenergie, die dringend gebraucht wird.

3. Maskuline und feminine Hälfte des Himmels

Nicht weil wir gleich sind, sondern weil wir verschieden sind, gibt es das Thema, mit dem sich dieses Buch befaßt. Weil wir verschieden sind, gibt es den Feminismus. Weil wir verschieden sind, gibt es die ungleichmäßige Verteilung von Männern und Frauen auf die Arbeitsfelder des Lebens. Weil die Unterschiede offenbar eben nicht klein, sondern ziemlich groß sind – vor allem dann, wenn man nur spontan und nicht intelligent mit ihnen umgeht –, gibt es die Unzufriedenheit der Frauen und die relative Gleichgültigkeit – oder Ratlosigkeit – der Männer gegenüber den Verschiedenheiten.

Es sind zwei verschieden gepolte Gehirne, die einander gegenüberstehen, wenn Mann und Frau zusammenarbeiten. Spontan begeistert sind beide von dieser Vergangenheit im Zustand der Verliebtheit. Zufrieden mit ihrer Verschiedenheit sind sie auch, wenn sie Freunde sind – oder wenn ihre Liebesbeziehung sich über viele Jahre bewährt hat und in eine tief verankerte Freundschaft übergegangen ist.

Daß spontane Begeisterung der Männer über die Frauen, der Frauen über die Männer den Alltag im Business kennzeichne, kann man nicht behaupten. Hier häufen sich ja die Mißverständnisse und Vorurteile; hier stolpert man wechselseitig über die Stärken und Schwächen des andern, ohne spontan zu erkennen: Um was von beidem handelt es sich denn nun gerade? Männer und Frauen haben bei der Arbeit meist aber gar keine Lust, die beiderseitige Rätselhaftigkeit zu bestaunen; sie sind ungeduldig miteinander und suchen Bestätigungen für ihre vorgefaßten Meinungen voneinander –

die Männer mit Männern und die Frauen mit Frauen Tag für Tag befriedigt austauschen. Niemand arbeitet mit Leidenschaft – weniger tut's nicht – an der Entdeckung des *hidden advantage*, den die stets verpaßte Kooperation für beide und für ihre Arbeitsergebnisse bringen könnte.

Männliches und weibliches Gehirn **sind** nicht verschieden, aber sie arbeiten verschieden. Kleine anatomische Unterschiede verblassen vor den Funktionsunterschieden, die uns verschieden reagieren, agieren und fühlen lassen. Die kognitiven Varianten »Mann« und »Frau« spiegeln hormonelle Einflüsse auf die Entwicklung der Gehirne wider. Die beiden Gehirne organisieren sich verschieden, sie entwickeln Lösungsstrategien, die deutlich voneinander abweichen.

Daß die Würfel über diese Abweichungen sehr früh fallen, lange vor der Geburt, habe ich gezeigt.* Hormone sind aber nicht nur an der Ausprägung der sexuellen Identität und ihrer körperlichen Merkmale beteiligt; Hormone prägen auch die Intelligenz im männlichen und weiblichen Gehirn verschieden. Es sei ein heißes Pflaster, auf das wir da geraten, meinen viele aus der Schule der liberalen Pädagogik und Psychologie oder Soziologie der Nachachtundsechziger.

Die körperliche Verschiedenheit – der heruntergeredete »kleine« Unterschied, der sozusagen das erste äußerliche Signal gibt: »Frau« oder »Mann«, wird begleitet von einer Fülle von »Ausstattungsmerkmalen« in Geist und Emotion, die zur Identität »Mann« und seinen Stärken die Abrundung liefern, ebenso wie zur Identität »Frau«.

Männer und Frauen unterscheiden sich nicht im Grad, sondern in der Art ihrer Intelligenz. Alle Menschen haben zusätzlich unterschiedliche Intelligenzgrade, die sich auf der logisch-schlußfolgernden Seite ziemlich genau messen lassen. Auf der assoziativen, emotional getönten Seite ist die Messung weit schwieriger; bis heute sind die passenden Werkzeuge nur teilweise gefunden. Davon wird in diesem Buch noch die Rede sein: Wir beherrschen und definieren eifriger, was wir für effizienter halten – die logische In-

---
* Siehe dazu S. 29–38.

telligenz –, und wir zögern bei der Objektivierung von Reserven, die wir für unberechenbar, ja gefährlich halten: der Emotion.

Die Art der Intelligenz ist also bei Männern und Frauen verschieden. Dies beruht nicht, wie eine Lieblingsidee dieser Jahrzehnte es will, auf Erziehungsstilen und frühkindlicher Dressur durch unbelehrbare Erwachsene, die den völlig offenen kindlichen Seelen ihr ödes Mann-Frau-Schema aufstempeln.

Die Feinstruktur des Gehirns wird, so wissen wir durch die neuen bildgebenden Verfahren der Hirnforscher* und durch die Fortschritte der Hormonforschung, so früh durch Hormoneinflüsse geprägt, daß schon die Ankunft in der Menschenwelt nach den ersten neun Lebensmonaten vor der Geburt von zwei verschieden gestalteten Gehirnen wahrgenommen wird – je nachdem, ob das Neugeborene Junge oder Mädchen ist. Wie groß dennoch die Bandbreite beider Geschlechter bleibt, sich näher an die Grenze zum jeweils anderen Geschlecht zu begeben, Neigungen zu entwickeln und Talent zu pflegen, aktiv oder eher abwartend mit dem Leben umzugehen, das hängt neben dem genetischen Erbe, das ein Mensch in sich trägt, auch mit Prägungen zusammen, die seine Umwelt auf ihn ausübt.

Ich halte noch einmal fest: Die Intelligenzsumme von Männern und Frauen, also eine Art kollektiver Intelligenzquotient, ist tatsächlich gleich, wie Experimente der Forschung zeigen.** Was sich sehr unterscheidet, ist aber die spezifische und anlaßbezogene kognitive Leistung der beiden. Auf gleicher Augenhöhe, generell beide intellektuell dem Problem gewachsen, können Mann und Frau zu völlig unterschiedlichen Ergebnissen kommen – und, was das Dramatische ist: Sie sind nicht spontan in der Lage, die relative »Richtigkeit« oder Angemessenheit der Lösung des anderen zu würdigen. Und noch dramatischer: Wie sie mit dieser beiderseitigen kognitiven Blockade – der kognitiven Fremdheit, könnte man sagen – gegenüber der anderen Lösung umgehen, das trägt dann gleich wieder deutliche Züge männlich-weiblicher Differenz: Er

---
* Vgl. Höhler/Koch, S. 344 f.
** Vgl. dazu Doreen Kimura, in: Gehirn und Bewußtsein, Einf. v. Wolf Singer, S. 78 ff., Heidelberg/Berlin/Oxford 1994.

Das Großprojekt der Moderne:

Die Isolation der Männer auf den Inseln der Entscheidung

Kooperation von Männern und Frauen gibt es nur auf Nebengebieten.

Männer werden
systematisch
daran gehindert,
ihre Defekte zu erkennen.

Frauen werden
konsequent
daran gehindert,
ihre Potentiale zu
erkennen.

© Prof. Dr. Höhler

greift an, sie verteidigt. Er behauptet, sie widerspricht. Er führt, sie pariert die Angriffe.

Nicht selten endet das »kognitive Fremdeln« der Geschlechter, wie ich es in Anlehnung an eine kindliche Fremdenfurcht am Ende des ersten Lebensjahres nennen möchte, weil es ein ähnlich »vorbewußtes« unbearbeitetes Phänomen ist, in einer Niederlage der Frau und einem Sieg des Mannes – beides auch im Plural häufig und alltäglich. Ganz selten wird aus der kognitiven Differenz die große gemeinsame Summe, der die Geschlechterdifferenz eigentlich gilt: die konkurrenzlos beste Lösung, die nicht einäugig und nicht prahlerisch, nicht timid und nicht sozialpathetisch daherkommt, sondern einfach erstklassig, überlegen, gerecht und von brillantem Ebenmaß.

Was lenkt uns so ab, daß wir fast nie darauf kommen, die kognitive Differenz als kreative Energie zu verstehen? Ein ganzes Set an Selbstbehauptungsformen (Männer) und Opfererwartungen (Frauen) schießt schneller ein als diese Idee. Und nichts spiegelt dramatischer unsere Entschlossenheit, Männer und Frauen immer eher als Gegner zu verstehen denn als Verbündete – besonders in den Machtzentren dieses Zeitalters, wo wir beruflich einander begegnen.

Es gibt ja die Reservate, wo Männer und Frauen gemeinsam Probleme lösen dürfen: im privaten Leben. Das muß reichen, meinen vor allem Männer. Aber es reicht nicht. Es reicht objektiv nicht; wir brauchen den Einspruch oder den Kampf der Frauen gar nicht zu zitieren, weil er das falsche, das gegnerische Programm verstärkt. Es reicht nicht, weil Männer mehr als sie wissen auf Frauengehirne angewiesen sind (und Frauen auf Männer), um auf ihren Männerinseln nicht ständig Opfer ihrer halbierten Weltsicht zu werden. Und was schwerer wiegt: um nicht andere mit zu Opfern ihrer »halben« Lösungen zu machen.

Verschieden gepolte Gehirne: Die Kette der Beweise ist überwältigend angewachsen, seit wir »Arbeitsabläufe« in lebendigen, gesunden Gehirnen beobachten können. Es sind Beweise für die »einander zuarbeitenden« Stärken männlicher und weiblicher Gehirne.

Das räumliche Vorstellungsvermögen von Männern ist im Durchschnitt ausgeprägter als das von Frauen. Dazu kursieren viele

Probleme, bei deren Lösung
Frauen im Vorteil sind:

Tests der sogenannten Wahrnehmungsgeschwindigkeit, bei denen Bildpaare rasch zu erkennen sind – hier gilt es, das Gegenstück des links abgebildeten Hauses zu finden:

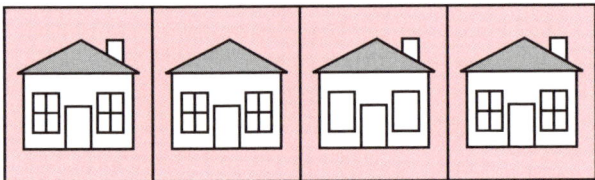

Aufgaben wie die, sich zu erinnern, ob ein oder mehrere Gegenstände in einem Ensemble verschoben oder daraus entfernt wurden:

Tests der feinmotorischen Koordination – etwa das Einstecken von Stiften in die Löcher eines Brettes:

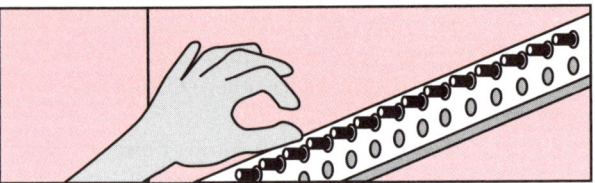

Quelle: Doreen Kimura

Probleme, bei deren Lösung Frauen im Vorteil sind:

Tests der Ideen- und Wortflüssigkeit, bei denen die Probanden etwa Gegenstände derselben Farbe oder Wörter mit demselben Anfangsbuchstaben aufzählen sollen:

L _ _ _	Liebe, Leid, Lachen, Loch, Lage, Lager, Leben, Leber, Leiste, Leim, Lift, Luft, Last, Laster, List …

Rechenaufgaben:

Quelle: Doreen Kimura

Anekdoten; es lohnt sich aber sehr, die männlich-weibliche Kombination der Leistungen zu Ende anzuschauen, statt das Thema mit einem Joke über Ehepaare in fremden Städten, vor fremden Landschaften dozierende Männer oder an Straßenkarten scheiternde Frauen kurzzuschließen. Der unwiderstehlichen Verlockung, diesen eher harmlosen Jokes dann Folgerungen anzuschließen, die eine ganze Liste von Unfähigkeitsbescheinigungen für Frauen in der Firmenarchitektur und im konzerninternen Netzwerk wegen mangelnder räumlicher Orientierung auslösen, folgen ganze Männerbataillone täglich an vielen Orten – und oft ganz ernsthaft.

Genauer hinschauen heißt: das Umfeld dieser Fähigkeit erkunden. Räumliche Orientierung heißt auch: gedachte räumliche Prozesse vollziehen, also etwa einen Gegenstand »im Kopf« drehen, damit dessen Rückseite sichtbar wird. Bei unregelmäßig geformten Körpern ist das ziemlich schwierig. Die Aufgabe macht Männern weniger Schwierigkeiten als Frauen. Mathematische Folgerungen aus verschiedenen Fakten fallen Männern leichter, ebenso die »Streckenführung im Kopf«, der Verlauf eines Weges, den man wiederfinden will. Motorische Fertigkeiten im Zusammenhang mit Zielen, die getroffen werden sollen, sind bei Männern ausgeprägter; sie werfen sicherer und zielgenauer und sie fangen besser.

Wer sich für die Evolution dieser männlichen Geschicklichkeit interessiert, der wird bei den Biologen nachlesen können, daß die hier zusammengefaßten Tüchtigkeiten ganz deutlich mit den Anforderungen des Alltags an den Jäger, Späher, Fallensteller und Kämpfer zusammenpassen. Aber der Versuchung, hier »also doch!« nur soziale Vererbung zu erkennen, muß die Hormonlage des nach draußen drängenden *risk takers* entgegengehalten werden, von der ich schon gesprochen habe.

Wie sieht das spiegelbildliche Set von weiblichen Tüchtigkeiten aus, das sozusagen die weißen Flecken ausfüllt, die auf dem Abschnitt der männlichen Landkarte bleiben, den wir eben aufgeschlagen haben?

Frauen erkennen schneller Objekte, die zusammenpassen, auch wenn sie weit voneinander entfernt auftauchen. Es lohnt sich sehr, hier sogleich die Meta-Ebene beizuziehen: Nicht was konträr zueinander ist, sondern was zusammengehört, wird von Frauen schneller erkannt. Das bedeutet zweierlei. Die Wahrnehmungsgeschwindigkeit von Frauen ist größer, so berichten die Forscher aus ihren Versuchen. Und sie richtet sich nicht auf das Trennende, sondern auf das Verbindende. Wir erkennen diese Fähigkeit wieder aus anderen, nun gar nicht mehr vordergründigen Beispielen, die ich berichten werde. Frauen erkennen das Verbindende besser als das Trennende, weil ihr soziales Harmonie-Interesse ihnen »die Hand führt«.

Frauen sind verbal gewandter. Sie ordnen Wörter viel schneller nach bestimmten gleichen Merkmalen (Buchstabenfolge oder -plazierung) als Männer. Frauen rechnen besser als Männer – und, wie wir inzwischen wissen, tun sie das mit weniger Hirnzellen, also weniger mentalem Aufwand als Männer.* Klärt der Mann die Wegstrecke in seiner Vorstellung sicherer, so weiß die Frau genau die markanten Punkte aufzuzählen, die den Weg gliederten. Sie erkennt auch sehr schnell, ob in einem ungeordneten Ensemble von Gegenständen ganz verschiedener Art einer verschoben oder weggenommen wurde. Präzisionsaufgaben, die manuelle und optische Genauigkeit verlangen, erledigen Frauen schneller und besser als Männer.

Es mag übertrieben erscheinen, wenn wir folgern, da seien sie nun, die beiden Hälften der Welt. Schauen wir aber genauer auf die Fertigkeiten, die hier an trivialen Anforderungen des Alltags erprobt wurden, so schimmern bei beiden, bei Männern wie bei Frauen, mentale Entsprechungen auf der geistigen Ebene durch, die sehr wohl ein gerundetes Bild ergeben, wenn sie nicht getrennt, sondern zusammen wirken. Schon die eben vorgeführten Leistungsprofile bei ausgewählten Aufgaben machen das klar.

Wege finden: Darum geht es bei jedem Problem. Die Teams tasten das Problem auf bekannte Züge ab, um Ähnlichkeiten zu schon gelösten Aufgaben zu erkennen. Tatsächlich tun die Gehirne das auch spontan: wiedererkennen, vergleichen, fieberhaft im Netzwerk der Lösungsangebote nach verwandten Erfahrungen suchen. Je dichter und je besser trainiert das Gehirn eines Menschen ist, desto flexibler eilen die neuronalen Blitze von Dock zu Dock: Da war doch mal was, was diesem Bild ähnelte. Die Ratio der Problemlöser kontrolliert und macht bewußt, sie weist zurück oder akzeptiert,

---

* Vgl. dazu Höhler/Koch, S. 315.

Probleme, bei deren Lösung Männer im Vorteil sind:

Bestimmte Aufgaben zum räumlichen Vorstellungsvermögen und zur mentalen Rotation wie die, dieses dreidimensionale Objekt in der Vorstellung zu drehen.

Tätigkeiten, die den Einsatz von motorischen Fertigkeiten erfordern, wie beispielsweise das Werfen und Auffangen von Gegenständen:

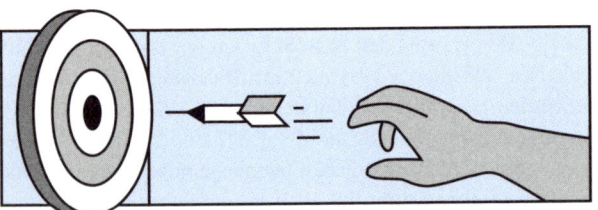

Auffinden einfacher Formen wie der links gezeigten in einer Vielzahl überlagerter Strukturen:

Quelle: Doreen Kimura

**Probleme, bei deren Lösung
Männer im Vorteil sind:**

Bestimme, in welcher Position die Löcher in einem
gefalteten Blatt Papier nach dem Aufklappen liegen:

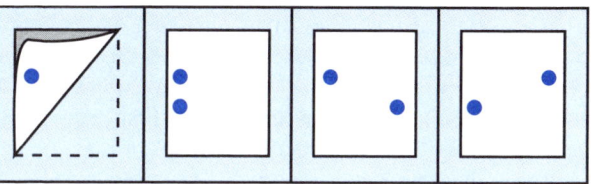

Mathematische Schlußfolgerungen:

1100	Wenn nur 60 Prozent aller Setzlinge angehen, wie viele muß man pflanzen, um 660 Bäume zu erhalten?

Quelle: Doreen Kimura

was die Assoziationenkette aus der Abgleichungsjagd des Gehirns anbietet.

Ein Lösungsweg muß gefunden werden: Wir wissen nun, daß Frauen ihn eher an markanten Punkten wiedererkennen – an Sinn- oder Warnzeichen, die oft eine emotionale Ladung haben: Vorsicht, hier kann man die falsche Richtung einschlagen, und Achtung, hier sollte man innehalten, um zurückzuschauen, und Moment mal, hier sollte man einen Augenblick ausruhen, um das Erledigte mit dem noch Bevorstehenden zu vergleichen: Sind wir noch auf dem richtigen Weg? Ist die Frage allen klar? Hat jemand Zweifel? Die Markierungen sind Kommunikationsanlässe; die Frau hält damit die Gruppe beisammen und sichert die Motivation.

Der Mann dagegen hat in seinem Erfahrungsvorrat eine klare Streckenführung zum Ziel, zum Sieg vorgefunden. Er kann sich nicht an Schwierigkeiten beim letzten ähnlichen Versuch erinnern. Er ist optimistisch: Hier meine Skizze zum Lösungsverlauf, sagt er und simuliert den störungsfreien Weg mal rasch am Computer. Alles klar? Keine Zeit für Rückfragen, das Gelingen ist Programm. Aber die Hindernisse kommen trotzdem.

Nun können sich die unsicheren Team-Mitglieder an die differenziertere Prognose der Frauen im Team halten: Nichts läuft aus dem Plan, nur nicht kapitulieren. Für die unübersichtlichen Wegstrecken sind die Frauen die krisenstarken Motivatoren. Sie überrascht der plötzliche Einsturz einer Theorie nicht, weil sie die Aufgabe nicht per Theorie zu lösen begonnen haben, sondern in der Praxis. Und die liefert Unerwartetes. So passen die beiden Problemlöser, männliche und weibliche Variante, sehr gut zusammen. Aufgefordert, einen von beiden aus dem Team zu nehmen, müßte jeder Chef, der die verschiedenen Potentiale der beiden kennt, sich entschieden weigern.

Wer dem Klischee folgt, mit Frauen handele man sich unnötig Komplikationen ein, weil sie soviel mehr wahrnehmen als Männer, der vergißt, was der *multi-view* der Frau ebenfalls liefert: Sie erkennt, wo im breiten Spektrum der früheren Erfahrungen die Entsprechungen versteckt sind. Und: Sie erkennt dies schneller. Die Wahrnehmungs- und Zuordnungsgeschwindigkeit der Frau liefert Tempo, wo Männer hochrechnen und ihre intelligenten Systeme

anwerfen, um nach Stunden auf unbrauchbare Vergleiche zu stoßen.

In allen Forschungsergebnissen, die wir heute haben, fasziniert eben dies: Männer und Frauen sind abwechselnd Tempomacher; immer wenn der eine schnell ist, ist der andere langsam. Das heißt immerhin: Für Mäßigung ist gesorgt, aber für Sturmangriffe auch. Das Wahrnehmungstempo der Frau ist kein Männerthema; es paßt nicht so recht in die landläufigen Vorstellungen vom maskulinen Vorsprung. Diesen Vorsprung hat der Mann aber auch, weil er vereinfacht; wer weniger wahrnimmt, läuft schneller. Wer aber mehr Details sieht, eben feminin hinschaut, kann zum Retter der Gruppe, je nach Position zur Retterin der Company werden.

Daß Frauen schneller und mit weniger Hirnzellen rechnen, daß sie manuell und verbal geschickter sind, ist ein Angebot nicht nur für Lean Management, sondern zur Effizienzsteigerung. Frauen finden besser Paßwörter für nonverbale Faktenbündel. Ja, das heißt tatsächlich: Frauen haben mehr Komplexitätsmacht. Die Männer wären gut beraten, sie ihnen abzutreten, weil sie selbst da schwächer sind. Was das bedeutet, ist schnell aufgezählt: Strategische Kommunikation ist eine Mischaufgabe, die beide zusammen erfüllen müssen – ich zeige das an anderer Stelle.* Corporate Profile, Corporate Identity, die Firmenphilosophie, die ethischen Standards und das Management der Beziehungen zum Kunden, zur Presse, zur Öffentlichkeit – und schließlich Führungssysteme: Sie alle sind ohne Frauen defizitär besetzt.

Darum wurde die Kommunikation zum großen Notstandsgebiet in den Firmen: weil Männer ihre Defizite nicht erkennen, solange sie unter Männern sind. Welche kommunikativen Vorsprünge Frauen für die Firma holen, das begreifen maskuline Teams erst, wenn der Zufall ihnen die Erfahrung vor die Füße spielt: Die Frau ist »Schnellmerker«, Temperaturfühler und Wahrnehmungs-Champion. Was beim Mann die Schießscharte, das ist bei ihr das Panoramafenster in den Wettbewerb. Wo er vereinfacht, differenziert sie; wo er eine Frage neu findet, assoziiert sie sofort eine ähnliche samt Lösung herbei.

---

* Siehe das Kapitel 22, S. 262–264.

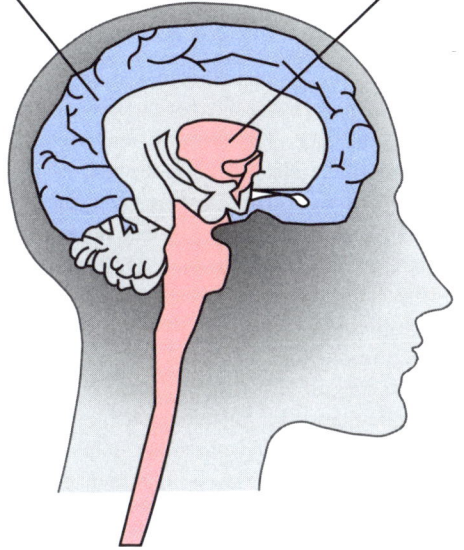

Sie
nutzt jüngere
Hirnregionen:
leitet »höher«

Er
nutzt ältere
Hirnregionen:
leitet »tiefer«

- limbisches System
- symbolische Kommunikation
- Gefühle
- Empathie

- Reptilhirn
- Triebzentren
- archaische, einfach strukturierte Impulse
- Dominanz

© Prof. Dr. Höhler

Und immer wieder sei daran erinnert: Was man gut kann, das macht man gern. Jeder von beiden, Mann und Frau, greifen immer wieder zu den Lösungsstrategien, die ihr Gehirn spontan anbietet. Und die Frau baut Brücken vom femininen in den maskulinen Teil der Welt: Sie hört immer auch zu, während sie redet, und es interessiert sie wirklich, was der männliche Teil des Kosmos zu sagen hat. Männern fällt dieser Brückenbau schwerer; er ist ein Akt der Erziehung und Disziplin.

Da haben wir ihn wieder, den simplen Grund für die Langsamkeit der Heilungsprozesse zwischen den zerrissenen Teamgefährten Mann und Frau: Er ist nach vorn gestürmt, ohne sich umzuschauen. Sie läuft hinterher und steht vor verschlossenen Türen. Was der Mann als erstes verliert, ist die Erinnerung an die Potentiale der Frau, weil sie ihm immer zugeliefert wurden, ohne daß er verstehen mußte, was sie eigentlich brachte. Weil der Mann nicht nach ihr ruft, wird die Frau kleinmütig: Sie hat keine Chance mehr zu erkennen, daß er ihre Beiträge braucht – weil sie gar nicht mehr sieht, was er eigentlich macht und wie er es macht. So gelang die Abschottung der Männer in einem männlichen Reich, ohne daß es wirklich aktiv Schuldige gibt. Daher verstehen die Männer auch die Schuldzuweisungen der Frauen gar nicht. Aber sie öffnen auch nicht ihre Türen weit, weil sie längst nicht mehr wissen, wie dringend sie die Frauen brauchen – auch dort, wo sie sich in Männerdomänen glauben.

4. Zwei Gehirne – zwei strategische Konzepte

Der männliche Appetit auf glatte Lösungen glättet oft auch Probleme unzulässig; der Einspruch der Frauen erweckt, wenn die Frauen gut sind, genau jene Details wieder zum Leben, die später als Sand im Getriebe wieder auftauchen könnten: *High-risk gambler* spielt mit *safe investor*, wie die Forschung die beiden nennt: Investiert der Mann Leidenschaft und Siegeswillen in einen Plan, so sorgt die Frau dafür, daß sie nicht folgenlos verpuffen. Ist ihm der Ruhm wichtig, den die spektakuläre Aktion einbringt, so zählt für sie, daß er von Dauer und berechtigt ist. Männer könnten, wenn sie es erst begreifen, sehr davon profitieren, daß Frauen statusunabhängiger und weniger ritualisiert denken und entscheiden als sie selbst – aber dazu sagen wir an anderer Stelle noch mehr.*

Die Frau, so fand die Hirnforschung heraus, verdankt ihre größere Gelassenheit gegenüber männlichen Reptilhirn-Eskapaden einem anderen Strategiekonzept in ihrem Gehirn: Sie nutzt jüngere Hirnregionen stärker als der Mann, und sie koordiniert die Arbeit ihres limbischen Systems besser mit den intelligenten Funktionen. Einen Widerspruch zwischen intelligenter und anteilnehmender Stellungnahme zu einem Thema kann man bei Frauen nur selten entdecken. Schon intern ist der Mann von mehr verfeindeten Mächten unter Strom gesetzt: Reptilhirn, Gefühlszentren und Ratio erlebt er oft als unversöhnliche Gegensätze, die ihn viel Kraft kosten. Also folgt er der Versuchung, schon in sich selbst das Kampfgetüm-

---

* Siehe das Kapitel 17 zum Status, S. 196–205.

Wenn die Gedanken schweifen:

Sie

»Stand-by« im limbischen System: Gesprächserinnerungen, Gestik, Mimik ziehen vorüber, Kommunikation wird aufgearbeitet, latente Reflexionsbereitschaft

Er

»Stand-by« – Glimmen im Reptilhirn: aggressive Impulse und Erinnerungen, Tätergedanken, latente Kampfbereitschaft

© Prof. Dr. Höhler

mel durch Kurzschluß der heißesten Leitungen beherrschbar zu machen. Also ist er nur noch intelligent, wenn der Zeitgeist das von ihm fordert. Dafür springt er Bungee, stürzt sich von der Klippe und treckt zum Pol. Irgendwo müssen die an der Kette zerrenden Energien ja ausgelebt werden.

Frauen haben es da leichter: Sie agieren im ganzen »jünger«, weil die Schaltungen in ihrem Gehirn näher verwandte Areale miteinander kommunizieren lassen. Die obere Region des limbischen Systems, wo Mimik, Gestik und all jene Signale entworfen werden, die zur symbolischen Kommunikation gehören, ist bei Frauen sehr aktiv.

Der Mann nutzt eher den unteren, älteren Teil dieser Gehirnareale, der mit dem Reptilhirn, also einem der ältesten Teile, kurzgeschlossen ist. Diese unteren Regionen des limbischen Systems sind »archaischer« gepolt, sie haben primitivere Strukturen und sind mit den Triebzentren des Stammhirns verbunden, das ins Rückenmark übergeht. Das Reptilhirn ist ein Teil des Stammhirns. Der Mann ist also gründlicher in der Vorgeschichte verankert, die ihn mit klaren, stark vereinfachten Impulsen versorgt, auch wo die komplizierte moderne Welt ihm eine hochintelligente Verarbeitung dieser Signale zumutet. Die engere Triebanbindung liefert zugleich aber auch mehr »Treibstoff« für seine Aufgaben: offensive Neugier, Imponierbedürfnis, Rivalität, Konkurrenzfreude und Dominanzstreben. All das färbt sein Handeln gegenüber Sachen ebenso wie gegenüber Menschen. Irritation fühlt er nur, wo der Gegner eine Frau ist – und diesem Problem werden wir mehrere Kapitel widmen.*

Die Forschung konnte erst vor kurzem zeigen, daß die enge Vernetzung des Mannes mit seinen ältesten Hirnregionen auch im Ruhezustand, wo jede Herausforderung fehlt, ein ständiges Stand-by-Glühen in Gang hält,** so als müßte er jederzeit kampfbereit aufspringen können – wie der Ritter der Mythen, der in kompletter Rüstung und schwertumgürtet in einen leichten Schlaf fällt, aus dem ihn jedes verdächtige Geräusch aufweckt. Die Heldenbilder

---

* Zur Konkurrenz zwischen Männern und Frauen siehe das Kapitel 20, S. 233 f.
** Vgl. dazu Höhler/Koch, S. 325 f.

unserer Tage sind nur unwesentlich verändert: Auch der Konzernchef ist omnipräsent, und kaum jemand aus seiner männlichen Umgebung würde es wagen, sich den Helden im Schlafanzug vorzustellen.

Hat das Reptilhirnglimmen des ruhenden Mannes ein weibliches Pendant? Ruhend entspannte Frauen entwickeln eine weit geringere Aktivität im unteren Teil des limbischen Systems. Was dort unten angestoßen wird, sind Aggression und Zorn, aber auch Handlungsentschlossenheit, Täterschaft. Entsprechend explosiv fallen die Befreiungsschläge aus, wenn sich dem Karriereweg eines weit vorgedrungenen Businesshelden jemand in den Weg stellt. Der Kontrast zum unterkühlten Auftreten desselben Managers ist für Außenstehende oft völlig unverständlich: Der berechenbare Chef wird unberechenbar. Er feuert Leute, die als Rivalen bislang nicht erkennbar waren, er begeht Kurzschlußhandlungen, die Vertrauen kosten.

Wer weiß, was im Gehirn des bedrohten Siegers vorgeht, wundert sich nicht: Hier fordert der Zusammenprall archaischer Hirnregionen mit den abstrakten Systemen des modernen Managements seine Opfer. Oft sind es stark verschlüsselte Botschaften, die dabei frei werden, ohne Empfänger zu finden. In den intelligenten Käfigen des modernen Business entsteht bei solchen Gelegenheiten viel Stress, weil die überschüssige Energie nicht abgeleitet werden kann: das logisch aufgebaute System hat keine Nischen für Turbulenzen.

Ein Topmanager, der sich existentiell bedroht fühlt, kann weder den Schlüssel zu seinen Aggressionen finden, noch kann er ihn anderen liefern: Mißtrauen entsteht, und die Verläßlichkeit der fitgetrimmten Kopfkultur des Unternehmens zeigt Risse. Ist es kein atmender Organismus, dieses Unternehmen, dann werden sie nicht heilen. In künstlichen Bauten kann man nur kitten; die Sollbruchstelle bleibt.

Meist können bedrohte Chefs in gefährdeten Unternehmen auch die Botschaften ihrer eigenen Reptilhirne nicht richtig lesen: Diese Notfallzentrale stand ja nicht auf dem Strategieprogramm. Zu spät erkennt der eine oder andere im Unternehmen, daß der Durchblick auf die wahren Probleme des Hauses durch lauter Dressurprogramme verstellt ist – die im Notfall nicht greifen. Das Reptilhirn wollte

Mann und Frau – Strategien der Selbstbehauptung versus Strategien der Integration

| Er | Sie |

- **imponieren**
- Niederlagen in Siege umdeuten

- Probleme isolieren, um sie zu beherrschen

- **gefallen**
- Niederlagen als Vorwurf an potentielle »Helfer«
- Hilfsappelle aussenden

- Probleme im komplexen Umfeld würdigen

bei Angriffen:

- Wut und Kampfbereitschaft

- Rückzug und Trauer

© Prof. Dr. Höhler

Mann und Frau – Was auf den ersten Blick trennt, verbindet, wenn wir es verstehen

Er	Sie

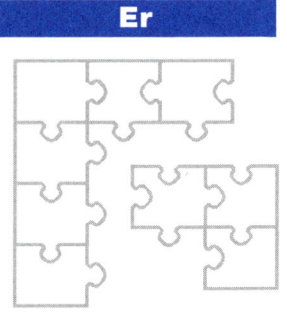 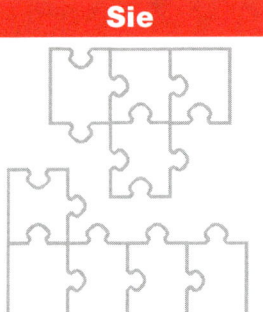

- **Abgrenzung** und **Konkurrenz** bestimmen das Lebensgefühl
- **Netzwerke**
- steile, kurze Erregungswelle –
- **rasches Vergessen**, »Verdrängen«
- erledigt Probleme durch **Befreiungsschlag**

- sucht **Verbundenheit**
- neigt zum »**prosozialen Einspruch**«
- **Vertrauenssysteme**
- flache, lange Erregungswelle
- langsames Vergessen, »**limbisches Nachglühen**«
- erledigt Probleme durch **gründliche Bearbeitung**

© Prof. Dr. Höhler

melden: Gefahr! Aber sein Aufschrei verdampfte im Intelligenzprogramm der Firma.

Oft ergreifen Männer die Flucht aus diesem Dilemma: Sie fliehen vom Kampfplatz – und kehren am nächsten Morgen unauffällig zurück, als sei nichts geschehen. Die private Parallele zu diesem Verhalten kennen wir alle. Auf dem Höhepunkt der unlösbaren Auseinandersetzung: Türen schlagen, Zigaretten greifen, raus. Schon im Treppenhaus geht es besser.

Ganz anders gehen Frauen mit existentiellen Krisen um. Ihr Gehirn schaltet Erregung anders als das männliche: Statt in ältere gelangt sie in jüngere Hirnregionen. Dort wird nicht am Gegenschlag, sondern an der Bewältigung des Problems gearbeitet. Frauen reagieren spontan mit dem Versuch, zu verstehen, zu deuten; sie wollen den Charakter des Konflikts durchschauen, der sich anbahnt, nicht den Konflikt wegschaffen. Sie sind fest überzeugt: Was man nicht verstanden hat, das kann man nicht bearbeiten. Auf keinen Fall vereinfachen, ist ihr Impuls, sondern sich einlassen. Frauen wollen dem Problem gerecht werden, Männer hingegen wollen es beherrschen. Die Frau leitet »höher«, was sich ihr in den Weg stellt: Sie übersetzt in Sprache, Gestik und Mimik und beherrscht damit durchaus ihre Erregung; das Problem aber entfaltet sich nun erst einmal. Der Mann dagegen leitet »tiefer«, was ihn herausfordert, in den Triebbereich, und ist damit verbal kultivierten Szenarien nicht mehr zugänglich.

Die Impulsschübe aus seinem Stammhirn muß er wohl oder übel in mentale Aggression umbauen, wenn er in einer Kultur lebt, die körperliche Aggression, ja schon expressivere Gebärdensprache ächtet. Darum fliehen Manager unter starkem Erregungsdruck in monologische Kommandos und einsame Entscheidungen. Sie brechen Konfrontationen vom Zaun, die niemand einordnen kann – da ja das große Inkognito alle Männer offiziell von ihren Gefühlen trennt. Abgekühlt, wird jeder Manager, der so mit seinen Ketten gerasselt hat, eine schlüssige, intelligente Bewertung seines Ausbruchs aus der wohltemperierten Norm finden: Der Schutz des Rudels ist ihm gewiß.

Dennoch bleibt die Entgleisung in den Impulsgewittern die große Gefährdung des Mannes; mancher mag es sogar für ein Ab-

Opfer oder Täter?

Der Mann schreibt Opfer- in Täterrollen um.
Motto: Niederlagen als Siege verkaufen!

Die Frau arbeitet Stress verbal kommunizierend ab.

Schmerz macht sie weich und zustimmungsbereit.

Schmerz macht ihn hart. Er wird in Wut und Aggression umgearbeitet.

© Prof. Dr. Höhler

lenkungsmanöver halten, daß Männer so häufig auf den emotionalen Überschuß der Frauen hinweisen – der eine optische Täuschung ist, wie wir zeigen werden. Der emotionale Stress, mit dem Männer leben, ist objektiv größer als jener der Frauen. Da er aber begleitet wird von einem Verdrängungsprogramm, das in der Kindheit der Männer freiwillig (!) begonnen wird,* hat sich die Meinung durchgesetzt, Männer hätten weniger Emotionen – während sie mit viel stärkeren Emotionen kämpfen als Frauen.

Die enge Ankoppelung an alte Hirnregionen bedeutet auch, daß der Mann es viel schwerer hat als die Frau, seine aggressiven Impulse »intern einzufangen« und verbal zu bearbeiten. Er sieht immer nur einen Fluchtweg, weil er nicht schwach erscheinen will: auftrumpfen und sich durchsetzen. Sein Zorn wächst im gleichen Maße wie sein Schmerz, wenn etwas mißlingt; aber niemand wird den Schmerz erkennen, weil er durch Attacke, Aufbruch und Wut übertönt wird. Auch der Mann selbst sagt von solchen Situationen: Ich war wütend, es mußte etwas geschehen, ich habe es getan. Er erinnert sich zuverlässig an seine Täterrolle, gleichviel aus welchem Drehbuch sie umgeschrieben wurde. Sein Erfolg, der ihn wieder ruhig macht, ist genau dieser: das Umschreiben einer Opferin die Täterrolle. Wo das nicht mehr gelingt, beginnt der Amoklauf – wie er zum Beispiel im Film »Falling down« gezeigt wird – wie er aber auch in unzähligen Aggressionsräuschen weltweit immer häufiger vorkommt.

Die Frau fängt das Problem, das ihr den Weg versperrt, zunächst »intern« ein, ohne es zu vernichten. Sie arbeitet ihren Streß verbal und kommunikativ ab. Der größte Unterschied zum männlichen Krisenmanagement: Sie wird nicht härter, weil sie sich keinen Sieg schuldet. Sie wird »weicher« und nachgiebiger, wenn das Problem unlösbar erscheint. Während Adrenalin und Testosteron den Mann kampfentschlossen und unnachgiebig machen, stößt die weibliche Krisenstrategie eine ganz andere Reaktionskette an: Das »Friedenshormon« Oxytocin wird produziert. Es stellt Zustimmung, Friedfertigkeit und Entspannung her. Die Frauen kapitulieren schneller, sagt die landläufige Meinung. Gehören Frauen zum Team, so liefert

---
* Vgl. dazu Höhler/Koch, S. 144–184.

Mann und Frau – Was als Konfliktpotential erlebt wird, ist in Wahrheit komplementäre Energie

Problemwahrnehmung:

- Wie komme ich da raus?
- Was tue ich damit – dagegen?

- Was macht das mit mir?
- Wie kann ich mich anpassen?
- Wer hilft mir da raus?

Problemlösung:

Probleme isolieren, um sie zu beherrschen

Probleme im komplexen Umfeld würdigen

© Prof. Dr. Höhler

ihre Kontraststrategie aber auch Entspannungsermunterungen für den Mann; sie zeigen, daß es falsch sein könnte, jetzt alles auf eine Karte zu setzen. Während Männer in Krisen Energie verschleudern, ist der *safe investor* Frau schnell in der Lage umzusteigen ins Energiesparprogramm. Gemischte Teams, die gut eingespielt sind, können so zwischen beiden Programmen pendeln: *high speed*, höchste Erregung und eine gute Dosis Friedfertigkeit mitten in der Attacke – das sind zwei Optionen, die die Welt wieder rund machen. »Der Mann, der flieht, kann wieder kämpfen«, sagt ein chinesisches – eben nicht ein hektisch europäisches Sprichwort. Es könnte ein Kooperationsmotto für Männer und Frauen in Krisensituationen sein.

Für den Mann gibt es oft ohne Beistand von außen kein Entkommen aus dem Impulsfeuer seines Reptilhirns. Von jeder rationalen Reflexion abgeschnitten, tut er Dinge, die er später bitter bereuen wird. Reuerituale sieht aber die europäische Kultur ebensowenig vor wie den Mix aus männlichen und weiblichen Krisenstrategien. Die asiatischen Völker kennen solche Rituale und akzeptieren sie.

Unterschiedlich wie die Erregungsstrukturen ist auch die Erinnerung von Männern und Frauen an die Krise: Während die Frau im Strom ihrer inneren Regelkreise noch lange Punkt für Punkt rekapitulieren kann, was *step by step* geschehen ist, wer wie reagiert, wer was gesagt hat und von welchen Gefühlen diese Vorgänge begleitet waren, schließt der Mann die Ereigniskette kurz zu einer Siegerstory, die er braucht, um sich besser zu fühlen. Die Forschung hat die Speicherfähigkeit der Frau mit dem schönen Begriff des »limbischen Nachglühens« belegt, da ihre Aktivitäten sich auf das limbische System konzentrieren, wo Gefühle und Betroffenheit entstehen. Während der Mann die Chance nutzt, seinen Kontrollverlust in eine Erfolgslegende umzumünzen, die ihn souverän und überlegen zeigt, kann er der männlichen Kollegen als Mitakteure sicher sein: Sie werden nur flüchtig interessiert und in stiller Solidarität zur Kenntnis nehmen, wie man es macht; denn einer von ihnen könnte der nächste sein; sie alle können noch von extremen Belastungen getroffen werden. Ein Lehrstück also, das nebenbei konsumiert wird.

Die Frauen trauen derweil ihren Ohren nicht: Das soll der mentale Amok sein, den sie miterlebt haben? Umgebaut in einen grandiosen Auftritt, ist die reale Niederlage des Kollegen oder Chefs nicht wiederzuerkennen.

Bald schon wird er sich nicht mehr an die wahren Vorgänge, sondern nur noch an den Sieg über die Wahrheit, seine Heldenlegende, erinnern können.

Auch wenn er im Umbau seiner Wutanfälle zu befreienden Kurzschlußhandlungen dressiert ist: der Mann hat eine viel kürzere Lunte zur aggressiven Erregung als die Frau. Während er sich aus der Niederlage durch lautes Auftrumpfen rettet, ist die Frau gelähmt von Trauer. Sie hat kein Täuschungsmanöver zur Verfügung, um sich selbst und anderen eine andere als die erfahrene Geschichte zu erzählen: Jeder sieht, daß sie verloren hat. Und jeder, auch sie selbst, wird nun tage-, wochen- und monatelang bei jeder Begegnung daran denken, daß sie eine Niederlage erlitten hat. Im Falle des männlichen Verlierers ist das gar nicht so klar: Manche haben seinem imponierenden Lärmen geglaubt und fanden ihn stark, nachdem die Debatte um ein Projekt eigentlich schlecht gelaufen – genaugenommen sogar im Sande verlaufen, das Projekt abgesetzt worden war. Nur wenigen dämmert nach vielen Wochen oder Monaten einmal minutenweise, daß dieser Sieger mit dem riesengroßen Mundwerk vielleicht ein kläglicher Verlierer war; dann aber ist das schon ohne Belang.

Auch Frauen können von glühender Wut gepackt werden; auch in ihnen wacht dann das Reptilhirn auf und liefert aggressive Energie, die nichts mehr ahnen läßt von der sensiblen, hellhörigen Alltagsmitarbeiterin, die sich bis zur Erschöpfung in andere versetzt, statt ihre eigene Sache zu vertreten. Ihre Hemmschwelle ist höher, aber ihr Zorn ist zu fürchten: Er ist elementar, weil er existentiellen Bedrohungen gilt. Ist ihr Leben bedroht – oder gar das Leben ihrer Kinder –, dann wird die Frau ebenso gewalttätig wie der Mann. Er aber wird es lange vor dieser lebensbedrohlichen Situation, wenn es an seinen Stolz geht, an sein Prestige, an seine Karrierehoffnungen, an sein selbstverliebtes Ego. Die Schwelle ist viel niedriger als bei der Frau.

Aber wer nun glaubt, die kinderlose Berufsfrau, die keiner mit

Mann und Frau – Strategien der Selbstbehauptung versus Strategien der Integration

Täter bleiben:
- ein Szenario gestalten,
- die Sache in der Hand behalten

Offensiv:
als **Sieger**
vom Platz gehen

Konturen zeigen,
sich abgrenzen

Die Welt **beherrschen**

Sich anvertrauen:
- sich einem Szenario einfügen

Defensiv:
Opfer werden.
Waffe: **Opferpower**

sich öffnen,
Energie einfließen lassen

Die Welt **hereinlassen**

© Prof. Dr. Höhler

Messer oder Pistole bedroht, werde folglich niemals gefährlich wütend werden, der irrt. Dieser Irrtum wird in diesem Buch immer wieder eine Rolle spielen. Wir verdanken ihn dem Feminismus, der die Reproduktionsfähigkeit der Frau, ein Kapitel aus ihrer *multitask*-Ausstattung, wie ein technisches Faktum und Karrierehindernis behandelt hat. Daß die Fähigkeit, Kindern das Leben zu schenken, mit einem ganzen Spektrum an Fähigkeiten verbunden ist, die dem Mann fehlen, weil er sie nicht braucht, wurde vernachlässigt. Auch wenn sie keine Kinder hat, lebt die Frau mit diesen Optionen: hellhörig, zugewandt, sozial wachsam und klimasensibel, kommunikationsstark und flexibel.

In den Scheinwerferkegel dieser komplexen Aufmerksamkeit geraten all jene Prozesse und Fakten, die der Blickwinkel des Mannes im Schatten läßt. Daher sind die Anlässe zu Wut und bedingungsloser Verteidigung, die sich Frauen bieten, für Männer oft völlig unverständlich – ebenso wie der Wutausbruch eines wundgeschossenen Mannes, dessen Eigenliebe eine Blessur erlitt, für die Frau. Die »Kinder« der Frau zu bedrohen heißt in der Firma zum Beispiel, genau jene Pläne zu kürzen, die dem Vertrauen der Mitarbeiter, dem Unternehmensklima oder der Verbesserung der Weiterbildung, der Vorbereitung eines Festes für die besonders Tüchtigen dienen sollten. Männer nennen diese Faktoren dann gern die »weichen«, weil sie mit Härte über deren Wegfall entscheiden. Das Harte ist die Welt des Mannes, so sagen sie sich, und das Weiche hat vor seiner Entschiedenheit keinen Bestand.

Bei solchen Entscheidungen kann die erhoffte Flucht der Frau in die Trauer der Niederlage plötzlich ausbleiben und eine überraschend heftige Attacke über die Teamkollegen hereinbrechen. Wortgewandter als die Männer, fährt die Frau verbal scharfes Geschütz auf; Verlegenheit greift Platz, die männliche Beißhemmung meldet sich wie einst im Sandkasten, und die Aggressoren bleiben stumm. Sie hat ihre Brut verteidigt; ein Sieg geht an sie.

Aber die wechselseitigen Ausbrüche von Zorn sind ja nur die eine Seite des Konzeptes, das hier schlummert: Überall dort, wo der Aufmerksamkeitsschatten des einen die Konturen einer Aufgabe unscharf läßt, leuchtet das hellwache Interesse des anderen sie scharf aus. Wer das weiß, muß nicht die Kultur der Mißverständnis-

Strategie nach Niederlagen:

Frau

- Selbstzweifel
- Suche nach Schuldigen
- Selbstmitleid
- Opferpower

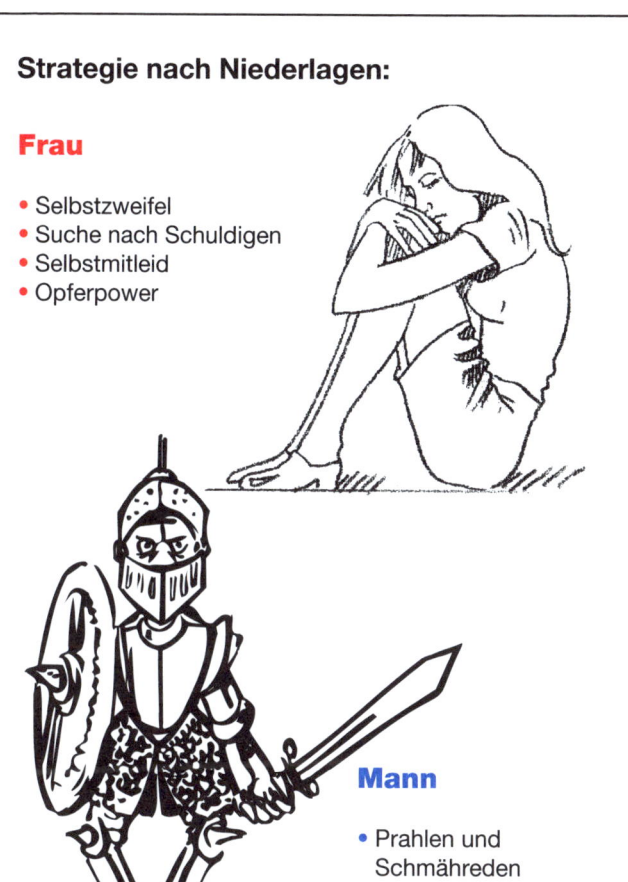

Mann

- Prahlen und Schmähreden
- Selbststilisierung zum verborgenen Sieger
- Aktionismus
- Selbstüberschätzung

© Prof. Dr. Höhler

se weiterführen, die von der wechselseitigen Fehleinschätzung und der verfehlten Selbsteinschätzung lebt. Die andere Seite des Programms, das wir bislang verfehlen, ist die verlockende Chance, im gemischten Team Probleme vollplastisch auszuleuchten.

Nach dem Sturm der Krise sind also beide, Männer und Frauen, in sehr unterschiedlicher Verfassung. So verschieden ihre Krisenstrategien sind, so deutlich unterscheiden sich im Vakuum danach ihre Stimmungen. Er kämpft sich in verlorenes Terrain zurück, statt sich auszustrecken und zu regenerieren; sie trauert um die vergebene Chance und fügt sich in das Klima der Enttäuschung. Während er noch die Zähne bleckt, leckt sie ihre Wunden.

Im Team erleben beide die Strategien des andern – und lernen voneinander: Er, daß man Niederlagen auch mit Zustimmung für die Analyse freigeben kann, um für morgen daraus zu lernen. Sie, daß man die Highlights des Kampfes um eine gute Lösung ruhig sich selbst zuschreiben darf. Gelingt diese gemischte Würdigung des Geschehens, so holt jeder mehr Selbstvertrauen für die nächste Herausforderung. Gelingt sie nicht, so lautet die weibliche Gefahr:

○ Selbstzweifel
○ Suche nach Schuldigen (natürlich: »die Männer«!)
○ Selbstmitleid
○ Opferpower

Der alte Zirkel der Selbstblockade schließt sich und isoliert die Frau vom Tatendrang der Männer.

Die männliche Gefahr deckt den Rest des Spektrums ab:

○ Prahlen und Schmähreden
○ Selbststilisierung zum verborgenen Sieger
○ Aktionismus
○ Selbstüberschätzung

So isolieren sich beide voneinander, wenn sie nicht lernen, einander zuzusehen und zuzuhören. Bei der nächsten Krise wird wieder jede Gruppe, Männer wie Frauen, ganz allein sein – den eigenen Fehlern und überschießenden Energien ausgeliefert, ohne Korrektur. Daher wird die Krisenbewältigung mehr Zeit kosten als nötig, und zum Sachproblem werden die Probleme der Personen miteinander kommen.

Dann liegt der alte Fehlschluß nahe: Männer und Frauen passen nicht zusammen; sie können nichts voneinander lernen, sie blockieren sich gegenseitig. Und schon meldet sich wieder die kurzschlüssige Versuchung, jedem von beiden ein eigenes Terrain zuzuweisen, auf dem er/sie seine/ihre Fehler ausleben kann und auch für die Höchstleistungen keine Rückmeldung aus der andern Hälfte der Welt hereindringt.

Haben beide aber schon in der Krise aneinander gelernt, wie verschieden sie reagieren, dann gelingt der Aufbruch zu kombinierten Strategien: Nicht mehr die männliche oder weibliche Vorliebe entscheidet, welche Linien die wichtigsten sind, sondern beide, Männer und Frauen, vervollständigen voller Neugier auf den Beitrag des andern ihr unvollständiges Bild der gemeinsamen Sache.

Nun geht es nicht mehr um Niederlagen oder Siege, die man dem andern zufügt oder entreißen muß, sondern es geht um den gemeinsamen Sieg über einen starken, manchmal unbezwingbaren Gegner: das Problem. Hier kann jeder und jede sein und ihr Bestes investieren, auch Wut und Aggression haben ihren Platz – und sie sind wichtig für die Optimierung der Lösung. Noch wichtiger aber für den Drogenhaushalt der beschäftigten Gehirne: Testosteron und Adrenalin machen Lust und Tempo, Cortison und Cortisol steigern die Belastbarkeit und heben die Stimmung; Serotonin liefert Überlegenheitsgefühle und die Gelassenheit der »Leittiere«. Ein Cocktail aus motivierenden und belohnenden, selbstproduzierten »Drogen« hält das Team zusammen.

Da mag ein Chef noch lobend hinterherlaufen: Ihre Rückmeldung haben die Männer und Frauen im gemischten Team sich wechselseitig geliefert. Nicht als gedankenlose Kumpanei oder routiniertes Schulterklopfen, weil jeder »einer von uns« ist. Hier findet viel mehr statt als die fehlergefährliche Solidarität unter Männern. Hier vernetzen sich Vertrauen und Kontrolle, weil jeder und jede auch über Grenzen hinweg kommunizieren, die sie bis gestern noch wie Fremde voneinander trennten – als das Business mit Männergehirnen auskommen mußte. In gemischten Teams ist Schluß mit dem geteilten Himmel. Die beiden Hälften der Welt kommen endlich wieder zueinander.

Ein Ideal? Ein täglich hundertfach verfehltes, das immer verlockender wird und immer mehr Männer und Frauen für sich gewinnt.

5. Defizite? – Differenzen!

Die maskuline Hälfte des Himmels – sie ist überall da ausgespannt, wo Männer mit Männern an männlichen Systemen arbeiten.

Nicht immer wolkenlos, dieser Himmel, aber selbst die Wolken, wenn sie aufziehen, haben männliche Gestalt: Rivalitäten, Revierkämpfe, Rangentscheidungen kündigen sich an. Der Sturm, der dem Unwetter vorausgeht, hat einen männlichen Atem.

Moment mal: Und was ist, wenn das Donnergrollen von einer Frau kommt? Wenn ein Zerwürfnis, eine drohende Trennung, eine unverstandene Szene des Vorabends den nächsten Arbeitstag verdunkelt?

Frauengedanken. Vielleicht in der Mittagspause, wenn die Gedanken von der Leine wollen, weil ihr Halter unaufmerksam ist, melden sich diese Störfeuer aus der privaten Welt. Nicht im Männeralltag, wo Frauen meist als dienstbare Geschöpfe oder als Untergebene vorbeihuschen. Männergedanken spazieren brav an der Leine ihres Nutzers. Kein »limbisches Nachglühen« belästigt ihn, seine Ratio pariert. Nicht, weil er so intelligent ist, sondern weil seine Prioritätenliste auf Platz eins und zwei und drei von Zielen besetzt ist, die er unmöglich aufgeben kann: sein Täterprofil, das ein Abonnement auf Erfolg einschließt – sei es auch nur zum Schein; die Konkurrenz mit den Teamgefährten, ein stimulierendes Gemisch aus Miteinander und Gegeneinander; und schließlich die Netzwerke von Macht und Einfluß, an denen er so oder so, als Informand und Informationsjäger, partizipiert. Macht man da einen Tag nicht mit, fällt man schon fast vom Seil. Erst danach, auf Platz vier und fünf, können sich private Gedanken herankämpfen. Wo sie Stress verheißen – und auch ein schlechtes Gewissen ist Stress –, werden sie gar nicht vorgelassen. Wo sie um Hoffnungen, Träume und Wünsche kreisen, dürfen sie mitspielen: als Stimulanzien für das berufliche Erfolgsstreben.

Sind Männer stärker ohne Frauen? Oder fühlen sie sich so? Ganz sicher überall dort, wo von Frauen Unsicherheit ausgeht, die Irritationen schafft. Männer sind stärker mit Männern, wenn es um Berufsdinge geht, das sagen viele Männer spontan. Und sie schränken höflich ein: Na ja, da gibt es natürlich Sachen, die ohne Frauen nicht gehen. Sekretariate, Empfänge und alles, was Atmosphäre schafft, das ist besser aufgehoben in Frauenhand. Mit Frauen managen? Nicht ernsthaft, das meint: nie ausprobiert, schwer vorstellbar. Wo Frauen im Management dabei sind, werden die Urteile konkreter. Sind sie gut? Ja, sagen manche Männer gönnerhaft, aber die Auskünfte sind unentschieden, selten so klar wie über männliche Teamkollegen. Die Kategorien fehlen, die Erfahrung auch. Man ist entschuldigt; niemand weiß so recht, wie das wäre. Aber eines ist klar: Mit Männern ist es einfacher, weil man weiß, mit wem man es zu tun hat.

Das ist die Urteilsgrundlage, über die selten gesprochen wird: Woher sollen Männer im Management wissen, wie Frauen im Management wären? Woher sollen sie also wissen, ob Frauen gut für die Firma wären – außer dort, wo sie bereits sind? Woher sollen Manager wissen, was Frauen in ihren Führungsrunden sagen, wo sie und ob sie widersprechen würden, ob die gemeinsame Sache durch sie weiterkäme, die Ergebnisse der Debatten besser würden, die Problemschau angemessener, das Verhandlungsklima kameradschaftlicher oder brisanter? Würde die Rivalität eine neue Nuance bekommen? Würde die Führungstruppe schneller oder langsamer, mutiger oder timider, softer oder entschiedener? Zumindest die Männer wissen es nicht. Aber wir haben mehr Wissen als jemals vorher über Männer und Frauen, das uns die Entscheidung für eine schnelle und gründliche Mischung beider auf den Entscheidungsplätzen leicht machen müßte.

Der andere Weg, die heute nicht verfügbaren Erfahrungen in mehreren Laufbahnjahrzehnten mit Endstation Geschäftsführung

Männer haben nicht entschieden die Absicht, Frauen zu beherrschen

Es »ergibt sich« so.

Verursacher sind Männer und Frauen

Die Männer wissen:

- Aktion ist besser als Reaktion.

- Wer fordert und behauptet, holt den Vorsprung.

- Wer Zeichen setzt, wird sicherer.

- Wer die eigene Rolle offensiv festlegt, verhindert, daß andere dies tun.

Die Frauen glauben zu wissen:

- Reaktion ist höflicher und sicherer.

- Wer sich einfügt und antwortet, zeigt Überlegenheit.

- Wer die Zeichen erkennt, wird unentbehrlich.

- Wer vorbildlich im Team agiert, erhält Anerkennung.

© Prof. Dr. Höhler

oder Vorstand für Frauen sozusagen im Großversuch zu beschaffen, klingt nicht nur lächerlich; er wäre nicht durchsetzbar und – bedenklicher: Er kostet viel zuviel Zeit. Was sich in demokratischen Gesellschaften ändert, das ändert sich durch *trickling down*, das Durchsickern neuer Erkenntnisse an unzähligen einzelnen Plätzen in die Systeme. Männer und Frauen der nächsten Generation teilen sich schon viel unbefangener die Arbeit, drinnen wie draußen, im Haus wie auf den Baustellen neuer Berufe. Sie tun das auf der Basis assoziativer Logik, ohne ideologischen Überbau, spontan.

Aus diesen zahllosen Spontanhandlungen wird eine neue Ordnung des Zusammenlebens und Zusammenarbeitens hervorgehen. Es ist nicht schädlich, sondern sehr nützlich für diesen Prozeß, wenn er parallel verstanden, gedeutet und geistig eingeordnet wird: Was ist da los, wenn nicht ein Protestzug für Frauenrechte durch die Städte wogt, sondern Frauen und Männer ihn kurzerhand auslassen, weil ihre Eltern da schon mitgezogen sind, und gleich zur Sache kommen? Die gemeinsame Sache entwickelt sich auf diese Weise unspektakulär und organisch. Und genau deshalb wird sie zu einer tragfähigen Ordnung: Nicht von oben in die Köpfe geträufelt, sondern im Kopf-Herz-Kontrakt einer Jugend entstanden, die das Alleinsein satt hat, die das Theoretisieren leid ist und einfach zusammen leben und arbeiten will. Frauen, Männer und Kinder, Freunde und Nachbarn, Kameraden aus Arbeit und Freizeit mischen sich ohne Programm und ohne anspruchsvolle Spielregeln, um gemeinsam zu leben und zu arbeiten.

Aber das sei eben nicht das Spitzenpotential, und sicher nicht das Topmanagement der Zukunft, wenden viele Skeptiker ein. Sind wir sicher, daß sie das nicht sind? – Ich bin nicht sicher.

Die maskuline Hälfte des Himmels jedenfalls wird sich nicht mehr so entschlossen verteidigen, wie sie das mangels Kenntnis der weiblichen Beiträge zum Wind-und-Wolken-Spiel auf den Entscheidungsinseln heute noch tut.

Der Erfahrungsmangel hat viele Facetten. Für Frauen ist es wichtig, die interessantesten zu kennen. Männer wissen wirklich nicht, was Frauen beitragen. Männer erscheinen aber nicht gern unwissend. Ein Männermeeting, in dem sich alle Herren darüber unterhalten, daß sie einfach keine Vorstellung vom weiblichen Beitrag in ihrem Gremium haben, wird deshalb nicht stattfinden. Den, der die klaffende Lücke im Teamwork der Gipfelcrew entdeckt, wo das Puzzlestück der Frau irgendwann herausgefallen ist, gibt es auch nicht. Und die Gedankenzensur wirkt bei allen so zuverlässig, daß es auch kaum einen Mann in Topzirkeln geben wird, der sich spontan, mitten in der Tagesordnung, fragt: Was würde an dieser Stelle eine Frau sagen?

Die Großen des Managements, denen man Aura und Charisma nachsagt, zeichnen sich aber genau dadurch aus: Sie sagen immer wieder einmal, wenn die Entscheidungen schwierig werden: »Was würde wohl meine Frau dazu sagen?« Und es ist ihnen überhaupt nicht peinlich, diesen Gedanken laut auszusprechen. Sie sind, das ist die Antwort der neuen Hirnforschung, im »anderen« Terrain, dem der Frau, schon durch ihre eigenen Erfolgsstrategien mehr zu Hause als das Gros ihrer Mitstreiter. Und ihre Spitzenposition beruht auf dieser komplexeren Strategie.

Wenn wir einerseits spontane Prozesse beobachten, die unsere Ungeduld nicht befriedigen – wie: Jugend gruppiert sich neu –, andererseits die neuen Einsichten Tempo machen sollten: Wie steht es mit der femininen Seite des Himmels, wo noch Kleinmut und Trotz herrschen, wo aufs Abgeholtwerden gewartet wird und private immer noch mit öffentlichen Strategien verwechselt werden? Da die Männer mehrheitlich nicht aufbrechen werden, um die Frauen abzuholen, wären natürlich Lektionen für Frauen zu schreiben, die zweierlei leisten müssen:

1. Die Frauen über sich selbst aufklären; die bequemen Legenden wegräumen, hinter denen Frauen in Deckung gehen, weil sie den unklaren Auftritt lieben, der dem Mann noch ein Rätsel aufgibt. Seit Wallfahrten von Männern zu weiblichen Rätseln aus der Mode gekommen sind, greift diese Strategie nicht mehr.
2. Die Frauen über die Männer unterrichten; die liebgewordenen Klischees über die männlichen Tricks zur Frauenabwehr im Business widerlegen. Frauen müssen begreifen, daß berufstätige Männer sich viel weniger mit der möglichen Rolle von Frauen

im Business beschäftigen als sie, die Frauen, annehmen. Sie müssen auch lernen, daß die Hochlagen des Topbusiness nur für sie, die Frauen, ein Geheimnis bilden; daß hingegen sie, die Frauen, für Männer ein viel größeres Geheimnis darstellen, als sie ahnen. Auch darum sind die Türen zu den Topetagen für Frauen – noch – so fest verschlossen.

Aus diesen beiden Lektionen ergibt sich aber eine dritte, die die schwerste ist. Die, die Schranken niederlegen, werden nicht die Männer sein. Es werden aber auch nicht die ideologisch bewaffneten Frauen sein, die die Männer heillos irritieren. Es werden die Frauen sein, die mehr über Männer und deren Unwissen über Frauen wissen, als Männer je interessieren wird. Nur so werden die Türen sich öffnen, und zwar plötzlich und leicht.

Um das näher zu verstehen, müssen wir aber nun einen Erkundungsweg gehen, der mit Zumutungen gepflastert ist.

Wir begegnen auf diesem Weg zunächst der Defizit-Hypothese, die gleich beide zu Autoren hat: Männer und Frauen. Wer die Welt gestalten will, statt ihr nur zuzusehen, der braucht Kategorien, nach denen er ordnet: Mitspieler, Nichtmitspieler zum Beispiel. Mitspieler bei den wichtigen und spannenden Dingen, die ihn faszinieren, sind die andern Männer, so stellt schon der kleine Junge fest. Im Spiel sind kleine Jungen »Männer«, das sagen sie selbst. Kleine Mädchen sind keineswegs immer »Frauen«, wenn sie spielen; sie sind, was sie sind: kleine Mädchen. Keine Selbststilisierung, keine kühne Zukunftsmusik. Kleine Jungen üben Heldenrollen. Mädchen ahnen, daß ihnen die Entscheidung nicht überlassen bleibt. Als Heldinnen sehen sich nur verschwindend wenige.

Da Männer ihr System ordnen wollen, schreiben sie auch die Diagnosen, die Frauen nicht liefern: jene über die Eignung der Frauen für männliche Netzwerke. Da dort kaum Frauen vertreten sind, stellen die Männer kurzerhand fest: ungeeignet. Woher kommt dieser Kurzschluß? Ganz einfach: Wenn sie Spaß daran hätten, wären die Frauen hier, meinen Männer. Und dieser Gedanke verdient es, ernstgenommen zu werden.

Inzwischen wissen wir zuverlässig, daß männliche Netzwerke

Warum Männer nicht mit Frauen konkurrieren wollen ...

Männer meinen:
Konkurrenz mit Frauen
ist kein Fair play.

Unsichere Frauen
machen Männer
unsicher:
Unsichere Männer
reagieren mit
Aggression.

Fazit: **Private Erfolgsmuster von Frauen werden beruflich kontraproduktiv.
Männer haben ihr Kooperationsgesetz:
Solidarität und Konkurrenz.**

© Prof. Dr. Höhler

nicht der ideale Tummelplatz für Frauen sind – einfach weil sie Frauen nicht so faszinieren wie Männer. Daraus aber zu folgern, Frauen wären bei den Aufgaben überflüssig, die Männer in Netzwerken zu lösen versuchen, ist der nächste Kurzschluß. Frauen brauchen die männlichen Strukturen nicht unbedingt, das ist der simple Befund. Warum: Ich habe es bereits erklärt, die Systemfreude der Frauen ist immer von der Frage gebrochen, ob in den Systemen Menschen gut leben können. Wo das System zum Selbstzweck wird – eine deutliche Tendenz männlichen Systemvergnügens! –, erlischt die Zustimmung der Frauen.

Netzwerke dienen auch den Kommunikationsvorlieben der Männer: möglichst häufig den Platz wechseln, um mit jedem über jedes Thema gesprochen zu haben – aus strategischen Gründen: um den Kraftlinien von Macht und Einfluß auf der Spur zu bleiben. Da Frauen sich defensiv – aufmerksam, hellhörig, eher fragend – den männlichen Strukturen nähern, nehmen Männer wahr: Sie kommen nicht zurecht. Die männliche Diagnose lautet folglich: Defizit. Dieses Muster wiederholt sich auf vielen Gebieten, die »Männergelände« sind: Der Mann schreibt die Diagnose, während die Frau noch lauscht und schaut. Er will ein Fazit, also vereinfacht er die Frage. Dabei hilft ihm unbewußt die Frau, die keine eigene Diagnose liefert. Also lautet sein Fazit: Sie taugt nicht. Oft einziger Grund: Sie agiert nicht wie ein Mann. Sie reagiert. Selbst zum Stift zu greifen und dem Mann die Diagnose zu schreiben, riskiert sie auch deshalb nicht, weil sie sich als Bittstellerin sieht: Laß mich mitspielen, ist ihr verzagter Gedanke. Sie versucht unauffällig zu bleiben, statt anzugreifen. So kommt die Kette der Defizit-Hypothesen in Gang.

Daß sich in all diesen »weiblichen Defiziten« nur Differenzen verbergen, Unterschiede, die produktiv werden könnten, wird bis heute von den meisten Betrachtern übersehen.

Die Grundregel für die Verwechslung lautet: Im Lichte der eigenen Defizite werden die Stärken des/der andern zum Defizit umdefiniert. Woher sollen zwei Menschensorten, die ihre Kooperationsreserven überhaupt noch nicht entdeckt haben, darauf kommen, daß sie darin beide ihren Vorteil suchen könnten? – Aber wußten sie es denn nicht, wie gut sie zusammen sein können? Hatten sie es nicht im privaten Leben längst erfahren?

Aber sie leben beide in der gespaltenen Welt, die privates und Berufsleben unerbittlich trennt – für die meisten. So denken beide: Das eine hat mit dem andern nichts zu tun. Und beide lassen sich auf die verordnete Leseart ein: Das Leben ist zweigeteilt, weil jeder von beiden in einem der Sektoren seine Stärken hat. Die Frau ist ein Privatwesen, der Mann ein öffentliches Wesen. Ausnahmen bestätigen die Regel.

Die Spaltung ist längst nach innen gewandert. Die maskuline und die feminine Hälfte des Himmels sollen nicht zusammenwachsen, weil sie nicht zusammengehören.

Die Isolation der Geschlechter ist das absurde Experiment dieses Jahrhunderts, über das wir uns durch viele marginale Tricks hinwegtäuschen. Die Männer: allein gelassen auf den Inseln der Entscheidung. Die Frauen: verlassen in ihrer halben Welt, abgeschnitten von den Quellen für Anerkennung und Selbstbewußtsein. Der Mann, das Ausrufezeichen, die Frau, das Fragezeichen. Zwei, die ihren Rollensplit spielen, sichtlich ohne intakte Erinnerung an ihre eigene Vorgeschichte, die nur durch unbefangene Kooperation so erfolgreich wurde.

Die Versuchung, sich über den Mann zu definieren, drängt sich auf in einem Zeitalter, wo alle Schaltstellen von Männern besetzt sind. Gerade ihre Stärke, die sensible Wahrnehmung und das soziale Interesse, erscheinen in einer handlungsorientierten Zeit als »abhängiges« Verhalten der Frau. Männliche Botschaften, weibliches Echo – so lautet unversehens das Rollenspiel.

Sie will sich nichts verscherzen, also gibt sie ihm, was er verlangt: Anerkennung. Zugleich vergißt sie, für ihr eigenes Fortkommen im Netzwerk vorzusorgen. Es ist ja noch vertrackter: Assoziativ hat sie irgendwo den Gedanken vorrätig, daß sie vom Mann abhängt. Daraus folgt: Wenn sie ihm schmeichelt, wird er sich ihr zuwenden. Das alte Muster aus der Welt der Partnerwerbung, nicht des Business, schleicht sich über die Frau ein. Auch wenn sie damit vielleicht einen ersten Erfolg holt: Der Mann spürt den Wechsel der Spielebenen und wird sie künftig auf die »Arbeitsebene« nur in abhängiger Position lassen. Sie hat einen Fehler gemacht, der in vielfältiger Form der Begleiter weiblicher Karrierebemühungen ist: Sie hat die Bühne gewechselt. Sie wird nicht unbeschädigt zurückkehren können.

Als ob Männer die Bühnen nicht wechselten! Natürlich tun sie das, aber auch hier ist der weibliche Erfolg oft trügerisch. Die Welt des Fair Play ist verlassen, wenn die erotische Karte gespielt wird. Dahin zwanglos zurückzukehren ist einer Frau viel eher möglich als dem Mann. Er wird diesen Wechsel nicht zulassen, weil ihm die Spielregeln wichtiger sind als ihr. Entweder – oder, sagt ihm sein Networker-Know-how, aber nicht quer durch die Drehbücher Rollen wechseln. Bei solchen Differenzen zeigt sich deutlich, wie ernst der Mann seine Wettbewerbswelt nimmt – und wie wenig die Frau das versteht.

Das hier verborgene Thema heißt: Niemals private Waffen auf der beruflichen Bühne benutzen. Wer spontan zu diesen Waffen greift, sollte wissen: Ich breche die Spielregel. Wer oft mit diesen Waffen erfolgreich war – die Frau zum Beispiel –, kann kaum widerstehen. Schwieriger noch: Den meisten Frauen ist es nicht bewußt, wann sie diesen Strategiewechsel vornehmen. Viele würden es vehement bestreiten, daß sie eine Spielregel gebrochen haben. Oder sie führen an, daß der Mann doch sofort mitgespielt habe – ohne zu beachten, daß er auch das ihr, der Frau, anlasten wird. Sie ahnt wohl auch nicht, daß sie mit dem Sprung aus der Spielregel ihre Chance aufs Spiel setzt, als Arbeitspartnerin genauso hoch geschätzt zu werden wie der männliche Mitspieler und Wettbewerber des Mannes. Im gleichen Moment, in dem sie glaubt, einen Zugang zum männlichen System gefunden zu haben, indem sie, wie gewohnt, auf »weibliche Waffen« setzt, weil sie sich damit auskennt, im männlichen Netzwerk hingegen sich unsicher fühlt, in diesem gleichen Moment verliert sie die Option, als Arbeitskameradin des Mannes anerkannt zu werden. Sie spielt in einem anderen Stück. Da ist er gern dabei, aber es ist nicht das Stück, das in der Firma aufgeführt wird. Es gehört in die private Welt.

Warum warnt er sie dann nicht? – Der Mann würde antworten: Warum sollte ich? Seine Skala ist ja breit genug, er gefällt gern als Mann. Aber die Durchmischung beider Sphären, Eroberer und Chef, Liebhaber und Vorgesetzter, Bewunderer und beruflicher Förderer, macht ihm doch große Schwierigkeiten. Das erfahren Frauen meistens nicht. Sie wundern sich aber darüber, daß die Hochschätzung des Mannes für ihre beruflichen Fähigkeiten nicht im schönen Gleichtakt mit seiner Zuneigung ansteigt – daß sie im Gegenteil sogar sich gegenläufig entwickelt.

Die Frau deutet diese Entwicklung als Geringschätzung, sie fühlt sich verachtet – und alle Verdachtsklischees springen an in ihrem Kopf. »Du nimmst mich nicht ernst«, schleudert sie ihm bei nächster Gelegenheit entgegen. Wenn er darauf nur ausweichend antwortet, so, weil er selbst nicht genau verstanden hat, was da vorgeht. Er ist einfach nicht in der Lage, die Bewerberin für eine Stelle ungestört neben der Werberin um seine Gunst zu erkennen. Er entscheidet – im Zweifel für die traditionelle Konstellation. Sie hat immer noch beides im Blick, weil sie eines durch das andere zu fördern dachte.

Statt dessen müßte sie vor Augen haben, daß er Rollenüberlagerungen so schwer erträgt wie Unentschiedenheit generell. Er vereinfacht das Problem, bis es sich lösen läßt. Damit ist es erledigt, er wird frei für neue Fragen. Sie fühlt sich am Ende auf der ganzen Linie betrogen – um ihre Gefühle, während sie das Strategische ihres Rollenwechsels vergißt, und um ihre beruflichen Ziele.

6. Silent Revolution: zwei Codes kombinieren

Was die Klarsicht auf Erfolgsteams in männlich-weiblicher Mischung immer noch erschwert, ist der triviale Umstand, daß sie in der Wirklichkeit rar sind. Wer diesen Einwand vorträgt, muß sich aber, wenn er *risk-taker* und Manager im Sinne der hier gezeigten Selbstbilder ist, die Frage gefallen lassen, warum sein eigenes Motto, Risiken müßten gewagt werden und Fehler seien geradezu der Beweis für notwendige Risikofreude (so Peter Brabeck, Topmanager bei Nestlé), hier plötzlich nicht mehr gelten soll.

Der andere Einwand lautet: Die Minderzahl an Frauen, die heute in Spitzenpositionen ankommt, beweise doch, daß deren Beitrag zum Business ganz ähnlich sei wie jener der Männer – ja ihr Erfolgsweg und ihre kleine Zahl seien geradezu der Beweis, daß nur ausgesprochen »männlich gepolte« Frauen an der Spitze mitspielen könnten. Damit sei das Thema doch dann erledigt.

Es trifft zu: Viele von den heute hoch positionierten Frauen sind strategisch, mental und intellektuell näher an männlichen als an weiblichen Verhaltensmustern. Das bedeutet aber nur: Die Vorhut setzt sich natürlich aus Typen zusammen, die im männlich geprägten Netzwerk aufgrund ihrer Persönlichkeitsstruktur weniger Reibungsverluste haben. Die seit mindestens dreißig Jahren gepflegte Zusatzbemerkung, die Arbeit in männlichen Strukturen verändere die Frauen – wirke also wie eine soziale Spezialkonditionierung – ist schwer zu belegen. Ich werde aber auch zu dieser Frage Antworten liefern.

Tests, in denen der Testosteronspiegel von »männlich« agierenden Erfolgsfrauen gemessen wird, sind in den Statistiken noch nicht greifbar. Wir haben Hinweise aus der Hormonforschung – und vor allem aus der globalen Dopingpraxis –, die die Vermutung stützen, bei diesen Frauen sei ein deutlich höherer Testosteronspiegel als beim Durchschnitt der Frauen zu erwarten. Auch darauf komme ich noch zurück.

Das bedeutet aber etwas Überraschendes: Wir müssen aufhören, bei den »Angekommenen« hoffnungsvoll nachzufragen, was sie unterwegs erlebt haben und warum es bei ihnen gelang. Wer solche Fragespiele oft gemacht hat, weiß, wie enttäuschend die Antworten ausfallen. Entweder wissen diese Frauen nicht, warum sie nach oben gekommen sind, oder ihre Angaben über die Gründe und Mechanismen sind falsch. Das ist bei Männern ganz ähnlich, und warum es so ist, auch darauf werde ich Antworten geben. Der zweite Teil der Überraschung aber ist: Die »Angekommenen« sind nicht die Quelle für das Gesamtkonzept, sondern sie sind eher die »Ausreißer« aus dem Konzept. Niemand, der bislang seine Untätigkeit in Richtung neuer Teammischungen damit entschuldigt hat, daß man auf mehr Beispiele warten müsse, wird künftig noch ernst genommen werden dürfen. Nicht die Topshops von heute erklären die Kooperation von morgen, sondern die Company im Kopf, bislang ein Tummelplatz der Männer, wird in zwei Köpfen ein umfassenderes, nämlich ein zweigeschlechtliches Gesicht entwickeln. Das hat massive Auswirkungen auf die Mitarbeiterkultur und die Kundenbeziehung – und es wird den Platz der Unternehmen in der Gesellschaft neu bestimmen. Nachdem die politische Blöckewelt am Mut der Menschen in Osteuropa zerbrach, wird die *silent revolution* weitersickern – in die besser getarnten Blöcke, wo immer noch ein Weltbild sich einmauert, um das andere herauszuhalten – in der irrigen Vorstellung, es sei eine Bedrohung, mit der Schutzbehauptung, es koste Qualität und Tempo – sie wird einsickern in den hochgesicherten Männerblock des Business.

Das alles hat mit Feminismus sehr wenig zu tun. Es ist auch nicht ein ideologisches Angebot, das man ablehnen kann. Es ist – aus der evolutionären Vorgeschichte, die von Männern nur selektiv und zum eigenen Imagevorteil genutzt wird – genau jenes Kapitel, das Männer gern für sich reklamieren: fressen oder gefressen werden.

Fliehen oder kämpfen. Das war, in der Evolution, nie allein ein Männerthema, sondern ein Gruppenthema. Für die ganze Gruppe ging es immer darum, zu überleben oder unterzugehen. Und dazu gehörten immer die Beiträge im Team – das immer ein gemischtes Team war, auch wenn die Mitglieder sich zuweilen aufgabenbezogen eingeschlechtlich gruppierten. Was die eine und die andere Gruppe tat, diente aber immer dem gemeinsamen Erfolg, und es geschah nur, um die Gruppe wieder zusammenzuführen.

Wer heute noch behaupten will, der moderne Entwurf mit den vereinsamten Müttern am Stadtrand und den gehetzten Männern im Business sei die moderne Entsprechung dieses geglückten Konzeptes, der spürt zugleich, wie die Fragezeichen in seinem Kopf sperrig wachsen. Seit das Business zur Großmacht wurde, ist es ein primärer Lebensfaktor für die reichen Gesellschaften geworden. Daß hier nur die »halbe Welt« gestaltend unterwegs ist, nur die Hälfte unserer Wahrnehmung, unserer sozialen Intelligenz, unserer Risikowitterung und unserer Glücksimpulse, wurde erst nach den ersten Konsumgipfeln wieder bewußt.

Seit die ausgelagerte Intelligenz uns begleitet und die Logik nicht mehr das wichtigste Ausstattungsmerkmal von Führungskräften ist, ist auch eine Mischung der Qualifikationen fällig, die Männer allein nicht verfügbar halten können – weil sie zum großen Teil nicht lernbar sind. Es sind die vorgeburtlich angelegten Qualifikationen von Mann und Frau, die unter drei allseits anerkannten Schlüsselworten für unser Zeitalter nicht länger auseinandergeplant werden dürfen:

○ Globale Kommunikationskultur mit beschleunigten Innovationsprozessen
○ Dienstleistungsära
○ virtuelle Welt

Diese drei Formeln umreißen ein neues Aufgabengemisch, das nicht mehr ingenieurwissenschaftlich, ökonomisch oder juristisch bearbeitet werden kann. Die komplexe Welt, von der wir reden, wenn wir Zaghaftigkeit tarnen oder Mißlingen beschönigen wollen, liefert genau jenes Gemisch an Widersprüchen und Eindeutigkeits-

Schmalspur versus Breitband

Der Tunnelblick des Mannes

Fokussieren, konzentrieren:

Das Ziel entscheidet

Der Panoramablick der Frau

Die Ränder beobachten, Störquellen ausschalten:

Gefahr kommt selten aus der Mitte.

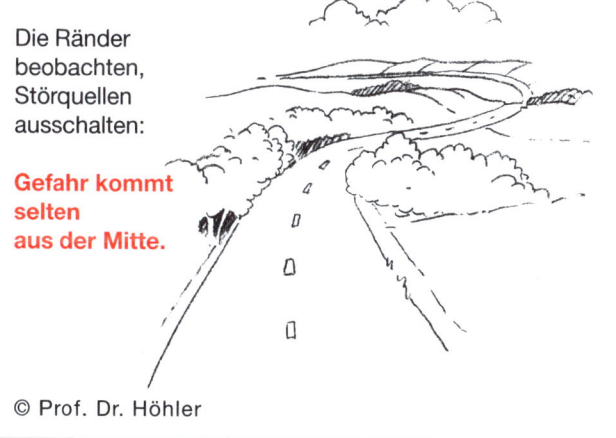

© Prof. Dr. Höhler

verlusten, das den erfolgsorientierten Vereinfacher im Bündnis mit der improvisationsstarken Teamgefährtin herausfordert. Das Labyrinth ist Wirklichkeit geworden, mit dem die Hirnforscher unlängst experimentiert haben, um herauszufinden, wie sich Männer und Frauen hindurchkämpfen: Beide kamen zum Ausgang, aber die Frauen hatten unterwegs mehr Details gesehen.

Die Männer stutzten: Durchkommen hieß doch die Aufgabe! Nicht Sightseeing! – Aber die Frauen waren nicht langsamer, sondern nur aufmerksamer. Sie hatten nebenbei noch die Topographie der Umgebung gespeichert. Dieser Gegensatz – Tunnelblick versus Breitbandspektrum, wird uns noch ausführlich beschäftigen. Er gehört zu den produktivsten Unterschieden zwischen männlichem und weiblichem Zugriff auf die Welt. Zugleich ist er Anlaß für unzählige Irrtümer und Mißverständnisse im Alltag.

Im Labyrinth der Wirklichkeit also können wir uns auf die Bandbreite des weiblichen Blicks ebenso verlassen wie auf die Sammellinse des Mannes. Nicht entweder – oder heißt die Folgerung daraus, sondern sowohl – als auch. Die männliche Konzentration mit Detailverlust kooperiert im Idealfall mit dem komplexen Tableau voller filigraner Details, das die Frau liefert.

Schon erste Schritte aus der halben in die ganze Welt werden beiden, Männern und Frauen, ein Gelände zeigen, das sie einzeln gar nicht kannten. Daß jeder seine Hälfte der Welt für das Ganze hält, läßt sich nur so lange aufrechterhalten, wie er oder sie ohne die Augen und Ohren, ja ohne den Wahrnehmungscode des andern unterwegs ist. Wer die ersten Schritte macht, hat bald keine Wahl mehr: Es geht nur noch vorwärts und nie mehr zurück.

II
Rausch und Ethos der Macht

7. Auch Lorbeerkränze welken

Männer mit Macht – sie werden eins mit ihrem Rang. Ob Präsident oder Vorstandsvorsitzender, Geschäftsführer oder Chefredakteur oder Intendant, Direktor oder Generalbevollmächtigter: die Varianten im Titelspiel tragen männliche Handschriften. Zu den Plätzen mit Gipfelblick führt nicht selten eine lange Kette von Unterwerfungsgesten und Anpassungsübungen, die Frauen verweigern – um den Preis des Ausscheidens aus dem Marsch mit gebeugtem Gang.

Der lange Marsch im Gefolge der Topmanager von heute festigt bei den Sherpas von heute die Entschlossenheit, den Job der Bosse, wenn sie endlich dran sind, nicht nur anzunehmen, sondern anzuziehen wie eine zweite Haut. Lange genug haben sie beobachtet, wie man sich bewegt auf den Gipfeln, wo die Luft dünn ist: Man spart Gebärden ein, das schafft Distanz. Man redet weniger, um nicht kurzatmig zu werden; das gibt jedem Wort mehr Gewicht. Nie mehr wird er das Marschgepäck der andern tragen, sagt sich der endlich Angekommene, und die Insignien des Feldherrn wird er nie ablegen, damit niemand sie rauben kann – nachts oder in der schmalen Schneise Freizeit. Immer ist er der Herr Direktor, immer der Präsident, und sein Blick streift die andern jetzt, als wären sie durchsichtig: alle nicht sein Kaliber. Wen er anspricht auf Empfängen, entscheidet er selbst. Wen er übersieht, ebenfalls. Der unsichtbare Lorbeerkranz hebt sein Selbstgefühl, und was er früher war, was die andern heute noch sind, Leute im zweiten oder dritten Glied, das verachtet er heimlich.

Es gibt auch andere in seiner Kategorie: sichtbar fröhlich, locker, kommunikationsbereit und fast statuslos in ihrem öffentlichen Verhalten. Gefährlich so ein Auftritt, dem man die Würde nicht ansieht, meinen die meisten Männer. Irgend etwas stimmt da nicht. Zu wenig Ritualisierung, fast haltlos dieses Umherschlendern, die Wahllosigkeit bei Gesprächskontakten, der leichtfertige Gruß nach allen Seiten. Wer den Machtkokon so aufbricht, macht sich verdächtig. Abwarten, vielleicht steht da ein Absturz bevor. Man wird sich darum kümmern, wie das weitergeht. »Einer von uns« ist er nicht, so fühlen die meisten Männer.

Ja, richtig, Bosse weiblichen Geschlechts sind meistens so. Sie verschleudern ihren Status achtlos, finden männliche Beobachter. Viel zu offen, ohne jedes Ritual stehen sie quasi neben ihrem Status, dafür aber nicht neben sich, und plaudern informelle Nichtigkeiten: Was die Kinder machen, wie die Rosen dieses Jahr geblüht haben, wie kurios sich der Generaldirektor X auf dem Fest bei Y benommen hat. Frauen stecken in ihrer eigenen Haut, und sie haben nicht die Jahre des gebeugten Ganges hinter sich. Diejenigen Frauen, die an der Jahrtausendschwelle schon oben sind, haben also gegen alle Trends und Spielregeln ihren Weg gemacht: ohne Unterwerfungsgesten, mit erhobenem statt mit gesenktem Blick, nicht Sherpas, sondern Spähtrupps. Wenn es etwas gibt, wovon sie zum Ausgleich profitieren, dann ist es das Staunen der Männer – die sich hüten, zu Ende zu denken, was ihnen da bewiesen wird. Aber ist es ein Beweis? Würden männliche Konkurrenten nicht dennoch das Spiel von Herr und Knecht weiterspielen wollen, wo vor die Erhöhung schon im mythischen Selbstbild der Männergeschichte die Demütigung gesetzt ist?

Ein entsprechendes Unterwerfungsspiel in der Konkurrenz mit Frauen mag variantenreich verdeckt laufen; Frauen, die nach oben kommen, steigen da aber nirgends ein. Auch dies ein Grund, warum sie es schaffen. Frauen geben damit ein Beispiel, daß es geht: Aufstieg ohne die kardinalen Verluste an Individualität, wie sie Männer sich selbst und einander zumuten. Es ist immer noch der alte Heldenmythos vom totalen Opfer aller Knabenträume, der die Männer verbindet. Frauen nehmen alles mit, aber ihre Träume sind eben realitätsnäher, weil ihre Anbindung an das Mögliche solider ist.

Und das Hochfliegende männlicher Kinderträume bleibt als Antriebsenergie für die Kultur so unentbehrlich wie der Bodenkontakt der Frauen. Deshalb muß es gelingen, die Selbstverletzung der Männer, die nach ganz oben wollen, zu mäßigen. Es wird noch ein wenig dauern, bis der Satz wirken kann: Männer sollten und dürfen sich an Frauen, die auf die Plätze der Macht kommen, ein Beispiel nehmen, weil diese Frauen ihnen zeigen, daß man die Verlustseite solcher Gipfelstürme schmal halten kann.

Freilich will das Geheimnis der männlichen Selbstverletzung respektiert sein: Männer gehen schlecht mit sich selbst um, auch ohne den Lorbeerkranz vor Augen, weil sie die Verleugnung von Schmerz und Trauer üben wollen, um unbesiegbar zu sein.

Für viele Frauen ist das eine verschlossene Welt. Es wird Zeit, daß sie sich da ein wenig umschauen. Wie es zu dieser männlichen Rücksichtslosigkeit in der Selbstbegegnung kommt, habe ich beschrieben. Daß dieselbe Härte auf andere übergreift, auf Mitarbeiter, Abhängige, ist der wichtigste Grund, hier die Mitwirkung von Frauen zum Ausgleich in Anspruch zu nehmen.

Wer die Schilderung der männlichen Chefprofile, wie sie hier gegeben wurde, für übertrieben hält, der wird auch nicht durch jene Statistik überzeugt werden, die Antworten von Männern und Frauen auf die Frage wiedergibt, wie man zum eigenen Spitzenposten stehe – ob er neben dem eigenen Ich steht wie eine Zugabe oder das Ich sozusagen aufsaugt. Männer sagen mehrheitlich, daß ihr Topjob nicht als Zugabe, sondern als eigenes Ich funktioniert: »Ich **bin** Präsident der Gesellschaft, oder bin ich es etwa nicht?« fragt der Chef einer Ölgesellschaft. Sein spöttischer Unterton zeigt, wie unangemessen er die Frage findet, ob da ein Unterschied sei zwischen ihm und dem Job.

»Ich kann den Job nur gut machen, wenn ich mich ganz identifiziere«, sagt ein etwas sanftmütigerer Chef.

Frauen aber lachen gutgelaunt und meinen: »Ich weiß, ich **habe** diesen Job, aber er hat mich nicht. Irgendwann wird ihn jemand anders machen, und dann bin ich froh, mit dem Posten nicht mein ganzes Ich zu verlieren.«

»Darum sind Männer eben besser«, sagt mancher männliche Zuhörer sich, wenn er das hört. Mit Haut und Haar, mit Leib und

Seele Generaldirektor, das muß doch die überlegene Dynamik ergeben! – Auf Gedeih und Verderb in der Chefhaut, das klingt nach Risikobereitschaft und Opfermut.

Im Ernstfall heißt es aber auch, daß keiner mehr beobachtet, was geschieht, weil alle in der Chefetage die Firma »sind«, statt die Firma zu führen. Wer ein Teil des Systems ist, wird ein Teil des Problems, und nirgends geht es ohne Bedrohungen und Gefahren ab. Das kühle Urteil über Alternativen bleibt aus, weil alle im Boot Schiffbrüchige sind und keiner die Übersicht auf der Brücke behält. Wer sich keine Existenz neben und über der Firma erhält, geht im Ernstfall existentiell mit der Firma unter. Geschieht das mitten im Leben, ist es ein Karrierestop, der vermeidbar gewesen wäre – wenn das »Alles-oder-nichts-Prinzip« vermieden worden wäre, das unter Männern gilt. Dramatisch wird das scheinbar persönliche Chefthema aber, weil die Spitzenleute Macht über andere Schicksale haben – die im Ernstfall mitgerissen werden, schuldlos.

Wer den Statistiken nicht glauben möchte und die Ausnahmen wichtiger findet als die hier vorgestellte Regel, der wird spätestens dann nachdenklich, wenn er genauer zu jenen Chefs schaut, deren Lorbeerkränze verwelkt sind. Hier läßt sich dann auch bestürzend exakt erkennen, wo die Spaltung von persönlicher und beruflicher Entwicklung, Jobgewinn als Ersatz für Persönlichkeitsfortschritt, am häufigsten vorkommt: Es ist in den Hierarchien der öffentlich-rechtlichen Medien, in Behörden und Verwaltungen, in allen Nonprofit-Organisationen unter staatlicher Regie. Dort führen Geduld, Unterwürfigkeit und Präsenz beinahe zwangsläufig zum Aufstieg. Individuelle Ausschläge eines persönlichen Temperaments sind eher hinderlich und werden deshalb freiwillig abtrainiert. Der Verlust der Machtposition, gleichviel ob erwartungsgemäß im Pensionsalter oder vorzeitig aufgrund widriger Umstände oder Intrigen, liefert nun die Beweisstücke für unsere Beobachtungen an den Karrieristen im Aufstieg: Wenn der Lorbeerkranz welkt, bleibt von öffentlich-rechtlichen Karrieren nur das Imperfekt: »War der nicht...?« Und dies wird fast ungläubig erlebt von all jenen, die vorher transparent waren für den Herrn Direktor, den Intendanten oder Behördenchef. Das Schmerzlichste für die Ausgeschiedenen: Der Proviant aus Renommé vom hohen Amt reicht kaum länger als die Abschiedsfeiern dauern – wenn da nicht doch noch jemand war, neben und außer dem Amt, der nun weiterlebt und für die Umwelt interessant bleibt – aber wichtiger noch: der zu sich selbst kommt und nicht gähnende Leere vorfindet.

Auf den Partys kann man sie treffen, jene aufgeweichten Physiognomien, die mit klammerndem Blick auf jeden zueilen, den sie als Amtsträger mit gerecktem Hals übersehen haben. Redselig haften sie an fast beliebigen Gesprächspartnern, distanzlos und kontaktsüchtig kommen sie sofort zur Sache – nein, nicht dem verwelkten Kranz, sondern zu ihrer Unkenntnis in allen Netzwerken, die sie als Chefs genauso verachtet haben wie weiland der Chef, den sie viele Jahre nachgeahmt haben, um auf seinen Platz zu gelangen. Wie macht man es, wieder gebraucht zu werden? Wie schafft man sich Unentbehrlichkeit, die mit dem Amt abgefallen ist wie ein verwelktes Kleid? Wie wird man wieder wer? Sie kennen nur die eine Methode: das Wieseln und Buckeln, das ständige Präsentsein in der Nähe der Mächtigen. Eine Jugendmethode, die für Herren gesetzten Alters nicht mehr taugt. Jetzt erst wird deutlich, daß mit dem Amt nicht die Persönlichkeit wächst, sondern die Selbstüberschätzung. Die eigene Identität wird in einen Entwicklungsstop geschickt, der mit 30 oder 35 mitten in das stürmische Wachstum eines reifenden Mannes schlägt. Wie unterernährt das innere Ich bei solchen Karrieren bleibt, zeigt sich erst an deren Ende. Wird die Rüstung abgelegt, sackt der Held in sich zusammen, als sei sein Skelett entkalkt, seine Muskulatur verkümmert – und er sucht überall Halt. Wo er früher brüskiert und blockiert hat, klebt er plötzlich wie mit Saugnäpfen. – Autisten, die ins Reich der Gesunden gestoßen werden und keine Spielregel der Normalen kennen.

Wie es aus ihnen herausperlt! Zehn Partygästen erzählen sie wie im Selbstheilungsversuch dieselbe Geschichte: Wie jämmerlich der Laden managt wird, seit sie nicht mehr dort sind, wie frei und glücklich sie sich nun fühlen – und ihr Blick verrät die Lüge unbarmherzig. Wer früher ein Prahlhans war, der bleibt es. – Ich mache alles, wovon ich früher keine Ahnung – Variante: wofür ich früher gar keine Zeit hatte. Ich halte Vorlesungen an der Universität, aber nur mal im Vorübergehen, um Gottes willen, doch nicht regelmäßig, wie spießig! Ich entscheide überall mit, wirklich überall, während ich früher nur in der Firma und in den paar Aufsichtsräten mitgemischt habe. Ich bin der Größte, sagen alle Botschaften, die ungefragt und staccato hervorquellen wie Tauwasser nach der langen Vereisung in Gipfelposition. Aber die Gesichter der Prahlhänse sprechen eine andere Sprache. Ihr Händedruck hat alles Herrische verloren, er ist fast hilfesuchend. Die Routine der Partyküßchen wird von einer Wehmut gebrochen, die richtige Männer in offensive, etwas zu grobe Scherze wenden.

Nur Frauen spüren, was mit ihnen los ist. Die Rivalen von gestern, die Sieger von morgen reagieren voller Genugtuung, gelegentlich mit kumpelhaftem Spott. Bei Frauen wird's gefährlich. Da Männer glauben, denen besonders machtvolle Auftritte zu schulden, kommen bizarre Balzpositionen zustande, die jeden Zeugen verlegen machen. Tauwasserströme von Worten fluten aus Gesichtern, die als Bossgesichter wortkarg und unnahbar waren. Schutzlos redet ein Mediengewaltiger von gestern über seine Unkenntnis im Reich der Medienkonkurrenz, die er nun plötzlich aus der Froschperspektive erlebt; einer, der beschäftigt werden möchte, einfach nur mitspielen will, aber wie macht man das? Beinahe tollkühn werden die Herren ohne Amtsornat, sie liefern sich aus, unstillbar ihr Kommunikationshunger, so als wollten sie die Kommunikationsverweigerung von Jahrzehnten im Handstreich ausgleichen. Gesichter wie gepflügte Landschaften, die man erst auf den zweiten Blick wiedererkennt: die Gesichtslandschaften der beraubten Chefs, Schwemmland, überflutet von den Regengüssen ungewohnter Gefühle. Saugend die Blicke, eintauchend, wo sie früher teilnahmslos vorüberstrichen, suchend, fragend, distanzlos – ungeübt in der Normaldistanz zum andern. Extrem erzeugt Extrem. Schutzlos, hautlos, hüllenlos. Haltlos.

Frauen fangen diese Männer auf, wenn sie Glück haben. Frauen, wenn sie Chefs waren, haben ihr Ich mitgenommen auf die luftigen Höhen. Sie haben sich nie auf Dauerfrost eingelassen, sondern die warmen Normaltemperaturen aufrechterhalten. Das wirkt nicht so spektakulär, und niemand sagt den Besuchern dieser Chef-Frauen: »Nimm dein Sauerstoffgerät mit, wenn du da hinaufgehst, die Luft ist dünn«, wie es dem Neuling in der Deutschen Bank gesagt wurde. Der weibliche Neuling geht dann trotzdem ohne Sauerstoffgerät

– und niemand nimmt Anstoß. Etwas wie Erleichterung streift die männlichen Hochgebirgsbewohner; aber sie sind warm genug angezogen, um dem Anfall von Tauwetter zu widerstehen.

Frauen stürzen nicht ab in Gelände, das sie nicht kennen, wenn die Chefrolle endet. Sie haben auch während ihrer Amtszeit mehr durchschnittliche Kontakte als Männer auf gleicher Höhe. Schon in der eigenen Familie haben sie intensivere Bindungen als die Ehemänner und Väter. Und sie tragen, nach eigenen Auskünften in großen Umfragen, ihre private Existenz mit den Netzwerken aus Liebe, Fürsorge und Improvisation – eine spektakuläre Stärke der Frauen, von der wir an anderer Stelle reden* – immer in Kopf und Herzen mit sich. Chefrollen sind für Frauen kein Niemandsland ohne Brücken zum Alltäglichen. Sie sind das »auch Mögliche«, nicht aber das Ultimative, wie es die meisten Topmänner für sich beschreiben. Zwei grundverschiedene Bekenntnisse begegnen sich hier: Die Frau läßt die Reduktion ihrer Existenz auf den Topjob nicht zu; der Mann sucht sie geradezu. Er ist sicher, daß der ganz große Erfolg an den ganz großen Verzicht gebunden ist. Aber er gibt auch zu, daß mitlaufende Anteilnahme ihn eher zerstreut, daß ihn Mehrgleisigkeit stört und seine Konzentration gefährdet. Er hat, wie ich das in Kapitel 2 und 4 erkläre, weniger Optionen frei. Entweder der Job oder der Rest der Welt. Die Frau dagegen leistet sich die komplette Welt als ständige Begleitmusik zum Job.

Das hat erhebliche Konsequenzen. Was die Frau immerzu im Blick hat, ist ja nicht nur »ihre«, sondern »die« Wirklichkeit – im Company-Latein: der Markt. Sie hat den Mitarbeiter und Kunden im Blick, aber auch das Klima, in dem sie leben, den Zeitgeist, die Öffentlichkeit mit ihren hellwachen Reaktionen auf das Unternehmen. Sie mauert sich nicht ein zugunsten ihres Erfolgs. Sie lebt mit weit offenen Fenstern – die der Mann gebieterisch schließt, um sich zu konzentrieren: Straßenlärm stört seine Konzeption. – Könnte nur sein, daß diese falsch wird, weil sie im Lärm der Straße Erfolg haben muß, nicht nur in den schützenden Mauern der Company.

Deshalb sollten beide kooperieren, Männer und Frauen. Wo er übers Ziel hinausschießt, justiert sie den Pfeil und korrigiert den

---

Siehe Kapitel 18; 21.

Bogen. Wo sein Ego nach Sieg verlangt und alles so lange abstrahiert, bis es mit der Zielwirklichkeit gar nichts mehr zu tun hat, bleibt sie gelassen und großräumig in der Problemschau. Während seine Gemälde vom Kampfplatz der Interessen entstehen, fotografiert sie ungerührt das Gelände – ohne Glanzlichter visionärer Phantasie, aber wirklichkeitsgetreu. Da sind wir morgen unterwegs, sagt sie.

Legt man nun beide Projektionen übereinander wie Folien, so werden die Zonen der Deckung klar – und jene der Abweichung. Man wird sich einigen. Männer ohne Frauen sind sich oft zu schnell einig. Auch später, bei der Fehlerbewertung, sind sie es. Das tut gut, macht aber das Team nicht besser. Besser werden können die Teams nur in der Durchmischung. Es gibt keine erfolgreichen Wolfsrudel ohne Wölfinnen. Und kein Jäger ist erfolgreich, der die Göttin der Jagd zur Beute erklärt. Er wird ohne sie nie mehr erfolgreich sein.

8. Global Players –
Helden mit immer mehr androgynen Botschaften

»Lerne, als würdest du ewig leben. Lebe, als müßtest du morgen sterben. Mach dir keine Gedanken über Dinge, die sich deiner Kontrolle entziehen. Es schadet deiner Leistung dort, wo du Einfluß hast. Charakter ist wichtiger als Prestige.« Männersätze, die das Ideal spiegeln, dem viele Männer nacheifern möchten – auch wenn sie wenig darüber reden.

John Wooden, von dem diese Sätze stammen, ist nicht Industrie- oder Bank- oder Medienmanager; er ist Basketball-Coach*. Leadership, so meint er, braucht dreierlei: Handwerk, harte Arbeit und die Liebe zum Spiel, das gespielt wird. Oft gehört? Nicht ganz so, und vor allem nicht mit dem Nachsatz, den Wooden anfügt: Alle Leistungen sind nichts wert, wenn der Manager sich von der Rangliste seiner Prioritäten trennt: »Zuerst die Familie. Dann das Vertrauen. Dann die Freunde.«

Wooden ist heute ein alter Herr. Seine großen Erfolge liegen fast dreißig Jahre zurück. Seine Prioritätenliste würden wohl nur wenige Manager unterschreiben – es sei denn, der Rausch der Idealisierung erfaßte sie und liehe ihren Träumen von einem besseren Ich Worte.

Die Selbstauskünfte amerikanischer Topmanager sprühen vor Idealismus; die *mission* soll Glanz entfalten, auch wenn es im Detail um Härte, unerbittliche Rituale und Kampf geht. Der Auftritt

---
* Vgl.: *The Players.* Text-Copyright Arthur Andersen, USA 1999, S. 122–125. Künftig zit. als *The Players.*

muß imponierend sein, und wer ganz oben ist, entwickelt ihn zur selbständigen Inszenierung – wie der Löwe in der Savanne, der brüllend seine Kreise um ein kleines Rudel von Aufsteigern zieht: Die Sprache der Macht ist im Auftritt nur eine symbolische. Sie kündigt an, was jetzt sicher nicht geschieht, sie droht, sie soll imponieren und Ränge klarstellen. Zur gleichen Zeit jagen die Löwinnen neue Beute. Das ist nicht symbolische, sondern praktische Macht.

Aber die Auftritte, in denen der Manager sich von seiner besten Seite zu zeigen wünscht, geben nicht nur über das Selbstideal der Erfolgreichen Auskunft; auch ihr Bild von der Welt, in der sie wirken, und ihr Bild von denen, die sie brauchen – von den Mitarbeitern, Kunden, Zuschauern, Kommentatoren – bekommt klare Konturen, während sie sich im besten Lichte präsentieren.

Sie wollen nicht nur erfolgreich sein; sie wollen auch Spielregeln vorzeigen, die Respekt und Anerkennung sichern. Das ist eine Errungenschaft der achtziger und neunziger Jahre: Die großen Leader möchten ein akzeptables Ethos vorführen – nicht mehr in einem separaten Kommentar, sondern verflochten mit ökonomischen Erfolgsregeln. Keiner von ihnen kommt auf die abgenutzte Idee zurück, hier seien Widersprüche auszukämpfen. Dick Cheney, Chef eines Energiekonzerns, verbindet elegant die jüngsten Erkenntnisse zur Motivation von Mitarbeitern mit den ethischen Grundsätzen, die das Handeln aller im Unternehmen leiten sollen: Die Führung muß dafür sorgen, sagt er, daß die Menschen im Unternehmen spüren, wie eng ihr eigener Erfolg mit dem Erfolg der Company verbunden ist – und daß der Erfolg des ganzen Unternehmens auf der Ehrenhaftigkeit und Integrität beruht, die sie im Umgang mit anderen beachten. Ein gut gemischtes *mission*-Statement neuesten Zuschnitts, in dem *hard* und *soft factors* unentwirrbar miteinander verbunden sind.

Männerwelt? Gar Welt der harten Männer? Im symbolischen Auftritt zumindest, bei der Präsentation des »besseren Ich« der Company, ist es eine neue Mischung der Perspektiven, die auffällt. Wie weit das Traum-Ich der Company, das die Topmanager entwerfen, noch auf sie zufliegen muß, um zu landen in der Wirklichkeit, das läßt sich nicht im Reinraum der Chefauftritte entscheiden. Aber diese Auftritte stehen für viel guten Willen – und der ist neu, was die Wortfelder angeht, in denen er sich einrichtet. Nicht mehr die Kraftvokabeln der Industriekultur, sondern das leichte Wortgefieder der virtuellen Welt beflügelt die Texte. Das ist folgerichtig: Die rohe Kraft der Eisen- und Stahlwelt aus Hochöfen, Pressen und Walzen mag kraftstrotzende Sätze begünstigt haben. Die Ära der tickenden, summenden und blinkenden elektronischen Prozesse macht offenkundig auch die Sprache sensibler, in der man sich als Herr der Funkenflüge und leisen Laserschnitte vorstellt.

Auch in der Faktenwelt verbindet sich das neue Know-how mit neuen ethischen Anfragen: Sie kommen im Gewand der Ökologie oder der Humanität, und niemand aus der Spitzengruppe wagt sich ihnen offen zu entziehen. Ob Minderheiten oder Andersgläubige, Andersfarbige oder Behinderte benachteiligt werden: Kaum ein Unternehmen, das nicht stolz auf seine Wachsamkeit gegenüber solchen Vergehen verweisen könnte. Im gleichen Kapitel bringen die meisten Firmen die Frauenfrage unter – noch. Goodwill, auch hier. Aber auch das ungewollte Bekenntnis eines grandiosen Mißverständnisses: Als müsse man sich um die Frauen als potentielle Verlierergruppe kümmern im Namen aufgeklärter Humanität und Gerechtigkeit – nicht aber im Sinn eines Defizitausgleichs für die Männerteams, die allein recht gefährlich leben. Die halbe Welt im Blick, fällen sie Entscheidungen für die ganze, in der es von Frauen, Kindern und Männern wimmelt, die ein lohnendes Leben suchen, nicht ein Netzwerk aus lauter Männervernunft.

Daß die getrennten Sphären, in denen beide, Mann und Frau, bislang unterwegs sind, in sich scheinbar gut durchmischt, aber mit großen Reibungsverlusten funktionieren – immer mehr Scheidungen, immer mehr verlassene und zerrissene Kinder, immer mehr ratlose Singles –, ist der simple Beweis, daß sich die Harmonie zwischen den verschiedenen Entwürfen »Mann« und »Frau« nicht in einem privaten Sonderraum entfaltet, wenn sie im großen Spiel »draußen« mißlingt.

Die neue Mischung in den Männerstatements zu ihren Erfolgsmaximen ist ein Vorzeichen, daß Bewegung in diese gespaltene Szene kommt. Die Witterung der Leader nimmt bereits den neuen Wind auf, der durch immer mehr virtuelle Produkte, immer höheren

Kommunikationsbedarf, immer mehr Dienstleistungsverlangen auffrischt: Dieser Wind trägt Energieströme in die Companies, die man früher »weiblich« genannt hätte. *Face to face*, sagen die meisten Manager in einer Studie zur Kommunikationstechnik, werde als Prinzip für sie immer wichtiger. *Side by side* sind ihre Vorgänger in die Schlacht gezogen: Wettbewerb als unversöhnliche Gegnerschaft, die starke Truppen verlangt, um den Sieg zu holen. Wer heute noch mit Schlachtvokabular Mitarbeiter antreiben will, erleidet Schiffbruch – aber leise, denn Mitarbeiter solcher Firmen reden nicht mit ihren Chefs.

Der neue Wind bringt unmerklich auch den Bedarf an Knowhow ins Spiel, das Männer gegen ihre Vorlieben trainieren müßten, während Frauen es mit leichter Hand anbieten: assoziative Logik zur Bearbeitung unvollständiger Informationen, prosoziale Energie, um das Teamklima zu steuern, Improvisationstalent, um komplexe Fragen aufzuschließen.

Unternehmenskulturen, sagt Stephen Covey vom *Covey Leadership Center*, reinigen sich selbst, wenn die Grundrichtung klar ist, die das Handeln steuert. Die *high-trust culture,* Vertrauenskultur, scheidet Spielverderber aus.

Aber der Weg dorthin ist steinig: Die Mitspieler in der Company müssen sich einigen: Was ist die *mission* der Firma? Woran glauben wir? Woran wollen wir auf jeden Fall festhalten, auch wenn es keinen kurzfristigen Vorteil verspricht? Welchen Prinzipien sind wir verpflichtet? – Ein Katalog von Anstandsregeln für ein Haus, das Wettkampfsieger sein will? Reicht das? Und vor allem: Stimmt das? Zu schön, um wahr zu sein, wird mancher sagen. Das bessere Selbst der Manager tummelt sich hier. Aber auch ihr Traum von der besten Company, die nicht nur erfolgreich, sondern auch ethisch unantastbar ist. Die Vision vieler Spitzenmanager ist tatsächlich diese: Unschlagbar im Business und untadelig im Ethos, so träumen sie ihr eigenes Idealporträt, und so zeichnen sie das *corporate profile* ihrer Firma. Dieser Traum verbirgt ein grundlegendes Bekenntnis, das die neiderfüllte Umwelt der Topleader wenig interessiert. Die Macher halten tief in ihrem Herzen die Flamme einer Vermutung wach: daß die Heldenbilder ihrer Kindheit, in denen der Retter unerschrocken und selbstlos den materiellen Erfolg mit an-

Maximen der Topmanager

- »Spielen, um zu gewinnen.«

- »Sei der erste am Morgen und der letzte am Abend.«

- »Der Feind steht gleich hinter dem nächsten Hügel! Und wir brauchen ihn!«

- »Ein Business, das nicht schnell ist, ist nicht gut.«

- »Business ist 10 Prozent Konzeption und 90 Prozent Aktion.«

© Prof. Dr. Höhler

deren teilt und zugleich als moralischer Sieger gefeiert wird, den Weg in die Wirklichkeit finden könnten.

Es ist das gemischte Heldenporträt, dem fast alle Topmanager nacheifern: Großmut mit Härte zu verbinden, Kampfgeist mit sensibler Zuwendung. Die Heldenmythen zeigen Männer in diesen gemischten Rollen immer dann, wenn Frauen mitspielen: Ihre Gegenwart erweitert das männliche Spektrum. In der Männergruppe gelten Härte, Entschlossenheit und Kampfkraft mehr als Großmut und Empathie. Aber alle spüren, daß sie in stiller Übereinkunft Zonen meiden, in denen es wärmer, weicher werden könnte. Emotionale Energien belebt man besser nur auf der rauhen Seite, diese Erfahrung verbindet sie. Tauchen Frauen auf, entstehen neue Lizenzen. Einige Männer stoßen sofort und wie befreit die Türen zu ihrem gefesselten Ich auf: Sie überholen die Frauen an prosozialer Energie, während die verbündeten Männer etwas befremdet zusehen. Nicht jedes Szenario läßt sich gleich zum untadeligen Heldenauftritt umbauen – Sankt Georg mit dem Schwert, der den Drachen tötet, erzwingt den Beifall geradezu –, aber dem erträumten Selbstportrait mit gemischter Kompetenz kommen alle Männer näher, wenn sie mit Frauen arbeiten.

9. Der Auftritt –
Topmanager, wie sie sein möchten

Was sie treibt, ist nicht die Droge Macht oder das unersättliche Ego. »Wenn man es auf eine Formel zusammenkocht, dann ist es: Spielen, um zu gewinnen – statt spielen, um nicht zu verlieren«, sagt Keith Bailey, Industriemanager.* Schneller sein, besser sein als der Wettbewerber – und die Beschleunigung anheizen, das sind die Chef-Aufgaben.

Wir brauchen die Besten aus dem Markt der Mitarbeiter, sagt Jim Barksdale, Medienmanager. Den Ball in Bewegung halten. Konsens in der Firma ist wichtig. Aber nichts ist motivierender als ein mächtiger Feind gleich hinter dem nächsten Hügel, der dir den Kopf einschlagen will, fügt er lachend hinzu. »Ich liebe es, Probleme zu lösen. Ich liebe es, Antworten zu finden … Wenn du die besten Leute hast und ein schlechtes Produkt, kannst du keinen Erfolg haben.«** – Das gilt auch umgekehrt, aber Barksdale scheint es nicht zu bedenken: Das beste Produkt wird nicht erfolgreich, wenn deine Leute schlecht sind …

Peter Brabeck vom Nestlé-Konzern, Bergsteiger, hat seine Kletterqualitäten in Management-Maximen umgesetzt: Einen Fuß hinter den andern setzen – und den Feind erkennen.

Der Feind ist die Selbstüberschätzung. »Sei, der du bist. Und was immer du tust, tu es mit Freude. Dann wirst du automatisch etwas besser sein als die, die ohne Freude arbeiten.« Seine Management-

---
* *The Players*, S. 6–9.
** *The Players*, S. 10–13.

Theorie ist die Praxis: mit den Menschen reden, ausgiebig und regelmäßig. Dafür setzt er viel Zeit ein. »Wer keine Fehler macht, hat zu wenig gewagt«, sagt er. »Frage dich jeden Tag: Was kann ich besser, was kann ich anders machen?« rät Brabeck.

Ein Leistungssportler, wenn er strategisch gut ist, weiß offenbar mehr über die Erfolgsfaktoren im Management als die Herren, die von der Schulbank in den Nadelstreifenanzug umsteigen und statt Hochleistungssport die reduzierte Gebärdensprache der Chefs als einzige sportliche Herausforderung zu ihrem Pensum machen. Brabecks Auftritt zeigt, daß komplexere Qualifikationen ins Qualifikationsprogramm für Manager aufgenommen werden müssen. Komplexer qualifiziert, das sind viel mehr Frauen als Männer. Daher werden wir von diesem Vorzug noch zu sprechen haben.

Vom Geld wird wenig gesprochen in den repräsentativen Auftritten amerikanischer Manager. Die Vokabeln auf der Meta-Ebene, die für Geld stehen, sind aber zahlreich. Sie heißen Wachstum, Erfolg, Tempo und Wettbewerbsvorsprung. Geld ist Transportmittel von Motivation und Erfolg.

»Wir setzen klare Ziele«, sagt John Bryson, Chef bei *Edison International*. »Wenn diese Ziele erreicht werden, machen unsere Leute mehr Geld.«

Der Chinese Morris Chang hätte es gern noch entspannter: »Ich habe Companys gesehen, die sagen: ›Wir wollen fünf Millionen Dollar in fünf Jahren machen.‹ Das heißt die Sache vom falschen Ende aufrollen.« »Unabhängig und schöpferisch« wünscht Chang sich die jungen Leute in der Firma.

Die großen Dienstleister sprechen mehr noch als andere von der Kundenbeziehung. Ganz neue Vokabeln prägen den stolzen Auftritt derjenigen Topmanager, die das Service-Zeitalter auf ersten Plätzen mitgestalten wollen: »Macht eure Kunden nicht zu Fremden. Seid der gute Nachbar, der sich wirklich um sie kümmert – in einer Weise, die er als beispiellos vorteilhaft erlebt«, sagt der Medienmanager Dick Brown. »Aber schnell müßt ihr sein. Ein Business, das nicht schnell ist, ist auch nicht gut.« Der schnelle gute Nachbar. Frauen lieben Nachbarschaftsgespräche. Sie brauchen diese Rolle nicht zu üben, sie können den Text bereits in hundert Varianten. Und es macht ihnen Spaß! Aber dazu später.

John Edwardson von *United Airlines* weiß, daß Kundenvorteile immer dort entstehen, wo Mitarbeiter sind – nicht in den Chefbüros. Viel Entscheidungskompetenz für die Mitarbeiter mit Kundenkontakt, viel Lösungsenergie dorthin, wo die Probleme entstehen – und immer wieder die Kundenrolle als Topmanager testen: Was ist los mit der Fußstütze? Warum wackelt die Armlehne? Edwardson stellt fest, daß er jeden Tag Fehler macht. »Wir alle tun das«, fügt er hinzu. Stetiges Bemühen um Verbesserung sei die einzig mögliche Antwort.

Die magische Figur des Kunden, in den achtziger Jahren noch Nutzenadressat selbstbewußter Produzenten, die sich als seine Lehrmeister fühlten, ist inzwischen verbal völlig neu bearbeitet worden. Die Company im Kopf, von der die Auftritte der Großen im Business berichten, hat das eleganteste, aufgeklärteste und souveränste Kundenverhältnis, das man sich träumen läßt. Nicht Sklave des Kunden, sondern sensibler Begleiter, der unauffällig alles zuliefert, wovon der Kunde träumt. Ohnehin übertrifft die Praxis alle Theorie, meint Jim Halpin, Handelsmanager. »Business ist zu 10 Prozent Konzeption und zu 90 Prozent Durchführung«, entscheidet er. Aber Business ist kein demokratischer Prozeß, warnt er lachend. »Nimm dich selbst nicht zu ernst, und glaube nie bedingungslos an deinen Erfolg«, fügt er hinzu. »Aber kümmere dich um deine Kunden, dann wirst du sie immer wieder zu deiner Company zurückholen.«

»Wenn du was bewegen willst, bist du der erste am Morgen im Büro und der letzte, der am Abend rausgeht«, sagt Wayne Huizenga von *Republic Industries*, einem Handelsunternehmen, das Autos verkauft.

Wer den Topmanagern bei ihren programmatischen Auftritten zuhört, findet keine Lücke im Netzwerk der ökonomisch-ethischen Vortrefflichkeit. »Profit ist kein Ziel an sich«, sagt Herb Kelleher von *South West Airlines*. »Denk über erstklassigen Kundenservice nach. Wenn du den lieferst, kommt der Profit von selbst.«

Vom hohen emotionalen Standard redet auch einer – unter dreißig Topmanagern ist er der einzige, der es ausdrücklich tut. »Unser Business ist extrem emotional geprägt«, sagt Phil Knight – und es kann kein Zufall sein, daß er von der Firma *Nike* spricht, deren Welterfolg eng mit der emotional explosiven Welt des Sports verknüpft ist. Ist es aber wirklich nur dieses Business, das viel emotionale Energie verlangt und produziert? »Bei uns sind die guten Tage besser als anderswo – und die schlechten schlechter«, sagt Phil Knight, und er beschreibt damit die Breite der emotionalen Skala bei *Nike*. Da wird nicht ständig intellektuell austariert, was an Ausschlägen auf der Stimmungsskala erscheint, sondern es wird durchlitten. Das Motto »*Just do it*«, das den Siegeszug der Company begleitete, spiegelt diese energiegeladene Spontaneität. Wettbewerb in diesem leidenschaftsgeladenen Klima ist auch intern eine lustvolle Kraftprobe, und er widerspricht nicht dem Konzept der *high-trust culture*, der Vertrauenskultur. Das Feuer der Wettbewerbsfreude muß brennen, sagt Knight. Dann erreicht man das Unmögliche.

Die explosive Botschaft von Phil Knight ist nicht nur typisch für die Branche, in der er unterwegs ist. Sie spiegelt auch einen kreativen Geist, wie er im Kulturbusiness vorkommt, wo die Produkte in die Welt der Kunst hineinreichen: Hier geht es nicht ohne Leidenschaft, weil es nicht ohne schöpferische Naturen geht. Und mit ihnen kommt eine Mischung in die Businessprozesse, die mehr vom weiblichen Beitrag enthält: assoziative Intelligenz, ungeschminkter Umgang mit Affekten, klare Konturen für unübersichtliche Sachverhalte; *down to earth* in kühner Verflechtung von intelligenten und emotionalen Urteilen.

Was sich hier mischt, sind männliche und weibliche Perspektiven, wenn wir das klassische Vokabular der Industriekultur anwenden wollen. Unter Kreativen finden sich tatsächlich gehäuft die Mischtalente: Männer und Frauen, die im Niemandsland zwischen den erstarrten Geschlechterbildern umherirren und produktiv werden, weil sie der zweifelhaften Geborgenheit der kontroversen Angebote zur lebenslangen Gefangenschaft in einem dieser Bilder entgehen wollen. Jeder Künstler, jede Künstlerin ist auch ein Flüchtling vor den Ghettos der einen oder andern Identität – die immer nur zum Teil stimmen kann.

Unter Managern ist dieser Typus des Grenzgängers die seltene Ausnahme. Die meisten von ihnen lassen keine allzu weiten Pendelschläge zu den Rändern der Skala zu. An den Rändern, so ver-

Maximen der Topmanager

»Du ziehst unsere Uniform an –
und schon bist du einer von uns.«

»Große Leader haben ein fest verankertes Wertesystem.«

»Wir brauchen die High-trust Company.«

»Laß die Leute nicht in Meetings sitzen. Meetings kosten Tempo und Effizienz.«

»Es geht immer nur um eins: fressen oder gefressen werden.«

»Have lunch or be lunch.«

© Prof. Dr. Höhler

muten sie, sind die Frauen häufig unterwegs, und das ist einer der Gründe, warum sie Frauen in ihren Topzirkeln nicht gern sehen. Die stille Verabredung lautet: besonnen in der Mitte der Skala agieren. Extremzonen meiden, solange sie sich nicht aufdrängen. Sich selbst nicht zuviel Leine lassen. (Den andern ohnehin nicht.) Die Meta-Ebene des Geschehens wird nur verbal bestiegen; das Vokabular liegt fest, man geht wie mit Steigeisen in der senkrechten Wand, aber die Haken haben andere eingeschlagen: Nichts kann geschehen. Die Wand bringt den Kontakt mit dem besseren Ich, das ferne leuchtet. Und sie bringt Punkte beim Publikum.

Die »Werte« sind so ein Thema. Und Ken Lay, Chef des Energie-Unternehmens *Enron Corporation*, würde das glatt bestreiten. »Ich glaube, wirklich große *Leader* haben ein sehr tief verankertes Wertesystem«, sagt er. »Das Problem ist nicht, daß wir keine Ziele setzen«, meint er, »sondern daß wir sie zu niedrig ansetzen. Dadurch arbeiten viele von uns unterhalb ihrer Möglichkeiten – individuell und als Firmen.« »Laß die Leute nicht soviel in Meetings sitzen«, empfiehlt er. »Meetings kosten Tempo und Effizienz. Die Leute verlernen es, schnell zu entscheiden.« Das Palavern, ein heißgeliebtes Männerritual, will er zurückdrängen – während dessen Tarnung fast perfekt geworden ist: Teamwork, das Programm der Selbstlosigkeit und Kompromißbereitschaft, gerät plötzlich in ein kritisches Licht. Das Boule-Spiel als Qualitycircle – in jeder Männerrunde wirken die fernen Erinnerungen an die Dorfplätze, auf denen sie vielleicht nie gesessen haben, um ihre Bilder von der Welt auszutauschen. Auch diese Meetings sind mit Frauen nicht mehr, was sie waren. (Aber sie werden etwas Besseres! Wir werden es zeigen.)

Das Gruppengefühl ist wichtig; das Team ist das Rudel, in dem der interne Wettbewerb stimulierend wirkt. »Bei der Marine, wenn du dort die Uniform anziehst, dann bist du ein *marine*«, sagt Hugh McColl, heute bei der *Bank of America*. »Hier ist es dasselbe. Du ziehst die Uniform an, und schon bist du einer von uns.« Er entwirft die Erfolgskette, an die längst nicht alle glauben, von der zu reden aber die meisten inzwischen gelernt haben, weil es Sympathie schafft: »Ich glaube ganz entschieden daran, daß Menschen, um die man sich kümmert, den Kunden sorgsam behandeln – und das ist gut für die Shareholder.« So zartfühlend das klingt, die Businesswelt kennt dennoch nur ein Gesetz: fressen oder gefressen werden. »Unsere Philosophie ist: Entweder wächst du oder du stirbst. Es gibt nichts dazwischen«, versichert McColl. Zukunft ist alles. Ein gutes Gedächtnis stört. »Wir leben unser Leben wie ein Buch. Und wir interessieren uns mehr für die nächste Seite als für die davor.« Wer die Uniform nicht anzieht, ist schnell verschwunden, sagt er abschließend. »Fressen oder gefressen werden«, das ist ein uraltes Prinzip aus der Evolution. *Have lunch or be lunch*, heißt das bei Sun Microsystems, wie Scott McNealy, CEO bei Sun, lachend sagt. Siegen oder sterben – diese martialischen Alternativen leben in vielen Managerköpfen – wahrscheinlich in den meisten – weiter, während dieselben Manager sich gegen jeden Hinweis auf ihr stammhirngesteuertes Erbe mit intellektueller Empörung zur Wehr setzen. Archaische Schübe von Kampfeswut und Imponiergehabe, Konkurrenzgebaren, das die Vernunft in den Schatten stellt; überhaupt Mächte, die man längst über ratiogesteuerte Trainings entmachtet, und Gefühlsstürme, die man stumm gemacht hat: Sie können und dürfen unter diesem sauber gescheitelten Schädeldach nichts mehr zu suchen haben. Die »Uniform« mit weißem Kragen hält die Gebärdensprache unter Kontrolle, und das mentale Karrieretraining hat die emotionalen Unebenheiten abgeschliffen.

So entsteht das irreführende Bild, als seien Männer ruhiger, besonnener und rationaler als Frauen, weil überschießende Emotion häufiger bei Frauen beobachtet und in Topgremien nicht ohne Peinlichkeit aufgenommen wird. Das wahre Szenario ist komplexer, die unterschwellig wirkenden Flucht- und Aggressionsimpulse zwischen Männern und Frauen verlaufen anders, als die landläufige Meinung annimmt. Das Selbsttäuschungsmanöver der Männer wird zum Täuschungsmanöver für die Umwelt; und es beeinflußt natürlich das Frauenbild. In diesem großen Kapitel wechselseitiger Fehleinschätzungen mit einem Wissensvorsprung unterwegs zu sein gibt Frauen – und, wenn sie wollen, auch Männern – ganz neue Aktionsspielräume und Erfolgschancen. Diese gemeinsam wahrzunehmen liegt dann plötzlich so nahe, daß wir uns nur wundern können, wie lange die wechselseitige Blockade gedauert hat. Und der

Verdacht, daß beide Seiten sich mit dieser Blockade sicherer fühlen – was Klagen der Frau nicht ausschließt, denn die sind ihr kulturelles Erfolgsmuster, von dem sie sich zuletzt trennen wird –, ist nur schwer zu entkräften.

10. Wieviel Androgene braucht ein Topmanager?

Wie hoch ist der Hormonspiegel von Topmanagern? Welchen Schwankungen unterliegt der kollektive Hormonstatus von Hochleistungsteams? – Im Sport erlauben wir diese Frage. Wir wissen ja, daß Doping dramatische Eingriffe in die Hormonreserven des Hochleistungssportlers bedeutet. Es ist uns auch bekannt, daß Hormongaben das Muskelwachstum stimulieren.

Da haben wir's, Muskeln! Aber doch nicht Hirnzellen! Wer vom konzeptionellen Denken lebt, wer Stratege ist, der hat sich doch nun wirklich aus der niederen Welt der Hormone freigeschaltet. So denken immer noch viele – auch Topmanager. Ein paar harmlose Floskeln lassen sie zu; Adrenalin, das hochschießt, wenn sie wütend werden, na klar. Oder Stresshormone, was immer das sein mag. Und beim Jogging, akzeptiert, da mögen sie dann auch im Spiele sein, wenn man sich so *high* fühlt nach dem Lauf. Rauschdrogen, so wissen einige Hobbyläufer, sind es, die den Jogger immer wieder auf die Strecke locken.

Aber das ist ein Reservat, in dem sie wirken dürfen, ein Zipfel vom »einfachen Leben«, den man ab und zu zu fassen kriegt, wenn man eben nicht gerade den Konzern managt.

Daß da oben, in den disziplinierten Tagesabläufen und ritualisierten Vorstandsrunden oder Geschäftsleitungsmeetings, Hormonspiegel eine Rolle spielen, das halten die meisten Topshots für eine modische Vermutung von machtfernen Phantasten, die nach Formeln suchen, um die Kultorte zu dämonisieren, in die sie nie einen Fuß setzen werden. Wenn die Hohenpriester vom Weihrauch euphorisiert werden, dann die weltlichen Heilsverwalter beim Gott Mammon vielleicht vom Testosteron?

Für Topmanager ist das kein Thema. Zumindest in der seriösen Presse erschien noch nie ein Interview mit einem Spitzenmann zu der Frage, wie er seinen Hormonspiegel kontrolliere – und ob er einen Zusammenhang zwischen seinen besten Coups und seinem Hormonstatus sähe.

Na ja, für Alphatiere halten sie sich schon, die Gipfelstürmer. Aber dabei schwebt ihnen eher etwas Geistiges vor, ein Überlegenheitsbild, das in den schweifenden Gedanken des ruhenden Managers vielleicht einen Feldherrn zeigt, der im wehenden Mantel auf einem Hügel steht, im weitgestreckten Tal unter ihm die blitzenden Waffen der Unzähligen, die für ihn kämpfen: Köpfe wie Punkte klein, keine Gesichter. Oder er sieht sich als eine Raubkatze, einen Puma oder Löwen – ohne zu ahnen, daß die Löwin die bessere Jägerin ist, weil er mit seiner königlichen Mähne für Imponiergänge um die jungen Nachrücker zwar blendend kostümiert, für die gestreckte Jagd auf grazile Antilopen aber viel zu schwer ist.

Daß der ruhende Alphamann tatsächlich solche Gedanken hat – oder besser: daß sie ihn haben, daß sie einfach vorbeifließen in einem dynamischen Band, wenn er sich »mit nichts« beschäftigen möchte (so der Forschungsauftrag), erfahren wir von den Hirnforschern. Daß die Ideen über seine Herrscherrolle bereits stark mit Hormongaben angereichert sind, weiß der Proband meist nicht. Die Forscher sehen in seinem Gehirn Aktivitäten im Bereich der tief versteckten Reptilhirnregion, die mit Stammhirn und Rückenmark verkoppelt ist. Nicht seine Topetagenratio, die in Eaton und Harvard trainiert worden sein mag, spielt ihm diese Bilder zu, sondern in der Entspannung wacht das Reptilhirn aus seinem Dämmerschlaf auf.

Daß er aber bei den Fusionsverhandlungen mit der Firma *Comeandsee* im Hormonschauer am Tisch sitzt, das wäre schon ein sehr unsympathischer Gedanke. Da erwischt ihn ein Querschläger: Und wie war es im Abwehrkampf gegen den Aggressor letztes Jahr?

---

* Vgl. dazu Höhler/Koch, S. 325 f.

Schoß es ihm da nicht doch ganz elementar durch den Kopf: »Frißt es mich oder fresse ich es?« Wäre es nicht doch günstig, für den nächsten ähnlichen Fall genauer zu wissen, wie die Fitness sich zusammensetzt, die das Ideal bringt: klare Sicht aus kühlem Kopf bei höchster Drehzahl? Die Maschinenbegriffe, mit denen Männer sich immer wieder vor dem engeren Kontakt zu ihren Energiereserven zu schützen wissen, sind nicht nur eine Tarnmaßnahme. Sie verstellen auch den Männern selbst den Blick auf ihr Energiezentrum.

Ich habe gezeigt, daß die Hormonausstattung schon vor der Geburt, vom XY-Satz der Chromosomen angestoßen, aus dem offenen das männliche Programm macht.*

Für das räumliche Vorstellungsvermögen spielt tatsächlich das Testosteron eine Rolle. Männer, so berichtete ich, lösen im Durchschnitt diese Aufgabe besser. Dies hat nicht einfach mit der Höhe ihres Testosteronspiegels zu tun, wie man heute weiß, sondern mit einer kritischen Marke bei dessen Höhe. Steigt das Testosteron über diesen Normalwert hinaus, so läßt die Leistung nach.

Ganz anders bei Frauen: Hebt man ihren Testosteronspiegel, stattet man sie also mit mehr von dem männlichen Hormon aus, als sie normalerweise in ihrem Körper haben, dann entspricht ihre räumliche Orientierungsleistung der männlichen. Und weiter in dieser rätselhaften Welt der Grenzwerte: Mathematische Leistungen profitieren bei Männern von einem niedrigen Hormonspiegel. Der Finanzchef des Unternehmens sollte also ein Mann mit generell unterdurchschnittlichem Hormonspiegel sein? Ist das die Folgerung? Und was verliert er an Kompetenz, wenn er mit niedrigem Hormonspiegel unterwegs ist, der ihn mathematisch zwar besser macht? Sicher gibt es irgendwo Forscherteams, die an der Antwort arbeiten.

Männliche Hormone, die Androgene, soviel wissen wir genau, schieben Mädchen auf die Jungenseite: Sie spielen wilder, sie orientieren sich räumlich besser, und sie können einander überlagernde Strukturen rasch im Kopf voneinander trennen.

Für Männer gibt es offenbar ein Optimum dieses Spiegels, das mathematische und räumliche Lösungskompetenz begünstigt; die-

---
* Kapitel 2, S. 29–31.

ses Optimum liegt etwas unterhalb des durchschnittlichen Testosteronspiegels von Männern. Ist der hochdynamische Rambo deshalb eher selten in Chefetagen zu finden? Und welche Rolle spielt die lange, dämpfende Trainingsstrecke, auf die Männer ihrer Karriere zuliebe gehen? Welche zusätzliche Rolle spielt die Bereitschaft von Männern, die Lebensbereiche sehr scharf gegeneinander abzugrenzen? Privat ein Eroberer, beruflich ein disziplinierter Mittler zwischen den Temperamenten? Das mag ein Idealbild mancher stürmischen jungen Männer sein. In aller Regel kann der Eroberer seine Neigung und sein Talent auch beruflich nicht verleugnen. Aber ist er als Typus im Topmanagement unterrepräsentiert? Das würde heißen: Zieht das Topbusiness eher testosteronschwache Typen an? Manche Selbstauskunft von hochplazierten Konzernlenkern klingt so: Er könne sich kaum noch an Übermut, Verliebtheit oder Glück erinnern, sagt mancher von ihnen. Und Leidenschaft? Na ja, das sei doch schon eher etwas Unberechenbares. Zu seiner Aufgabe gehöre es eigentlich eher, die Leidenschaften der andern zu zügeln und selbst mit Augenmaß zu handeln, nicht mit Leidenschaft.

Zugleich wissen wir aber inzwischen von der jüngsten Hormonforschung, daß nicht nur Spitzensportler, sondern auch Konzernherren vor der globalen Fusion, vor dem großen Deal, im Angesicht einer triumphalen Bilanz, beim Anblick fabelhafter Verkaufszahlen von einem Testosteronschub durchflutet werden. Auslöser sind die Aussicht auf den Sieg – also die große Herausforderung, die zur äußersten Anstrengung auffordert – und die Ankunft auf dem Gipfel, also der Sieg selbst. So erscheinen sie vor der Presse, die Gipfelstürmer, hochdiszipliniert zwar, die Lettern ihrer globalen Machtergreifung wie ein Totem hinter sich an der Wand, im Testosteronrausch, die Herren. Was sie hierhergebracht hat, war natürlich Leidenschaft – die in aller Regel auch im übrigen Umfeld der Gipfelstürmer dafür sorgt, daß kein Stein auf dem andern bleibt: Die alte Welt wird abgeräumt, nichts mehr soll an gestern erinnern, als der Mann klein war, höchstens eine Hoffnung. Also trifft es nun auch die, die gestern dabei waren und das Gestern wie eine Mahnung an die eigenen Grenzen verkörpern: Sie werden abgeräumt. Neues Personal muß her. Darum der rauschhafte Tausch von Ehe-

Sieger im Rausch der Androgene

Business-Erfolge heben den
Testosteron-Spiegel.

Hormone sind mächtig:

Auch privat wird neues
Personal gesucht,
wenn der Sieg nahe ist.

**Aufsteiger wechseln
nicht nur die Company,
sondern auch die Frau.**

© Prof. Dr. Höhler

frauen, wenn Männer den Gipfel vor Augen haben. Das sind nicht Taten der Ratio, auch wenn das Mienenspiel der Sieger kontrolliert und intellektuell erscheint, wie es die Berufsgruppe erwarten läßt.

Was ist mit den Frauen im Business, die in solche Gipfelstürme involviert sind? Ich habe an anderer Stelle beschrieben, welche Vorteile es für die Männer bringen kann, wenn kompetente Frauen diese selbstzündenden, schließlich davonlaufenden Prozesse umsichtig begleiten. Traditionell weichen Frauen vor dem Furor männlicher Machtlust eher zurück; sie tauchen ab und können nun nicht helfen, die stürmischen Entwicklungen mit der Ruhe der rauschfreien Zone zu betrachten, in der sie sich aufhalten. »Das muß jetzt so laufen«, sagen Männer dann gern, um nicht zuhören zu müssen. Sie geben auch Boden auf, nur um der Dynamik der Abläufe gerecht zu werden: Das System fasziniert, man greift nicht ein.

Weniger fasziniert vom System, sieht die Frau bereits nach übermorgen, wenn die Sieger wieder nüchtern sind. Statt der tödlichen Umarmung des Gegners empfiehlt sie eine Summe von Friedensverhandlungen, die man als Sieger führen könnte, um nicht mit Konzernteilen weiterarbeiten zu müssen, die verbrannte Erde sind. Sie steht nicht auf dem Hügel, sie sieht die Gesichter zwischen den blinkenden Waffen. Wenn sie eine Powergeschichte in der Firma hat, wird sie jetzt ein Mischkonzept durchsetzen können. Wenn sie nur *soft* und lau aufgetreten ist, wird sie nun am allerwenigsten erreichen.

Männer lassen sich eben ihre Rauscherlebnisse ungern von Frauen verderben. Zugleich nimmt aber auch die männliche Empfindlichkeit gegenüber weiblichen Beobachtern zu, wenn es in kritische Phasen der Firmengeschichte geht. Viel mehr als im Normalalltag stört die Männer nun die weibliche Doppelrolle: mitentscheiden und beobachten. Wären sie immer noch kleine Jungen, dann würden die Männer jetzt rufen: Du spielst nicht mehr mit! Da sich das hier verbietet, fühlen sie sich unbehaglich: Die Frau sieht mehr, als ihnen lieb ist – und das Fatale: Sie wissen nicht genau, was sie sieht, weil Erfahrungen dazu bei Männern einfach fehlen. Privatfrauen, ja, dazu können sie einiges sagen. Berufsfrauen? Nur als Untergebene. Als Gleichgestellte sind sie für Männer ein verschlossenes Buch. In den großen Belastungen, wenn es nach Meinung der Männer um »alles oder nichts« geht – was Frauen ärgerlicherweise immer bestreiten würden –, muß man verschworen sein für den Sieg, so fühlen es Männer. Verschworen mit Frauen? Wie geht das? möchten die meisten von ihnen fragen. Daß es geht, ja daß es ganz neue Durchblicke öffnet, das können Männer aus Erfahrung lernen – aus Business-Erfahrung mit Frauen.

III
Das Ende der Legende von Wölfen und Lämmern

11. Wölfe, die keinen Schafspelz brauchen

Homo homini lupus: Der Mensch ist wie ein Wolf, wenn es um den andern Menschen geht – so schwer übersetzbar dieses lateinische Sprichwort ist, so unverständlich bleibt es für alle, die von den Wölfen so wenig wissen, wie moderne Großstadtmenschen eben von Wölfen wissen. Wölfe fressen Menschen, heißt eine der beliebten Legenden, mit denen Stadtmenschen leben. Das kann im weiteren Sinne von Menschen natürlich auch gesagt werden, wenn wir den Rangkämpfen zwischen Männern – und den Unterlegenheitsritualen der Frauen zusehen.

Ausgewählte Fakten aus der Wolfswelt wenden Männer aber ganz gern auf sich selbst an: Sie seien »Alphatiere«, sagen die Topshots gern über sich. Bei den Wölfen gibt es dazu auch die weibliche Variante. Alphafrauen in der Menschenwelt wissen das nicht; sie haben aber ein klares Grundwissen zu ihrer eigenen Überlegenheit.

Rituale, diese Souveränität zu inszenieren, fehlen bei Frauen meist. Sie hoffen, daß sich ihr hoher Rang über ihre Leistung mitteilt. Ein Rivalenrudel, in dem sie ihre Alphaqualitäten verteidigen müßten, fehlt. Auf den ersten Blick scheint das zutreffend: Frauen rivalisieren nur verdeckt mit Männern, und Männer rivalisieren kaum je »offiziell« und nach den männlichen Spielregeln mit Frauen. Wir haben gesehen, wie tief verankert diese wechselseitige Vorsicht ist.

Wer sich als Topmanager den Alphatieren zurechnet, hätte bei hinreichendem Humor und engem Kontakt zu Wolfsforschern die Chance, viel mehr von den männlichen Machtkämpfen und ihren Gesetzen zu verstehen. Freilich würde auch die Ernüchterung nicht ausbleiben: Solidarität und Konkurrenz, die beiden Energiequellen der männlichen Auseinandersetzung, liefern so viel Spannung, daß die Handlungsziele oft aus dem Blick geraten – in der Menschenwelt. Ist die Rangordnung selbst, ihre Bereinigung und Kontrolle, das Ziel der Machtkämpfe, dann ist alles in Ordnung – in der Welt der Wölfe. Bei den Menschen überlagern sich die Aufgaben. Wo nur noch um Rangordnungen gekämpft wird, geraten die Handlungsziele ins Hintertreffen, denen die Rangordnung dienen soll.

Schauen wir in die Welt der menschlichen Alphatiere, so bietet sich auf der Schauseite ein friedliches Bild. Die Wolfsrudel zeigen sich buchstäblich wie grasende Schafherden, seit die *soft factors* ein Prestigefaktor für das Business geworden sind. In den Bruchzonen, wo die Beben der globalen Umschichtung von Macht die behaglichen Unternehmenslandschaften von gestern verwüsten, dringen dann doch die Schallwellen interner Machtkämpfe wie gedämpfter Schlachtenlärm nach draußen. Die Mienen versteinern, um den inneren Wogengang zu brechen. Angst flackert in den Augen der Alphatiere, die noch gestern verteilt auf den Hügeln ihre Rudel allein durch Präsenz beherrscht haben.

Die Rangordnungen der Alphawölfe und Alphawölfinnen sind nur deshalb für Menschen so interessant, weil sie den »Klartext« liefern für die endlose Kette der Auseinandersetzungen um Macht und Einfluß, die in der zivilisierten Welt so verschlüsselt sind, daß die meisten Beschauer und Akteure ihnen nur ausgeliefert sind – ohne die Chance, sie zu beherrschen oder zu verändern. Die Faszination der Dominanzkämpfe im Tierreich, die die Menschen nicht losläßt, spricht eine deutliche Sprache: Auch wer nichts weiß von Evolutionsbiologie, wer noch nie etwas vom eigenen Reptilhirn gehört hat – obwohl er/sie täglich nach den Kommandos dieser fossilen Hirnareale handelt* –, auch wer sich den übrigen Kreaturen um Lichtjahre entwandert glaubt, ist über die assoziative Intelli-

---
* Vgl. dazu Höhler, Herzschlag der Sieger, Düsseldorf, München 1997.

genz mit den Überlebensregeln verbunden, die Erfolg und Selbstbehauptung steuern.

Wer sich ein Bonbon fürs Ego wie den schmeichelhaften Begriff von den Alphatieren herausnimmt, der greift in ein Kräftespiel, dessen Regeln überall wirken, wo es um optimale Organisation von Lebenserfolg geht. Wo Menschen ins Dilemma geraten – Einzelerfolg oder Gruppenerfolg? –, haben Wölfe es leichter: Kein Ethos verunsichert sie.

Das *soft play* der menschlichen Alphatiere folgt einem ethischen Trend, der globale Dimensionen angenommen hat. Die ethischen Standards von Firmen werden immer dann ins Scheinwerferlicht gerückt, wenn rauhe Winde wehen. Wird der rauhe Wind zur Normalsituation, wird die Business-Ethik zum Dauerthema. Alphatiere sind zwar Sieger, die sich einen Blick auf die ethischen Gebotstafeln leisten können. Aber sie bleiben nur so lange oben, wie kein anderer sich genauso stark fühlt.

Wer oben ist, reduziert seine Gebärdensprache. Lautes Imponiergehabe ist nicht notwendig, aber gelegentliche Hinweise an die Alphaverdächtigen im Machtzentrum werden verteilt. Spielerische Überlegenheitsbeweise bestimmen den Alltag. Die potentiellen Bewerber für die Führungsposition halten sich schon ganz in der Nähe des heute dominanten Wolfes auf. Oft sind es zwei, das erfordert doppelte Aufmerksamkeit vom Alpharüden. Wer von beiden wird zuerst versuchen, sich durchzusetzen? Er wird auf jeden Fall zwei Gegner haben: den gleichrangigen Konkurrenten und den Alpharüden.

Es gibt Zeiten des friedlichen, verspielten Miteinanders: Das sind die Phasen, in denen die Solidarität dominiert. Das »Einer-von-Uns« verbindet jeden mit jedem, und die Frage, wer morgen vorn sein wird, tritt zurück. Der Kampf um die Neuverteilung der Macht kommt plötzlich, er ist überaus heftig – und er ist stumm.*
Die »Ernstkämpfe«, wie die Wolfsforscher diese gefährlichen Beißereien nennen, erlauben keinen Laut des Schmerzes mehr. Beide Kämpfer – oder alle drei, wenn die nächste Ebene mehrere Bewerber präsentiert – holen sich schwere Verletzungen. Wer unter-

---

* S. dazu Kapitel 14, die erste der »Drei Geschichten«, S. 157–169.

liegt, zeigt sich am Verteidigungsverhalten. Wer nicht mehr angreift, gibt sich als Verlierer zu erkennen. Er wehrt die Aggressoren nur noch ab. Tage- oder wochenlang wird er nach dem Kampf nicht mehr aus der schützenden Höhle kommen, während draußen der Sieger die geklärte Spitzenposition mit reduzierter Gebärdensprache zelebriert. Der Friedensprozeß ist langsam, die Kämpfe sind plötzlich, schnell und stumm.

Wer seine Alpharolle verliert in der Wolfswelt, kann zum Prügelknaben werden, der von allen feindselig behandelt wird. Der Wolfsforscher Erik Zimen berichtet von der Wandlung, die der besiegte Wolf durchläuft: Nicht mehr Topmanager des Rudels, wird er sanft und freundlich, ja unterwürfig.* Auch gegenüber dem verletzten Verlierer, der sich bis zur Heilung seiner Wunden zurückzieht, können ranggleiche Wölfe, die am Kampf beteiligt waren, plötzlich sensible Zuwendung zeigen. Der eine leckt die Wunden des andern und zeigt sich aufmerksam besorgt um ihn: So liegt ein Kampfgefährte oft stundenlang neben dem verletzten Wolfsbruder und hält jede Attacke von ihm fern.

Der neue Alpharüde kann diese Zuwendung niemals zeigen; er ist mit der Außendarstellung seiner neuen Machtposition beschäftigt.

Die Machtkämpfe unter Managern sind in ihrer Struktur ähnlich, aber die Brandbreite ist schmaler: Trostspenden für Unterlegene scheinen unter einem entschiedenen Tabu zu stehen. Das geht so weit, daß nicht einmal die private, von niemandem beobachtete Kontaktaufnahme zum Verlierer gewagt wird. Es sieht so aus, als wäre für alle, die noch für Toppositionen in Frage kommen, eine Regel bindend, die lautet: Wer raus ist, ist raus. Kontakt mit Verlierern macht dich selber zum Verlierer. Die Männer verhalten sich, als könne das Verlierervirus auf sie überspringen. Auch das Wundenlecken besorgen eher Helfer aus einer andern Welt: die Frauen zum Beispiel, oder Freunde, die sich ebenfalls als Verlierer fühlen.

Das Regelset, nach dem die Machtkämpfe im Management ausgetragen werden, erscheint auf den ersten Blick simpler. Dieser

---

* S. dazu Kapitel 14, die dritte der »Drei Geschichten«, S. 171–176.

Eindruck entsteht aber vor allem deshalb, weil die männliche Selbstzensur überall die Gipfel kappt: Erregung darf nicht ausagiert werden, Aggression muß verbal übersetzt werden. Das mißlingt meist und wird daher gleich übergangen: Kampfgesetz ist das erdrückende Schweigen. Der »Ernstkampf« ist stumm – bei den Wölfen, weil alle verstehen. Weil Rückzug des Besiegten und Wunden aller Kämpfer die Chronik des Kampfes schreiben. In der abgeleiteten Welt der Rangordnungen im Management wird die Handschrift der *fighter* schwerer lesbar; die Strukturen der Kampfordnung sind komplexer. Und doch: Es bilden sich verblüffend einfache Muster, die überall wiederkehren. Die wichtigsten, die auch im Wolfsrudel so vorgezeichnet sind: Hinter dem harmlosen Zusammenspiel im Alltag glimmt das *stand-by* der Rivalität.

Wir wissen von den Hirnphysiologen: Es ist das Reptilhirn, die älteste, aus der Welt der Panzerechsen ererbte Zentrale, die für *Fight-or-flight*-Entscheidungen sorgt – viel schneller als die Intelligenz, mit ultimativen Gewißheiten, wie sie nur hier produziert werden. Dahin dringt kein mäßigender Zuruf; kein besonnener Hinweis hat hier eine Chance. Wer die latente Spannung in Männerteams nicht chronisch unterschätzen will, der sollte diese Fakten kennen. Das harmlose Balgen in den Meetings ist wie das Spielen der ranghöchsten Wölfe immer nur ein Vorspiel, Nachspiel oder Zwischenspiel. Was bei den Wölfen an das Lebensalter und die Jahreszeit gebunden ausbricht, entzündet sich bei Männern an den Aufgaben, die dem einen oder andern signalisieren: Das ist dein Siegprojekt. Angreifen! Von nun an ist seine Angriffsrichtung eine doppelte und die der Aspiranten auf den höchsten Rang rund um ihn herum zwangsläufig auch: Das Projekt wird zum Vehikel für die Klärung der Ränge. Nicht der Herausforderung in der Sache fließt alle Energie des Rudels zu, sondern der Kampf der Rivalen konsumiert mindestens 50 Prozent der Gruppenenergie.

Im Wolfsrudel sickert die Kampfatmosphäre in die gesamte Gruppe und färbt ihre Stimmung. Keiner bleibt neutral, jeder bezieht Position. Die Sache von zweien, so ist es in den Menschenteams auch, bleibt nicht deren Angelegenheit, sondern infiziert das ganze Team. Stabile Rangbeziehungen, so fanden die Wolfsforscher, sind die beste Garantie dafür, daß Aggressionen gedämpft werden und das Rudel in einer freundlichen Atmosphäre leben kann – für eine Weile.

Vermutlich schenken wir der epidemischen Wirkung von Rangkämpfen an der Spitze nicht genügend Beachtung. Meist hat auch der Verlierer ein spezifisches Know-how für die Firma zu bieten. Als demütiger Mitspieler in dem Täter-Opfer-Spiel, das sich aufbaut, während niemand Zeit hat, es zu verstehen – außer den Frauen! –, wirkt er aber meistens so intensiv an seiner totalen Diskriminierung mit, daß eine Rückkehr ins Team nicht mehr möglich ist: Die Rollen sind zur zweiten Identität geworden. Niemand würde mehr an die Leistung des Verlierers für die Gruppe glauben. Ich zeige noch, daß diese kompromißlose Auslieferung des Opfers auch der Gewissensentlastung der »Täter« dient.*

Wölfe kennen kein Gewissensproblem. Sie reaktivieren freundliche Beziehungen von zwei Seiten, wenn der Entscheidungskampf vorbei ist: Der Unterlegene nähert sich unterwürfig dem Sieger, er sucht spielerisch Kontakt. Bald normalisiert sich das Verhältnis der »Todfeinde« wieder – und beide haben eine Zukunft im Rudel. Wenn wir sie mit menschlichen Kategorien beschreiben wollen, so ist dies die »vernünftige«, auf jeden Fall aber die überlegene Lösung.

Dieses kleine Beispiel zeigt deutlich, daß die intelligente und die ethische Distanz von den Instinktprogrammen einen hohen Preis haben – der noch höher wird, wenn man die Zusammenhänge nicht versteht.

Wer nahe beim Rudel bleibt, wird wieder aufgenommen, so beobachten die Wolfsforscher. Das Ziel – und, in menschlichen Kategorien, der »Sinn« der Rangkämpfe sind die Optimierung der Führung und die Auslese: Alpharüden werden von Alphawölfinnen bevorzugt. Der Nachweis soll von den Besten, Mutigsten und Stärksten abstammen. Die Überlebenskraft des Rudels steht im Mittelpunkt. Wer keine Parallelen zur Welt der menschlichen Spitzenleistungen erkennen kann oder will, der wird hier mit Kurzschlüssen zuschlagen; sie zu zitieren, hieße an deren Torheit teilzunehmen.

Die wichtige Parallele aus diesem Lehrstück lautet: Auch Men-

---

* S. dazu Kapitel 14.

schenteams sind am Überleben ihrer Leistung im Wettbewerb interessiert. Diesem Interesse wird auch ethischer Nachdruck verliehen: Wer mit den Mitteln des Gemeinwesens wirtschaftet, trägt Verantwortung. Ihr gerecht zu werden heißt, das Beste zu geben – zum Beispiel, indem man die Besten auf die schwierigsten Positionen stellt. Die Prüfung, wer die Besten sind, ist eine Auseinandersetzung um Ränge. Sie gleicht oft einem Kampf, und sie macht Sieger und Verlierer. Aber Verlierer ist jeder nur heute, und nur in dieser Kampfsituation. Das gilt auch für die Sieger – und hier beginnen die Versuchungen. Wer Ränge perpetuiert, hat nicht verstanden, was die Rangordnung eigentlich leisten kann. Sie ist ein flexibles Netzwerk von Rangbeziehungen, die sich je nach Kondition und Vorleistung gegeneinander verschieben.

Nach diesem Prinzip gruppiert sich das Wolfsrudel – das Menschenrudel nicht. Weil die Rivalenkämpfe unter Menschen meist keine Wiederkehr erlauben, deshalb verschärfen sie sich so sehr. Deshalb auch nehmen diese Rangkämpfe zwischen Männern den Charakter zielführender Auseinandersetzungen an; obwohl sich statt des Firmenziels persönliche Karriereziele nach vorn drängen. Wer einwendet, dies sei nicht immer so und nicht überall, dem kann man zustimmen – mit dem Nachsatz: Aber es ist zu häufig so und an zu vielen Orten.

Und die Alphawölfinnen? Stehen sie bewundernd, wie in der Menschenwelt, am Rande der Arena, wo ihre Helden sich blutig beißen, damit der Mutigste ihre Gunst erringt? Die Wölfe können schon, was die Menschen noch lernen müssen: Alphawölfinnen leben in kampferprobten eigenen Hierarchien. Sie spielen nicht Männerspiele, und sie fragen nicht, ob sie bei den Alphaherren mitspielen dürfen. Sie klären ihre Ränge selbst und wehren rangniedrigere männliche Wölfe ab. Auch bei den Wölfinnen entwickelt sich der Kampf um die Vorherrschaft aus dem Spiel. Die Drohung wird zunächst angedeutet: Ein spielerischer Biß wird etwas heftiger – die Alphawölfin ist gewarnt. Sofort überträgt sich die aggressive Grundstimmung auf die andern. Auch jüngere Wölfinnen, die unbefangen mit ihren Brüdern gebalgt haben, werden gehemmt und vorsichtig. Wie bei den männlichen Wölfen, so ist auch unter den Wölfinnen das Versiegen der Spielfreude das deutlichste Vorzeichen von Rangkämpfen. Das Spielvergnügen erlischt, auch unter Menschen, wenn es »ernst« wird, wenn Spielkameraden zu Todfeinden werden. Die ganze Gruppe bewegt sich wie gelähmt auf das Wetterleuchten zu. Umgekehrt kündigt das Wiederaufblühen der Spielfreude den Frieden an; bei Wölfen, deren Friedensschlüsse die Verlierer einbeziehen, deutlicher als bei Menschen.

Es lohnt sich aber zu beobachten, ob im Unternehmen, in den Teams noch Spielfreude herrscht. Wenn sie stirbt und ob sie wieder auflebt, ist ein zuverlässiges Kriterium für die Krisenkultur der Firma.

Der Kampf um die Rangordnung bei den Wölfinnen kündigt sich oft durch Demonstrationen sozialer Überlegenheit an: Die Wölfin auf Rang zwei fühlt sich stark für die Machtübernahme. Sie stört die Unbefangenheit der spielenden Wölfinnen und erreicht so klare Rückmeldungen. Die einen weichen demütig zurück, andere schlagen sich auf die Seite der Alphawölfin, deren Status bedroht ist. Die Auseinandersetzung bereitet sich durch einen Schwelbrand vor; diffuse Signale machen die Gruppe unsicher.

Wen diese gestreute Aktion an weibliche Strategien in der Menschenwelt erinnert, der hat gut beobachtet. Tatsächlich schaffen Wölfinnen ein latent bedrohliches Klima, in dem niemand sich mehr sicher fühlt, ehe sie wirklich offen kämpfen. Die Wölfin mit Alpha-Anspruch hindert ihre Schwestern am Spielen und springt dazwischen, wenn sie sich einem Rüden nähern; offener Kampf erscheint unausweichlich, nur weiß niemand, wann er ausbrechen wird. Die gesamte Gruppe ist in ihren sozialen Beziehungen gestört, weil drei Wölfinnen – die Alphawölfin und zwei, deren Zeit offenkundig gekommen ist – einander latent befehden. Schon ist klargeworden, daß eine der beiden Bewerberinnen zugunsten der andern verzichten wird. Trotzdem wird sie bei jeder spontanen Bewegung bedrängt und bedroht. So bereitet sich die große Auseinandersetzung vor. Die Rüden nehmen von der brisanten Stimmung zwischen den Wölfinnen überhaupt keine Notiz. Es ist nicht ihr Thema, sondern das der Wölfinnen, also mischt sich keiner ein.

Die Instabilität der Rangordnung an der Spitze streßt alle, die im Umfeld des drohenden Machtkampfes leben. Es dauert Monate, bis die Wölfin, die ihre Kapitulation in dieser Dreiergruppe unterwür-

Die Sanftmut des Siegers

- Alphawölfe und -wölfinnen übernehmen gemischte Rollen, um den Nachwuchs zu schützen:

  freundlich nach innen, aggressiv nach außen.

- Die Wölfin vertreibt fremde Wölfinnen, der Wolf vertreibt fremde Wölfe.

© Prof. Dr. Höhler

fig angeboten hatte, zu unbefangenem Spiel zurückfindet. Sie hat lange gebraucht, um ihre Freiheit zurückzugewinnen.

Wölfinnen kämpfen um die Vormachtstellung unter ihresgleichen; sie tun das mit derselben Kompromißlosigkeit wie die Rüden. Ausgeschlossen ist dagegen der Kampf über die Grenze hinweg, die Wölfinnen von Wölfen trennt, wenn es um Rangordnungen geht. Alphawölfinnen erkämpfen ihren Sieg gegen andere Wölfinnen. Sie kämpfen mit derselben Härte und Gefährlichkeit, sie holen sich blutende Wunden und greifen immer wieder neu an, bis klar ist, wer den höchsten Rang in Anspruch nehmen darf.

Die Rüden beobachten den Kampf, der sehr häufig, wie bei ihnen auch, zwischen drei Wölfinnen hin und her wogt. Zwei gegen eine ist das Muster, genau wie bei den Rüden. Kein Rüde greift in den Kampf ein. Sie stehen um die Kämpferinnen herum und machen ein paar spielerische Bewegungen. Es ist nicht ihr Kampf, er wird zwischen den Wölfinnen entschieden.

In der Paarungszeit entscheidet die ranghöchste Alphawölfin in der Regel, den ranghöchsten Alphawolf zum sexuellen Kontakt zuzulassen. Gelegentlich läßt sie sich auch mit rangniedrigeren Rüden ein; so hat sie später, wenn die Welpen da sind, mehrere Wölfe an sich und ihren Nachwuchs gebunden. Schon vor der Paarung hat sie Konkurrentinnen durch Aggression vertrieben, um die männlichen Wölfe an ihre eigenen Welpen zu binden.

Wenn die jungen Wölfe geboren sind, helfen die Rüden tatsächlich aktiv bei ihrer Aufzucht mit. Während die Wölfin hin und her pendelt zwischen friedlicher Zuwendung zu den Welpen und aggressiver Aufmerksamkeit gegen mögliche andere Wolfsmütter, sorgt der Alphawolf für die freundliche Atmosphäre im Rudel. Er ist es, der als Ranghöchster nicht etwa mit Imponiergehabe die Gruppe umkreist, sondern er ist der Toleranteste, Sanftmütigste, der aufmerksamste Beschützer und der friedfertige Mittelpunkt des Rudels. Der Rüde mit dem höchsten Rang kümmert sich also um die *soft factors*, er initiiert die verspielt-fröhlichen Zusammenkünfte im Rudel, er wehrt Gefahren von außen ab und wird nur dann aggressiv, wenn sich fremde Wölfe dem Rudel nähern wollen. Er verteidigt sein Team gegen Feinde von außen.

Der Alphawolf übernimmt also gerade in den empfindlichsten

Phasen des Rudels eine gemischte Rolle – genau wie die Wölfin auch. Beide teilen sich die Aufgaben für die Gruppe nicht nach dem Modell, das unter Menschen in der modernen Wohlstandsgesellschaft üblich ist: sie für die *soft factors*, er für die *hard factors*, sie für den Frieden, er für den Krieg, sondern jeder macht von beidem etwas. Frieden sichern durch zweierlei Mittel: freundlich und schützend nach innen; aggressiv und sichernd nach außen. Die Wölfin wehrt fremde Wölfinnen ab, der Rüde fremde Wölfe. Jeder von beiden droht den Feinden aus dem eigenen Erfahrungsfeld; so bleiben die Gegnerschaften zumutbar.

Die Frage, ob Wolfsrudel ohne Wölfinnen besonders effizient wären, erscheint vor diesem Hintergrund so abwegig, daß sie niemandem einfällt. Dennoch gibt es viele anekdotische Gespräche zwischen menschlichen Alpharüden, die vom »Rudel« handeln und offensichtlich ein männliches Team meinen. Auch »Alphatiere«, so meinen dieselben dominanten Männer, seien immer männlich. Der Erfolg des Wolfsrudels beruht darauf, daß Wölfe und Wölfinnen Rangordnungen kennen und mitgestalten, daß beide aggressiv und friedlich, todernst und verspielt reagieren können und daß beide sich zusammentun, um die Zukunft des Rudels zu sichern. Wer hier immer noch nur an junge Wölfe und Menschenbabys denkt, hat die vielfache Dimension von Zukunft wohl einfach vergessen. Zukunft schaffen im weitesten Sinne die Handlungen und Haltungen einer Gruppe, die nicht nur der momentanen Vorherrschaft einzelner, sondern dem Überleben der Gemeinschaft und ihrer Ressourcen dienen. Die sind in einer hochentwickelten Weltzivilisation komplex, gefährdet und knapp. Auch darum ist es wichtig, daß Menschen rechtzeitig begreifen, daß sie als Männer und Frauen viel mehr für dieses Überleben tun können, wenn sie nicht konkurrieren, sondern kombinieren, was jeder von beiden am besten kann. Miteinander kämpfen statt gegeneinander, und miteinander spielen, statt die Verschiedenheiten gegeneinander auszuspielen.

12. Die Laster der Lämmer

Frauen, so sagen sie, wollen ihren Rang klären, ohne daß Männer ihnen dabei zusehen. Wo immer sie sich mit diesem Ziel treffen, ist er der mächtigste unsichtbare Teilnehmer: der Mann. Seine virtuelle Präsenz prägt die Sätze, die gesprochen werden; sein Profil ist es, das als scharfer Schatten alle hier gezeichneten Planprofile der Frauen überlagert. Fast jedes Statement ist eine Replik auf Männerstatements, die in den Köpfen präsent sind. Auch die stolzesten Sätze, die hier gesprochen werden, sind Textpassagen aus einem »Gegenstück«, dessen Rollenbilder sozusagen die inverse Variante eines Spektakels sind, von dem die Schauspielerinnen sich absetzen wollen.

Der Dialog mit den Abwesenden dominiert das Frauen-Meeting. Ohne die Männer gäbe es dieses Meeting ohne Männer nicht. Es soll der Selbstvergewisserung dienen, es soll kampfstark machen, nicht souverän für die kooperative Begegnung. Dieses weitere Kapitel erscheint keiner der Frauen dringlich. Sie sind beim Abarbeiten ihrer Unterlegenheitserfahrungen. Was sie verbindet, ist der Generalverdacht, daß Männer sich vordrängen, ohne höherwertige Konzepte zu liefern. Was auffällt: Zu den Gegenkonzepten kommen die Frauen aber nicht. Sie sind in Atem gehalten von Abwehrstrategien, von moralischer Empörung; ihr limbisches System ist in Aufruhr; ihre Intelligenz hat das Nachsehen.

Betroffenheit ist Trumpf bei solchen Frauen-Meetings. Das Fatale: Die Auswahl der Teilnehmerinnen ergab sich bereits aus der Defizitstimmung, die nun potenziert wird. Frauen, die kein Problem

Die gefährlichen Meetings der Frauen

Unterlegenheit ist Trumpf:
Opferpower

- Schattenboxen mit abwesenden Männern
- Konspiratives Klima
- Verschwörung statt Konzeption
- List statt Lust
- Süchtig nach Nähe
- Betroffenheit als Gruppenticket
- Formlosigkeit als Protest gegen männliche Rituale
- Stimmung ersetzt Leistung

© Prof. Dr. Höhler

mit dem großen Männerschatten haben, sind nicht hier – meistens. Der Silberstreifen: Ist eine solche da, richten sich nicht mehr generell, wie noch in den frühen neunziger Jahren, dieselben Ressentiments gegen sie, die den Männern gelten. Sie war, bis vor wenigen Jahren, schnell als Verräterin entlarvt. An der Jahrtausendschwelle kann ihr das Gegenteil widerfahren: Sie wird zum umschwärmten Zentrum der Notgemeinschaft. Vertrauenslawinen begraben sie, bis sie flieht.

Was Frauen sind und was sie können, wird auch von Frauen noch immer vergleichend beschrieben: was sie »besser«, was »schlechter« können als Männer – in aller Regel mit dem Zusatz, daß sie beim Schlechterkönnen aber moralische Vorsprünge haben. Was Männer als Dealer, *fighter* und Killer im Business können, dafür haben Frauen eine zu reine Seele – und zu saubere Hände. Die Frau setzt auf eine raffinierte Variante der Präpotenz: Sie triumphiert mit dem »Unterlegenheitsvorsprung«. Wer diese Strategie gründlich studiert, kommt zu dem Ergebnis: Die Dominanz der Frau ist die Opferpower. Während sie auf den prahlenden Mann zeigt, der mit Imponiergehabe eine Gruppe dominiert, hält sie dieselbe Gruppe gekonnt in Atem mit einem vorwurfsvoll-diffusen Signalset, das ungefähr so betextet werden könnte: Verkannte Tugend hebt nicht das Schwert.

Das Diffuse der Botschaft dient der einzigen verletzlichen Stelle der Männer. Wo keine klare Botschaft ist, kann man nicht antworten. Wo die Ebene gewechselt wird – von der Sache zur Person –, befällt Männer das Unbehagen der Fremdlinge. Das ist nicht ihr Terrain. Sie kennen sich da nicht aus. Sie wissen nicht einmal, ob sie den stummen Vorwurf verdienen. Aber sie fühlen sich schlecht in diesem Dunstkreis. Und für dieses Unbehagen werden sie sich rächen – durch Distanz von Frauen in der Sacharbeit.

Die weibliche Strategie der Unterlegenheit macht den Mann hilflos; sie ist eine Botschaft aus der privaten Kampfszene und gehört nicht in die Berufswelt, das fühlt der Mann unbestimmt, ohne es genauer wissen zu wollen. Was er erlebt, reicht ihm: Die Frau bricht die Spielregel. Sie spielt nicht mehr mit, darum wird er sich kümmern.

Auch dies gehört zum Hintergrund der Meetings von Frauen mit Frauen: Männer und Frauen haben unterschiedliche Tabulisten. Die der Männer sind länger. Frauen haben viel weniger Sinn für Rituale als Männer; auch hier lauern zahllose Mißverständnisse.

Sind sie unter sich, stellen Frauen zunächst ein Klima zum Wohlfühlen her, und dafür gibt es weibliche Profis. Ein solcher Profi betritt mit Mikrofon die Bühne und verbreitet künstlichen Sonnenschein. Es ist, als würden über allen Köpfen die Solarien angeknipst. Die Profifrau kommt nicht etwa zum Thema des Tages, wie es bei einem gemischten oder Männerkongreß geschähe. Vielmehr zieht sie die Frauen, gleichviel ob es hundert oder tausend sind – sie kann das auch mit ganz großen Gruppen, sagt sie ungefragt vor diesen siebzig oder achtzig Frauen – in ein *warming-up*, das wiederum niemand erbeten hat. Das macht sie nicht mit einem Joke, wie es Amerikaner zu tun pflegen, wenn sie eine Rede beginnen, sondern sie rückt viel näher heran. Ein Klima der Konspiration kommt auf. Daß sie sich ganz persönlich freut, erscheint manchem ganz rätselhaft, da man sich doch gar nicht persönlich kennt. Sie macht diese besondere Freude auch nicht am Thema fest (welches wird es wohl sein?), das Verbundenheit stiften könnte, sondern mehr an der Solidarität der Schicksale. Und schon packt sie, sozusagen Aug' in Auge mit jeder der achtzig Frauen, ihr eigenes Schicksal aus. Es wird fast intim, Nähe wabert durch den Saal, Bekenntnislust steigt in vielen Kehlen auf, schon wandert auch das Mikrofon, aber die Damen sind noch nicht aufgelöst genug, um ihr Innerstes in den Saal zu werfen. Es bleibt aber als Tagungsziel sichtbar, daß jede ihr Herz ausschüttet.

Die Moderatorin hat das Wichtigste schon erreicht, um das es für Frauen geht, so meldet sie. Meint sie ihre Ausbildung? Ihre Auslandsaufenthalte? Ihre hohe Position im Konzern *Women First*? Nein, alles ganz falsch. Sie hat sich selbst gefunden. Die eigene Mitte. Da steht sie jetzt. Darum ist sie hier. Und ohne diesen Trip in die eigene Mitte kann nichts gelingen. Das soll sich jede der anwesenden Frauen hinter die Ohren schreiben.

Wir hätten Ihnen noch stundenlang zuhören können, sagt die Vertreterin des Kongreßbüros nach diesem Auftritt. Vom Tagungsthema war zwar keine Rede, aber in den Unterlagen steht ja: »Wie mache ich Karriere?« – Karriere als Egotrip in die eigene Mitte.

Und da werfen Frauen den Männern vor, Egomanen zu sein. Die Egomanie der Frauen ist raffinierter, und sie hat weniger interessierte Zuschauer: die Männer – während das hohe soziale Interesse der Frauen für den Mann ganze Kataloge an kritischen Urteilen produziert. Vom Name-dropping der Männer wird auf dem Kongreß die Rede sein. Daß sie immer einfließen lassen, mit wem sie was beredet, wen sie wo getroffen haben und mit wem sie seit langem befreundet sind – alles zur Abrundung des eigenen Siegerportraits. Was der Argwohn weiblicher Beobachter nicht wahrnimmt: Männer zitieren damit auch den fundamentalen Grundsatz von Rivalität und Kameradschaft. »Einer von uns« ist die Zauberformel des männlichen Netzwerks. Sie zeigen durch den Hinweis auf andere, deren Nähe sie stolz macht, daß ihr Netzwerk hochkarätig ist. Natürlich soll das imponieren, und sicher vermuten sie, daß der Glanz der andern auf sie selber fällt. Immerhin versuchen sie nicht durch ein *outcast*-Image zu imponieren, wie es viele Frauen tun. Darum ist ihr Imponiergehabe kein Angriff auf den Gesprächspartner.

Frauen können im Gegenteil mit einer Kette von Vorwürfen an Unbekannt aufzählen, wie verkannt ihre Leistung ist, wie unterschätzt sie Erstklassiges abliefern – so daß jeder sich in ihrer Nähe schuldig fühlt, auch wenn er nicht zu ihren Verfolgern zählt. So setzen sie die *self-fulfilling prophecy* in Gang: man, nicht nur Mann – wird sie meiden.

Frauen leiden unter diesem Unterschied: daß Männer mit ihren Meriten prahlen, während sie selbst darauf warten, »entdeckt« zu werden. Auch mit diesem Verhalten erzwingen Frauen Nähe – oder Desinteresse, je nachdem, wie sensibel ihre Gesprächspartner sind.

Auf Frauensymposien zeigt sich auch die Ritualfremdheit der Frauen besonders deutlich: Wo sie die Regie haben, hat nichts eine klar umrissene Form. Schon die Eröffnung durch eine Rednerin scheint eher sagen zu wollen: Hallo, Leute, alles ganz inoffiziell, kein autoritärer Ablaufplan, ich stehe zwar hier und halte eine Rede, aber eigentlich auch wieder nicht. »Nehmt es nicht so ernst«, lautet die implizite Botschaft. »Nehmt mich nicht ernst« und »Es wird bestimmt nicht ernst«, so lauten die gesammelten Absagen an jedes Regelwerk, als seien Regeln generell Feindesland – Männerland.

Schaut man in Kongresse mit einer klar gegossenen Eröffnungsrede, so fällt aber auf, daß die Teilnehmer sich strecken, sich zurechtsetzen, weil sie sich gewürdigt und aufgewertet fühlen: »Wichtiger Anlaß, wo ich bin, hab' ich richtig gemacht«, geht durch die Köpfe. Rituale ehren und steigern, das ist eines der Kapitel, die Frauen noch lernen müssen. Rituale entwickeln auch bindende Kraft, weil sie den Schutz eines Regelwerks über alle Zufälle legen.

Wie verschieden die Strategien sind, läßt sich nun gut erkennen: Männer stellen Nähe her, indem sie das virtuelle Rudel präsentieren, in dem der Gesprächspartner sie erkennen soll. Sie zitieren ihr Idealklima herbei, um ihr Selbstgefühl zu steigern und dem Zuhörer ein gutes Grundgefühl zu geben, hier am richtigen Platz zu stehen. Frauen stellen Nähe durch Grenzüberschreitung her: Sie ziehen den Gesprächspartner überfallartig ins Vertrauen. Ihre Vorleistung, die Grenzüberschreitung, ist ein konspiratives Angebot, mehr als nur offiziell miteinander zu reden. Das hat mit Avancen nichts zu tun, auch wenn es dem Mann das Unbehagen einer Attacke verursacht. Die Frau packt Existentielles aus, um Verbundenheit herzustellen. Männer wünschen in aller Regel etwas mehr Bewegungsspielraum und Abstand; sie werden relativ hilflos vor ausgeschütteten Herzen.

Ist ein Mann in existentieller Not, kann er von dieser weiblichen Neigung zur Grenzüberschreitung sehr profitieren. Er wird sich darauf verlassen können, daß Frauen erkennen, was seine Kameraden nicht sehen, und daß er sanktionsfrei bei Frauen über seine persönliche Krise reden kann, ohne »sein Gesicht zu verlieren«, wie der Männerausdruck lautet, weil die Fassade wichtiger ist als Herz und Seele, die hinter ihr gefangen sind.

Frauen leben – noch – im fast zwanghaften Rückbezug auf Männer, sobald sie in Feldern mit Männermehrheit arbeiten. Auch wenn sie sich männerfrei versammeln, um Selbstvergewisserung zu betreiben, bleibt diese fast themenfrei. Das Thema sind die Frauen selbst. Um einander zu zeigen, wieviel besser sie es machen würden, erwähnen sie kritisch, wie Männer es machen. Warum Männer es so machen, wird nicht diskutiert. Der Generalverdacht ist zu mächtig: daß Männer alles, was sie machen, so machen, weil es für

Männer so gut ist. Das ist eine ergiebige Halbwahrheit, die in diesem Buch geklärt wird.

Solange Frauen aber mit dem Generalverdacht unterwegs sind, ist ihre Erkenntnis-Chance sehr gemindert. Das Problem: Männer haben kein gesteigertes Interesse, von sich selbst mehr zu verstehen. Und von Frauen? Höchstens fürs Privatleben. Im Business sind sie mehr für hinhaltendes Abwarten. Viele Männer sehen amüsiert: Frauen blockieren sich selbst. Die Männerformel lautet: Du bist, was du tust. Die Frauenformel: Du bist, was du bist – wenn du angekommen bist in der eigenen Mitte. Ihre limbische Stärke macht Frauen anfällig für Übersinnliches. Schnell entwickelt sich in Frauengruppen eine spirituelle Stimmung, die alle für Wunder bereit macht. Die Option, mit Männern zu kooperieren, statt die weibliche Vortrefflichkeit als Handicap zu beklagen, verschwindet dabei im Nebel.

Was auffällt, ist die Flucht der Frauen aus der Leistungsarena. Es sieht aus, als wollten sie nicht über ihre Leistung wahrgenommen werden. Ihre gemischte Wahrnehmung, wie die Hirnforscher sie im PET-Bild* beobachten, legt ihnen offenbar nahe, sie würden von anderen, auch von Männern, ebenso wahrgenommen. Sie trauen einem Selbstporträt nicht, das nur auf ihre Leistung setzt. Sie möchten immer noch ein bißchen *added value* hinzutun: »Aber ich bin auch noch ich ...«, und schon ist die Grenze zum Bekenntnis überschritten, die für den Mann durch Tabus gesichert ist. Jetzt fühlt er sich unwohl. Er wollte ein unverbindliches Gespräch, um auf derselben Ebene sein kühnes Selbstbildnis abliefern zu können; nun wird er verstrickt in eine Frauengeschichte. Ob Frauen das lernen können: Nähe ist nicht auf jeden Fall ein Erfolg! Nähe ist ein Fenster in die andere Hälfte der Welt, das nur gemeinsam aufgestoßen werden sollte. Wer das verstanden hat, erhält Männern ihre Unbefangenheit und sich selbst muntere und lockere Gesprächspartner.

Natürlich hat auch dieses Frauenproblem seine strahlende Kehrseite. Sie ist es ja, die Hierarchien durchsteigt wie eine Feder so leicht, die oben ankommt, ohne ein einziges Leistungskriterium zu

---

* PET ist der Positronen-Emissions-Tomograph – vgl. dazu Höhler/Koch, S. 325; 328.

erfüllen, das Männern auferlegt wird. Aber der wichtige Unterschied ist eben der: Solche Aufstiege ohne Leistungsprofil werden toleriert, wenn sie auf einen Platz führen, der nicht Männerplatz ist, sondern Frauenplatz an der Seite eines Mannes.

Spielt sie selbst mit im *powerplay*, gelten auch für die Frau die Spielregeln des Wettbewerbs. Das sind nicht erbarmungslos »männliche« Spielregeln, auch wenn der Wettbewerb Männern mehr Spaß macht als Frauen. Es ist völlig sinnlos, Männer bereits dafür anzuklagen, daß es ihnen sichtlich mehr Spaß macht, um die Wette zu klettern. Die Frau bringt konkurrenzlose Ressourcen mit in dieses Spiel; aber sie muß sie anbieten und ausagieren, statt defensiv auf deren Entdeckung durch die Männer zu warten.

Die Opferpower ist ein Kurzschluß aus der Tradition der Entzweiung. Überscharf gezeichnet, liest sie sich so: Die Frau sucht sich die Opferrolle, weil der Mann als Täter auftritt. Schnell erkennt sie, daß in dieser Unterwerfung Privilegien schlummern. Einige ihrer schlummernden Stärken lernt sie durch das Defensiv-Programm erst gar nicht kennen.

Auch wo keine Männer zugegen sind, verhalten Frauen sich abhängig. Ein Lehrstück sind die Frauenkongresse. Erst wenn dort nicht mehr die Frau Thema ist sondern die Arbeitskonzepte, hat die Wölfin den bequemen Schafspelz abgeworfen.

13. Wie Opferlämmer in den Wolfspelz schlüpfen

»Eher wird eine Frau vom Blitz erschlagen als mächtig« – ein statistisch wahrer Satz ganz nach dem Geschmack der Frauen: ein bißchen Schicksal, ein wenig Tragik, viel fremde Übermacht und sie als Objekt in der Mitte. Opferpower.

Frauen haben sich so sehr daran gewöhnt, über Ohnmachtssignale Erfolg zu holen, daß sie davon nicht lassen wollen. Die Frauenbeauftragte ist das institutionalisierte Ohnmachtssignal – und zugleich die Entlastung von der eigenen Verantwortung für Erfolg und Mißerfolg.

Viele Frauen nutzen ihre verbale Geschicklichkeit mit großem Eifer, um die Verantwortung anderer für ihren stockenden Leistungsprozeß zu erläutern. Ihr Waffenarsenal ist flexibel, sie parieren jedes Argument, wenn es darum geht, das Szenario der Karriereverhinderer möglichst drohend aufzubauen. Während Männer sich konzentriert um die eigene Karriere kümmern, behaupten Frauen zum Beispiel, die Männer seien mit der Verhinderung von Frauen beschäftigt. Ich zeige in diesem Buch, daß sich die Verhinderung von Frauen für Männer viel weniger lohnt als der Machtkampf mit den wirklichen, den männlichen Rivalen.

Die Selbstbehinderung von Frauen durch diesen Eifer beim Legendenschreiben nimmt oft fast den Charakter einer Verweigerung an. Niemand erklärt so wortreich und kämpferisch wie Frauen, warum Frauen keinen Erfolg haben können. *Self-fulfilling prophecy*: Um diese düsteren Balladen vom weiblichen Scheitern zu beenden, stimmen Männer am Ende lustlos der Diagnose zu. Im

Männer beim Karrieresprung:

Selbstsicherheit als Entscheidungshilfe
für den neuen Chef.

Imponiergehabe und Zukunftsmusik.

Was er heute nicht kann,
wird er morgen können.

Der Zwerg wirft den Schatten
eines Riesen –
und hat den Job.

© Prof. Dr. Höhler

gleichen Moment schnappen Frauen wieder zu: Siehst du, du sagst es auch. Du weißt es also, und du wirkst daran mit. Wenn in der Nähe eine Tür ist, wird der Mann spätestens jetzt versuchen, mit geschäftsmäßigem Blick auf die Uhr zu entwischen. Es ist nicht sein Stück, in dem er da mitspielen soll. Und er kann den Text nicht, der hier verlangt wird.

Während Frauen ihr Abonnement auf Mißerfolg bekräftigen, greifen Männer zur eigenen Ermutigung weit voraus in die Zukunft. Sie sprechen sich selbst Eignungen und Qualifikationen zu, die sie im neuen Job allenfalls anstreben könnten, keinesfalls aber heute mitbringen. Männer wissen intuitiv, was Männer von einem Bewerber erwarten: Er soll den Chefs Mut machen. Er soll sie sicher machen, daß sie richtig liegen, wenn sie ihn, nur ihn jetzt einstellen. Männer leben im stillen Einverständnis, daß Imponieren zum Geschäft gehört. Jedem ritterlichen Kampf in mittelalterlichen Epen geht der Austausch der Kraftprotzereien voraus. Soll einer von beiden fallen, dann beginnt das wechselseitige Aufschaukeln der Hormonspiegel mit Schmähreden, die latente Feindschaft in Wut verwandeln. »Du oder ich« heißt das Losungswort, auf das beide verständigt sind. Geht es aber für einen von beiden um den Einlaß in höherwertiges Terrain, das der andere regiert, so muß der Bewerber die Muskeln spielen lassen.

In der Welt der Kopfberufe ist die Muskulatur, die da vorgezeigt wird, in geistige Potenz zu übersetzen: Ich bin furchtlos, signalisiert der Aspirant. Ich habe genau auf diese, nicht auf irgendeine Herausforderung gewartet. So abgedämpft das Prahlen mit der eigenen Zukunft auch sein mag: Hier regiert nicht das Fragezeichen, sondern der Imperativ.

Frauen gehen im Bewußtsein ihrer Abhängigkeit von der Meinung, die der Chef sich über sie bilden wird, meist ganz anders vor.

Sie stellen ihr flackerndes Licht unter den Scheffel bescheidener Fragen. Noch wisse sie ja nicht genau, wie die Aufgabe zugeschnitten sei, aber zutrauen würde sie sich das schon ... – Und er, der Chef, werde ja auch feststellen, ob er sie für geeignet halte, fügt sie mit fragendem Blick an. Das Gesprächsklima wimmelt bald von Fragezeichen und Konjunktiven; der Chef fühlt sich schlecht. Alle Warnlampen flammen in seinem Kopf auf: Vorsicht, du näherst

Frauen kurz vor dem Karrieresprung:

Selbstzweifel als trügerische Tugend.
Wer hilft dem Chef, für die Bewerberin zu entscheiden?

Sublime Unbescheidenheit:
Frauen wollen mehr als Topjobs.

Sie wollen auch noch das Leben.

Wenn sie dem neuen Chef helfen, für sie zu entscheiden, bekommen sie beides.

Motto:
Nur sie kann wissen,
warum sie die Richtige
für den Job ist!
Sie muß es sagen!

© Prof. Dr. Höhler

dich einer ungerechten Beurteilung einer Frau! Aber er ist bereits wehrlos gegen dieses ärgerliche Unbehagen, das diese Frau ihm hätte ersparen können. Sie weigert sich glatt, ihm bei der Entscheidung für sie zu helfen – und es lohnt sich, auch diesem Verdacht nachzugehen, ob die Fragezeichenfrau nicht tatsächlich schon wieder auf der Suche nach einem Schuldigen für das Mißlingen ihres nächsten Karriereschritts ist. Denn so ganz sicher ist natürlich nicht, ob sie die Position möchte ...

Sie muß den Job ja gar nicht wollen – aber vertreten müßte sie das eigentlich selbst. Das werden Frauen lernen müssen, wenn sie vernünftig mitspielen wollen.

Natürlich ist es der *safe investor* in der Frau, der das Spiel um den nächsten Schritt verdirbt. Sie will kein Spiel mit Unbekannten. Der Weg in die oberen Ränge der Verantwortung, gleichviel wohin, ist zumindest im Business mit Wagnissen gepflastert. Behördenkarrieren sind dagegen berechenbar; und tatsächlich treffen wir in den staatlichen Behörden mehr Frauen in Führungspositionen als in der Wirtschaft.

Frauen wollen nicht finden, sondern gefunden werden. Dieser Wunsch widerspricht den Möglichkeiten im Business, denn hier werden Täter gesucht, nicht Opfer.

Frauen müssen aufhören, die Verantwortung für ihr eigenes Fortkommen auf andere zu verlagern. Überall, wo Frauen Erfolg haben, sind sie Männern mit dieser klaren Botschaft begegnet: Ich übernehme die Verantwortung für mein Leben selbst. Ich bin nicht auf der Suche nach einem *Guide*, sondern ich möchte selbst einer werden.

Es gibt Firmen, da ist die Selbstüberschätzung geradezu das Eintrittsbillett. Lauter Großmäuler prahlen hier um die Wette, findet die Beobachterin, lauter Angeber hindern einander an einer realistischen Einschätzung der Lage und verstärken die gemeinsame Illusion über das, was die Firma kann. Hier müßte ein Plakat hängen: *Woman Wanted!* – Es hängt aber überall eher als hier. Wer als Frau hier mitspielen möchte, weil die Firma dringend einen Temperaturausgleich braucht, kann das nicht durch Delegieren der Verantwortung, sondern nur durch Selbstvertrauen, Energie und Humor. Wer sich abhängig verhält, ist hier Manövriermasse. Wer ernüchternd objektiv beobachtet und kommentiert, was in diesen Kraftmeiereien verspielt wird, holt den Löwenanteil Autorität. Ein klassisches Szenario für Frauen, die Verantwortung statt Entschuldigungen suchen.

Der Unterschied ist sehr einfach zu beschreiben: Er spricht von seiner Zukunft, sie von ihrer Vergangenheit. Er schwärmt von dem, der er sein wird, sie berichtet von der, die sie gestern war. So blockiert die Frau das Morgen durch das Gestern, und die Evolutionsbiologen liefern uns den Beweis, daß diese Gefährdung ein altes Erbe ist. Die Frau sichert das Erreichte und ist emotional stark mit den absolvierten Kapiteln ihres Lebens verbunden. Der Mann entwirft das Zukünftige und kümmert sich wenig um dessen Bodenhaftung. Solange Männer von Männern eingestellt werden, hat die männliche Strategie den großen Erfolg für sich.

Wo Frauen Einstellungsgespräche führen, werden die weiblichen Selbstzweifel weniger hoch bewertet, weil die Frau auf dem Chefplatz das Problem bereits von sich selber kennt.

Was aber noch wichtiger ist: Die Chefin hat auch Lust, der anderen Frau Mut zu machen. Der männliche Chef findet, den Mut für die Aufgabe muß der Bewerber selbst mitbringen.

Gelänge Frauen eine differenziertere Auswahlstrategie? Wegen ihres größeren sozialen Interesses und ihrer höheren emotionalen Kompetenz ist das zu vermuten. Unter einer Bedingung: Sie müßten lernen, den Prahlhans nicht immer abzuweisen, denn sein überschießendes Selbstvertrauen ist wichtig für die Firma.

Hinter den Selbstzweifeln der Frauen steckt nur vordergründig Bescheidenheit. Eigentlich ist es eine sublime Form der Unbescheidenheit, die den Zweifel der Frauen beim Aufstieg verursacht. Auf die kürzeste Formel gebracht: Frauen wollen mehr. Sie wollen mehr vom Leben als nur den Topjob. Ihre Hoffnungen und Erwartungen, was das Leben liefern kann, sind viel breiter gefächert als die des Mannes. Eine junge Frau läßt sich keinesfalls, wie der junge Mann, einen Traum nach dem andern zerstören, nur weil als Belohnung ein Platz unter den Ersten, den Besten versprochen ist. Schon kleine Jungen entdecken: Alles hat seinen Preis. Sie opfern bereitwillig Komfort, wenn ein höherer Platz mit guter Aussicht der Lohn ist.

Während Frauen Opferrollen für sich in Anspruch nehmen, opfern die Männer Schritt für Schritt viel mehr, als Frauen jemals abgeben würden: private Tiefenschärfe, gründlich durchdachte Beziehungen, einen großen Teil ihrer Hobbys, Freiheitsansprüche und Selbstbestimmungsrechte. Die Legende vom Mann, der sich alles nimmt, was er haben will, vom Freibeuter und ungebundenen Jäger verrät weibliche Handschrift oder männliche Wunschträume. Sie beschreibt ja nicht den Topmanager oder Geschäftsführer, um dessen Position die Frauen immer wieder ihre Anklage aus der Opferperspektive aufbauen, sondern den *outcast*, den Vogelfreien, der gerade in diesen Männerdomänen nicht mitspielen darf – weil er den Preis nicht zahlen will.

Wir sind am neuralgischen Punkt der weiblichen Opferklage. Sie verkennt, daß Männer für den Zugang zum schmalen Einstieg in die Steilwand so viel Lebensgepäck abwerfen müssen, wie sie, die Frauen, niemals würden ablegen wollen. Nur wer diesen Unterschied klar sieht, kann sich an die Entscheidung heranmachen, in der Wand trotzdem mitzuklettern – mit etwas mehr Gepäck, mit einem breiteren Wahrnehmungsspektrum und mit weniger Androgenen im Blut. So klettert die Frau zwar gelassener, aber ihr Verlustschmerz begleitet sie, während der Mann nach dem »Alles-oder-nichts«-Prinzip keinen Schmerz verspürt. Die Frau schaut oft zurück, der Mann schaut hinauf, in Richtung Ziel. Zurückschauen will er erst wieder, wenn die übrige Welt ganz klein geworden ist – auf dem Gipfel. Dann weiß er sicher, daß die Spielplätze seiner Kindheit, die Freuden seiner Jugend nicht mehr erkennbar sein werden, wie Staubkörner zwischen den Wäldern der Vorzeit.

Hat die Frau aufgehört, Schuldige für ihren Zwiespalt zwischen Aufwärtsdrang und konkurrierenden Wünschen an das Leben zu suchen, kann sie einen steilen Weg mit anderen Grundmaximen klettern als der Mann: Sie weiß, Rückwege gibt es auch. Für sie sind auch orientierende Blicke zurück nicht tabu, und ihr Ich wird nicht eins mit den erreichten Positionen. Ihre Distanz zum Status ist ein Garant für eine feste Ration Freiheit, die sie nicht aufgibt.

Wegen ihrer Machtdistanz wird das Team an der Spitze von dieser Frau sehr profitieren; und Männer honorieren den weiblichen

Männer glauben:

Starke Gefühle machen schwach.

Wer fühlt, muß leiden.

Der größte Feind ist die eigene Emotion.

Männer üben, die Macht der Gefühle zu brechen.

© Prof. Dr. Höhler

Vorsprung an potentieller Freiheit, weil er ihnen eine Atempause in den Wettspielen mit männlichen Rivalen verschafft. Die weiblichen Handicaps sind also gleich am Anfang des Weges in den Beruf, vielleicht schon früher in den Selbstbildern der Schülerin und Studentin zu finden. Aber diese Handicaps sind selbst gemacht. Frauen erkennen das selbst nicht, weil es die Schattenseiten weiblicher Stärken sind, die – genau wie auf der andern Seite die Nachteile männlicher Stärken – ihnen Nachteile bringen, von denen sie kein Mann erlösen wird. Nicht einmal die Analyse dieser Handicaps wird der Mann ihnen abnehmen.

Männer legen eine Rüstung an, wenn sie auf den Weg nach oben gehen. Sie wollen sich vor allem vor Angriffen von innen schützen: aus der eigenen Gefühlswelt, deren Domestizierung sie erst langsam lernen. Mit Sechzehn hat ein junger Mann schon eine fast abgeschlossene Kenntnis dieser Bedrohung von innen. Heftige Gefühle überfallen ihn und zerschlagen seine Selbstkontrolle so gründlich, daß er sich fest vornimmt, diese Mächte nicht mit ins Erwachsenenleben zu nehmen. Die Dressur gelingt; geht der junge Mann in eine Karriere ohne Höhepunkte, so wird er den Ungeheuern aus seiner Kindheit kaum jemals wieder begegnen.

Ich habe gezeigt, daß im männlichen Reptilhirn heftigere Stürme aufkommen als im weiblichen; daß die Antriebslage des Mannes von *Fight-or-flight*-Impulsen bestimmt wird und daß sein Hormonstatus ein hohes Antriebsniveau garantiert. Da ist mehr aggressive Energie an die Kette zu legen als im weiblichen Gehirn; deshalb die harte Schale, die der Mann sich zulegt. Unangreifbar und unverwundbar möchte er sein.

Dahinter steckt noch etwas anderes. Er will nicht leiden. Schmerz, davon sind Männer überzeugt, ist ein Erfolgshindernis. Frauen denken gern und gründlich darüber nach, ob man sich dem Schmerz nicht auch zur Verfügung stellen muß, um ihn gewissenhaft durchzuarbeiten. Die Abwehr von Schmerz ist ein unausgesprochenes Dogma in der männlichen Wettbewerbskultur. Starke Gefühle machen schwach, diese Überzeugung verbindet Männer, und sie schützen diese Tabuzone gemeinsam.

Frauen erleben das, wenn sie einem Mann freundliche Worte zu einem Verlust oder Mißerfolg sagen wollen. Der Mann reagiert, als habe sie unerlaubt sein Visier geöffnet, um prüfend in seine Augen zu schauen, die sich mit Tränen füllen. Frauen sollten den großen Diskretionsbedarf von Männern kennen. Wer »bewegt« ist, der möchte nicht noch heftiger bewegt werden. Deshalb muß sehr leise auftreten, wer von Männern für ein teilnehmendes Wort belohnt statt bestraft werden will.

Wenn Männer sagen, Frauen trügen »das Herz auf der Zunge«, dann schwingt auch die Irritation mit, die Männer unsicher macht, wenn Frauen leichtfüßig die Sphären wechseln, während der Mann ein Gefangener seiner Rituale und Statusgesetze bleibt.

Frauen, so zeigt sich immer wieder, haben mehr Interesse daran, die Spielregeln zu durchschauen. Männern ist wichtig, daß Ergebnisse erzielt werden; Frauen ist wichtig zu begreifen, wie man dorthin kam und was unterwegs geschah oder hätte geschehen können. Auch ob das Team morgen von vernachlässigten Details eingeholt wird, ist ein Frauenthema. Das Spiel um des Spiels willen macht Spaß, versichern Frauen. Aber sie meinen nicht dasselbe Spiel. Männer setzen dagegen: Ganz entschieden wehren sich schon Schuljungen gegen den Vorschlag ihrer weiblichen Mitschüler, »nur so« zu spielen, nicht um den Sieg. Das geht gar nicht, sagen Jungen. Auch der Spielernst ist bei Jungen größer. Nichts kränkt sie mehr als die höhnischen Bemerkungen von aufgeweckten Mädchen, das sei doch alles nur Fiktion, die mit dem wirklichen Leben nichts zu tun habe.

In den Topetagen der Konzerne kehrt dieses Thema wieder. Falls Frauen mitspielen, gibt es immer wieder Hinweise darauf, daß die männliche Spielmannschaft den lebenspraktischen Bezug verloren habe. Für wen sei eigentlich dieses Konzept gemacht, das da diskutiert wird? fragt die Frau. Wem solle es nützen – außer dem Systemvergnügen der Männer? Ist ihre Position stark, kann die Frau das illusionäre und surreale Potential ausbürsten aus den Projekten. Wenn sie hier oben präsent ist, hat sie längst gezeigt, daß sie stark ist. Deshalb hören die Männer ihr zu wie ihresgleichen. Ob man sich wirklich durch eine »Umstrukturierung« aus der Motivationskrise den Weg freischießen könne, fragt die Frau.

Das ist die klassische Konfrontation, die gut gemischte Teams brauchen: Männer wollen am System basteln, um in den Köpfen

Er:
Grow to be great.

Sie, traditionell:
Shrink to be sweet.

Sie, in Zukunft:
Climb to be free.

© Prof. Dr. Höhler

die Drehzahl zu erhöhen; Frauen wissen: Das System begeistert nicht, wenn die Führungstruppe nicht begeistert. Durch Frauen wird manche Frage schwieriger, das stimmt. Aber sie wird zugleich exakter.

Wer also glaubt, daß Frauen Zeit kosten im Management, der kann nur dies anführen: Es kostet Zeit, die Männer von der lebenspraktischen Gestalt der artifiziell kostümierten Probleme zu überzeugen. Das kann den Männern wie ein Absturz erscheinen: kleines Karo statt großem Wurf. Aber die Wirklichkeit der Mitarbeiter und der Märkte hat Bodenhaftung. Die Botschaften und erst recht die Lösungen vom Gipfel für diese Niederungen sollten nicht unlesbar sein für die Untertanen in der Ebene. Frauen sehen die Neigung zu entrückten Theorien mit Humor; sie atmen ja selbst noch die Luft der Ebene – während mancher männliche Topshot beim allabendlichen Abstieg in die Ebene von Atemnot überfallen wird.

Die Frau ist der Angriff auf die Flüge des Ikarus. Er will sich die Flügel verbrennen; dafür der Sonne ganz nahe gekommen zu sein, lohnt den Absturz, so meint er. Solange er allein abstürzt und nicht Hundertschaften von Mitarbeitern mit in die Tiefe reißt, mag er fliegen, der Held.

Das männliche Heldentum in der Welt der Manager ist immer noch eines mit positiven Vorzeichen. Die weibliche Heldenfigur drängt sich allzu gern von der negativen Seite heran: verkannt, unterschätzt und unverstanden.

Der Unterschied ist wichtig: Die Frau will verstanden werden, der Mann will anerkannt und möglichst bewundert werden. Sein Ziel ist Größe, Ihr Ziel ist Zuwendung.

Grow to be great, heißt der männliche Satz. *Shrink to be sweet,* heißt das weibliche Pendant, solange Frauen nicht verstanden haben. Sobald sie sich vom schützenden Schatten ihrer Opferrolle trennen, wendet sich der Satz: *Climb to be free.*

IV
Warum maskuline Teams gefährlich leben

14. Drei Geschichten aus der männlichen Hälfte der Welt – mit weiblichem Einspruch

① *Der Kampf kommt plötzlich –*
seine Vorgeschichte ist lautlos

Beim Global Meeting der Firma Welldone* sprach Peter Nevermore zu den Mitarbeitern aus aller Welt in jenem auf das Wesentliche reduzierten Englisch, das den Charme der Schlichtheit abstrahlt: »Welcome in Schloß Wellknown, and hopefully three wonderful days of working and communicating.« Die Bühne ist professionell ausgeleuchtet, er steht ohne Pult und richtet sein Bewegungsmuster – ebenfalls reduziert, da Chefgebärdensprache – nach dem wichtigsten Erfordernis: das Mikrofon ruhig in der Hand zu halten.

Er sagt, was man so sagt bei solchen Anlässen: daß die Firma Tempo aufnehmen muß im Globalisierungsprozeß; daß sie von den Stürmen in der Branche nicht verschont bleibt, aber gut gerüstet ist – dank Ihnen, meine Herren, die Sie in aller Welt Ihr Bestes geben. Diese Tage auf Schloß Wellknown sollen auch Belohnung sein für ihre Managementleistungen an den Stützpunkten der Company nah und fern; sie dienen aber auch dem Training für die nächste Etappe, mentalem Training in erster Linie, und der Abstimmung, wohin die Firma will. Präsentationen werden folgen, mit denen die Firmenleitung zeigen will, wohin die Reise geht und welche Anforderungen jede Einheit zu erfüllen hat. Auch die globalen Netzwerke der

---
* Alle Firmen- und Personennamen sind frei erfunden.

Company, und das ist der Schluß der kleinen Ansprache, sollen heute und morgen hier dichter geknüpft werden. Viele Manager, nein die meisten sind einander nie begegnet; sie sollen die Punkte gemeinsamer Interessen finden und künftig häufiger miteinander reden – via Internet und über die elektronischen Highways (das sagt er nicht, seine Sprache ist einfacher), auf denen Firmen-Know-how die Welt umkreist.

Der Kommunikationschef der Company ist anwesend mit seinem Stab. Die Direktoren, Executives und Non-Executives, sind vollzählig erschienen und für jeden, zumindest theoretisch, zu sprechen. Der Firmenchef hat die Bühne verlassen, das Perpetuum mobile der Präsentationen nimmt seinen Lauf. Viele Bereichsmanager haben auch ihn, wie er sie, hier zum ersten Mal gesehen. In zwei Jahren wieder, hat er versprochen. Ein bescheidener Mann, meinen die einen. Kein Imponiergehabe, keine markigen Sprüche. Ein ausgeglichenes Temperament. Seine gesamte Karriere hat er in dieser Company gemacht; er ist einer, der jeden Winkel der Firma kennt – sagt jemand. Respekt, Respekt.

Zu dem globalen Meeting gehören auch Sitzungen der Firmenleitung und des Aufsichtsgremiums. Wenn schon einmal alle da sind, bietet sich das an. Es wertet aber auch den Anlaß auf, zu dem sich alle eingefunden haben. Abends nach der Willkommensrede sitzt man zusammen über Routinepunkten der Tagesordnung, tauscht Zufriedenheit aus über den ersten Auftritt bei den internationalen Managern, lobt das Tagungsschloß – und gruppiert sich um für ein Thema, das ohne den Chef erörtert werden soll: Gehorsam verläßt Peter den Raum. Die Firma ist stolz auf ihre offene Kultur.

Im Board sitzt, neben acht Männern, eine Frau, Miriam B. Völlig unvermittelt geht es plötzlich um den Vorstandschef. Ob er der Sache wohl gewachsen sei, zumal die Probleme komplexer würden. Und wie er in die Führungsposition gekommen sei: eher zufällig, befinden einige, die angeben, es noch genauer zu wissen. Man hat ihm den Vortritt gelassen, erwähnt der zweite Mann der Company. Anciennitäten – oder was? Die Frage bleibt offen.

Er hat nicht den Biß für die anstehenden Bedrohungen, meinen einige. Und das habe man eigentlich schon lange wissen können. Es sei sogar, genaugenommen, gefährlich, ihn noch länger auf dem ersten Platz zu lassen. – Nein, er sei sich seiner Defizite wohl nicht bewußt. Sein heiter-blasser Auftritt vor den versammelten Weltchefs habe das ja wohl gezeigt. – Hat jemand mit ihm darüber gesprochen? fragt Miriam. Gott bewahre, nein! Niemand. Wenn es gefährlich ist, ihn weitermachen zu lassen, dann muß man doch schnell handeln, oder? schiebt sie nach. – Na ja, aber man könnte auch warten, bis er selbst sich überfordert fühlt – meinen nun einige. Angesichts der Gesamtverantwortung für den Konzern doch wohl kaum, wirft die Frau wieder ein.

Vielleicht fängt er sich ja noch, meint jetzt einer. Aber die Logik seiner Vorgeschichte zeigt, daß er nie für den Spitzenjob qualifiziert war! wissen einige Kollegen zuverlässig.

War er nicht schon etwas eingeschüchtert heute? gibt Miriam nun zu bedenken. – Aber niemand hat mit ihm gesprochen! parieren die Männer. Eben! sagt sie. Das könnte ihm aufgefallen sein. Er stand da so isoliert. Auch in den letzten Vorstandsmeetings hat er wenig gesagt und überverbindlich auf alles reagiert, was vorgebracht wurde, wachsweich, erinnert sich die Frau jetzt. Keinem von den Männern ist das aufgefallen. Die ganzen letzten Monate war er die Nachgiebigkeit in Person. Keine wichtige Anregung kam von ihm, kein Widerstand, keine entschiedene Position. Er verhielt sich, als wolle er den Lauf der Dinge nicht stören – als Chef. Miriam hatte das längst bemerkt, und seither war für sie klar, daß er früher oder später zur Disposition stehen würde. Das Thema zu bereden schien tabu. Erst jetzt, als es zum ersten Mal auf den Tisch kommt, ganz unvermittelt, ohne ersichtlichen Sinn gerade hier und jetzt, wo doch ein starker Auftritt aller Führungskräfte unentbehrlich wäre, gewissermaßen selbstmörderisch also von der Führungsriege, das nun hier und jetzt, nicht gestern oder übermorgen im Normalalltag, ins Alarmstadium zu befördern – erst jetzt erfährt sie, daß sie mit ihren Wahrnehmungen der letzten Monate recht hatte.

Die Abstoßungsreaktion war längst in vollem Gange gewesen, seit Monaten. Aber offenbar im vorbewußten Raum, denn alle Männer waren überzeugt, das Thema zum ersten Mal heute, ausgerechnet heute akut gefunden zu haben. Und schon wieder weichen sie zugleich zurück. Kaum ist die Distanzierung aller von dem einen, seine Brandmarkung, ausgesprochen worden, schließen sich die Visiere wieder. Die Frau verlangt vergeblich ein Fazit aus den geäußerten Verdikten. Es ist, als hätten die Männer eine Schwelle überschritten, hinter der sie noch nicht jetzt gemeinsam weitergehen wollen. Es ist, als zöge jeder sich vor jedem zurück. Das Schweigegebot schützt sie alle; auch jeden vor dem andern. Alle gleichzeitig weichen sie zurück ins Inkognito. War da was? Weder das Firmenschicksal noch das persönliche Drama, das sie da angestoßen haben, kann sie bewegen, heute weiter zu gehen.

Wie ein Schattenboxen, ein Trainingskampf endet die Attacke. Kampfpause – niemand weiß, bis wann. Niemand fragt, warum, nur die Frau macht sich ihre Gedanken; sie hat die grundsätzlichen Fragen gestellt und erfahren, daß die *fighter,* die einen an den Pranger stellen, vor ihrem eigenen Mut einstweilen zurückschrecken. Was an ihnen zerrt, ist das sich anschleichende Vorwissen, daß sie auf einen Weg ohne Wiederkehr gehen, der jeden von ihnen im Zentrum trifft. Hinter der Schwelle liegt der Umschlag des »Einer-von-Uns« ins »Alle-gegen-Einen« – und nie mehr wird er »einer von uns« sein.

Das Zögern an der Schwelle hat diesen Grund. Es geht um das Herzstück männlicher Kameradschaft und Rivalität. Das Band der sensiblen Balance zwischen Konkurrenz und Solidarität, das alle einander zuordnet, zerreißt. Und jeder von den Rivalen weiß: Das nächste Mal kann es dich treffen. Sie spielen mit dem Feuer, wenn sie einen zur Disposition stellen. Darum brauchen sie mehrere Proben, bis sie ihn wirklich und endgültig ins Feuer schicken.

Die Frau durchschaut, was da los ist. Sie hat immer noch die nächsten Monate im Blick, in denen ein geschwächter Topmanager, der als Mann unter Männern längst wittert, was sich da anbahnt, Fehlentscheidungen treffen oder Entscheidungssituationen gar nicht erst zutreffend beurteilen wird. Sie sieht die Zehntausende von Schicksalen, die vom Zaudern einiger egostarker Leitwölfe abhängen, die die ernsteste Etappe des Kampfes hinausschieben, weil sie Mut sammeln müssen.

Alles, was die Legenden der männlich/weiblichen Rollen für diese Lagen sagen (an denen Frauen bislang ja nur im Ausnahmefall mitwirken), ist falsch. Da die Frau nicht am männlichen Spannungsfeld teilnimmt, sind ihre Folgerungen aus der erkannten Schieflage im Kräftespiel der Führung viel radikaler. Sie steht eben nicht in männlichen Rivalitätsverhältnissen zu diesen Männern; sie hat kein Problem mit gegenläufigen Bindungsmustern – Rivale und Kamerad – wie jeder dieser Männer. Sie ist frei für schnelle Entscheidungen zum Wohl des Ganzen – die Männer nicht. Die Grammatik der männlichen Mehrfachvernetzung – miteinander und mit dem ausgewählten Paria, dessen Stirn schon das Zeichen trägt – blockiert ihre Wahrnehmung für die Reichweite ihres Zögerns – und für die gemeinsame, einstweilen versäumte Verantwortung.

Wenn diese Gesetze der Handlungshemmung verstanden sind, werden Männer die Hilfe der Frauen annehmen, sich schneller aus ihrer doppelten Verstrickung zu befreien. Daß sie damit auch die Existenzkatastrophe des Mannes eindämmen könnten, den sie jetzt – auf Zeit – zu schützen glauben, wird niemandem von ihnen bewußt.

Die Frau nimmt wahr, daß es wieder einmal der verengte Blick ist, der den Männern die Folgen ihres Handelns nur im Ausschnitt zeigt. Empathie, so würde jeder von ihnen sagen, darf hier nicht aufkommen. Sich auf den Platz des andern setzen? Auf keinen Fall, wenn es gerade darum geht, klarzustellen, daß nur einer auf diesen »andern« Platz gehört: der andere, der morgen nicht mehr »einer von uns« sein wird.

Ist es also Feigheit, daß sie nicht heute entscheiden, was sie bereits sicher wissen? Es ist die Verlegenheit der Spielkameraden, die einen Mitspieler von gestern bis heute für morgen ausschalten. Sie versuchen mit dieser Verlegenheit so umzugehen, daß sie möglichst wenig Unbehagen bei denen auslöst, die sich zu Siegern bestimmt haben. Es ist also Selbstbeschwichtigung, die hier mitspielt.

In dieser Häufung von Gefühlen ist für wirkliche Anteilnahme am Schicksal des Ausgesonderten kein Platz. Anteilnahme gefährdet. Sie könnte zu Mitleid werden, und dann beschädigt sie die Ziele, die alle – außer einem – im Auge haben. Was die Leiden des einen, den sie preisgeben wollen, vergrößert, ist vor allem zweierlei. Erstens: daß er sich als Opfer erfährt, während er sehr genau weiß, welche Mechanismen die andern aneinander fesseln und von ihm trennen. Zweitens, daß er sein Schicksal nicht wenden kann, weil er

Grundorientierungen im Business

Frauen interessieren sich für die Bewohner der Systeme.

Das kann das Systemvergnügen empfindlich stören.

Frauen reagieren auf die Ausnahme von der Regel: Ihre Witterung für Innovation ist besser.

Männer lieben Systeme.

Gefahr: Das Großsystem als Selbstzweck.

Männer ritualisieren Prozesse, weil sie sich dann sicherer fühlen.

© Prof. Dr. Höhler

isoliert ist. Hilferufe verletzen seinen Stolz; sie würden aber auch nichts ausrichten. Informelle Kontaktversuche sind jetzt tabu, auch das weiß er. Was abläuft, gleicht einem Ritual, bei dem alle die Spielregeln einhalten, Täter wie Opfer.

Die Frau erzielt mit ihren Plädoyers für eine humane Prozeßabkürzung einstweilen kein Echo. Weder ihr Hinweis auf die versäumten früheren Handlungschancen noch ihr Appell, jetzt radikal und unmißverständlich den Schnitt zu setzen, um dem Ausgestoßenen eine klare Lösung zu präsentieren, werden handlungsleitend. Statt dessen entweichen die versammelten Sieger in ein Täuschungsmanöver, das nur von außen wie eine softe, humane Lösung aussieht: Der zweite Mann im Haus soll dem bereits verbrannten ersten brüderlich zur Seite stehen. Er soll helfen, daß die Nummer eins, die man soeben demontiert hat, als Topfigur genügend Bewegungsfreiheit behält, um zu glänzen. Der *outcast* spielt weiter mit: Ganz Opferlamm, bedankt er sich überschwenglich für die neue Chance. Noch im freien Fall spielt er mit; absurdes Fairplay der Männergesellschaft.

Was auf den ersten Blick zynisch klingt, ist in Wahrheit das nächste Ausweichmanöver: Es täuscht den bereits Verlorenen, der demoralisiert nach diesem Strohhalm greift – wider besseres Wissen; und es dient der Selbsttäuschung bei den Tätern. Völlig überflüssig, findet die Frau, deren Vorsprung im grundsätzlichen, zielorientierten Denken hier offenkundig wird. Dieser Vorsprung entsteht immer dann, wenn Männer verstrickt sind in ihr heißestes Spiel: um Rivalität und Vorherrschaft, um die Rangordnung im Rudel. Sie kennen nur Schwarzweißbilder in dieser Phase, und die einzige Unbeteiligte im guten Sinn, frei für Mitgefühl und Gerechtigkeitssinn, frei für die Verantwortung gegenüber der Company, die den kämpfenden Männern zeitweise völlig aus dem Blick gerät, ist die Frau.

Mit den scheinhumanen Botschaften an den einen, der isoliert ist, wurde eine tickende Zeituhr angestoßen. Nach einem halben Jahr ist die Summe der halbherzigen und der versäumten Entscheidungen imponierend genug geworden, um den Tätern den finalen Mut zu liefern. Diese Strecke der Schäden und Verluste der Firma zu ersparen lag in ihrer Hand; das ist aber kein Thema. Nur die Frau erinnert wieder daran. Die *high-risk gambler* hatten zu solchen

Rücksichten, die der *safe investor* Frau empfiehlt, vorher einfach keine Kraft. Alle Kräfte waren gebunden.

Nun, nach sechs Monaten, findet sich der Führungskreis erneut zusammen, um den letzten Schlag zu führen. Der stigmatisierte Kamerad betritt erst gar nicht den Sitzungsraum; er wurde gebeten, sich draußen bereit zu halten. Mit einer gewissen Erleichterung zählen die Rangnächsten die Fehlerbilanz der letzten Monate auf; die Kugel rollt. Heute geht es leicht, keiner bremst mehr. Aber Miriam meldet sich zu Wort. Hätte man diese Bilanz dem Unternehmen nicht ersparen können? Und die letzten Monate der Entmutigung und Verzweiflung nicht dem Kandidaten, der ja weiterleben muß? Verlegene Resonanz, kein Widerspruch. Ja, mag sein. Man hätte es besser machen können. Aber das erfährt ja niemand. Im Schutz der Vertraulichkeit wiegen auch Fehler leichter, also fühlen alle sich sicher.

Bis auf die Frau. Sie bittet, sich bei nächster ähnlicher Gelegenheit gemeinsam frühzeitig zur entschiedenen Handlung durchzuringen. Sie verspricht, den Punkt zu zeigen, an dem das Unvermeidliche entscheidungsreif ist. Freundliche Zustimmung bei den Männern. Es interessiert sie jetzt überhaupt nicht, wie das vorher war und wie es beim nächsten Mal sein wird. Heute fühlen sie sich gut, frei und stark. Niemand soll sie stören. Das *Timing* war richtig, weil es bequem war. Die emotionale Belastung von außen wurde so niedrig gehalten wie möglich. Von innen war sie ohnehin groß genug.

Ungestört durch Frauen, werden sie immer wieder so vorgehen. Mit Frauen, und das ist eine der wesentlichen Erfahrungen, die alle Frauen in Männergremien machen, werden sie es beim nächsten Mal nicht ganz so machen. Erleichtert werden sie dem Entlastungsangebot der Frauen folgen, das die Dramen abkürzt und der Firma Schaden erspart. Das gemischte Team erweist sich als sehr lernfähig, wenn die Männer erst einmal begonnen haben, ihre isolierte Position »Wölfe mit Wölfen« – aufzubrechen und auf die Strategien der Wölfinnen zu achten.

In der Managergruppe der Firma Welldone ist nun klar, daß Peter Nevermore heute mitspielen muß bei seinem Abschied. Der zweite Mann geht nach draußen, um Peter hereinzuholen. Peter erscheint, bleich und unsicher, nicht mehr wie früher mit Präsentationsfolien bewaffnet. Er nimmt noch einmal Platz auf seinem Stuhl neben denen, die nachrücken werden an die Spitze. Er zieht einen ganz kleinen Zettel aus der Tasche, den er sehr klein gefaltet hat. Alle Ecken des winzigen Blattes stehen widerspenstig hoch, während Peter vorliest, was er doch sicher ohne Zettel weiß: daß er – und nun erscheint der Text wie von einem Ghostwriter aus dem gegnerischen Lager geschrieben – schon länger seinen Aufgaben nicht mehr gewachsen gewesen sei; daß er zum Wohl der Firma – mit guten Wünschen für seine Kollegen – und daß es zwei großartige Jahrzehnte waren – und er in der nächsten Etappe gern dabeigewesen wäre – und so weiter. Er liest wie ein Schulbub einen Aufsatz, den der Vater für ihn geschrieben hat.

Die Kameraden von gestern warten es einfach nur ab, es geht ja hier nicht um Inhalte oder Botschaften. Nicht der Schatten einer Kritik, nicht der Schemen einer Klage; nur noch Performance nach Drehbuch. Die näheren Konditionen regelt die Personalabteilung; Peter verläßt den Raum. Sein Gesicht war wie eine Maske, sagen die Kollegen später im zwanglosen Gespräch nach der Sitzung.

Wochen und Monate nach diesem Tag fragt Miriam ab und zu die Kampfgefährten nach Peter: Wie geht es ihm? Was macht er? Hat er etwas Neues begonnen? – Die Skala ist schmal, weil er natürlich Wettbewerberverbot hat. »Oh, Peter! Sie haben Recht! Ich sollte ihn einmal anrufen«, sagt ein sichtlich überraschter Erster Mann. Er hat nicht ein einziges Mal daran gedacht, daß Peter weiterlebt. Keiner hat ihn angerufen, und die Erklärung ist wieder einfach: Niemand hat sich mit ihm verglichen, keiner sich auf seinen Platz gesetzt; auch nur in Gedanken. Denn sein Schicksal will doch keiner teilen! Also keine Berührung. Er ist zum Unberührbaren geworden. Nur die Frau setzt sich in Gedanken auf seinen Platz. Sie hat ihm geschrieben und ihm Glück gewünscht, ihm Mut zugesprochen. Sie wird ihn anrufen, auch wenn sie ihn viel kürzer kennt als die andern. Deren Anruf hätte sicherlich mehr Gewicht für ihn.

Was brutal wirkt, ist »nur« die Erfüllung des Rituals, in dem die Männer miteinander leben. Wer nicht mehr mitspielt, spielt auch in den Gedanken der andern nicht mehr mit. Wer stark bleiben will, schaut nicht zurück. Wer Täter bleiben will, befaßt sich nicht mit Opfern. Die Opfernähe könnte ansteckend sein – ein fast magisches

Ausweichen vor den Verlierern, auch den selbstgewählten, bestimmt den männlichen Wettbewerb.

Frauen bleiben auch als Mitspieler Beobachter. Sie stehen auf beiden Seiten, drinnen und draußen. Das macht Männer mißtrauisch. Aber sie lernen auch, diese größere Unabhängigkeit der Frauen zu schätzen und als Korrekturfaktor ins Team zu lassen. Sie lernen dies aber nur, wenn Frauen die Stärke und die Geduld haben, den Männern Schritt für Schritt zu erklären, was die feminine Hälfte des Himmels der maskulinen hinzufügt, wenn sie alle, zusammengedrängt in ihrem Rudel, den einen, der vom Spielfeld soll, angreifen und blutig beißen – dann wieder schonen, bis seine Wunden geheilt sind, und von neuem angreifen – ganz wie die Wölfe im Rudel.*

Im letzten Kapitel der Geschichte von Peter Nevermore gelang es der Frau im Führungsteam den Männern die früheren Kapitel in Erinnerung zu rufen. Sie konnte sie auch davon überzeugen, daß die nächste Einzelkatastrophe von der Gruppe besser gemanagt werden könnte, wenn die Männer nicht nur ihren Spontanreaktionen vertrauten.

Nach Peter wird es Julian oder Robert treffen – und beide können sich auf einen Abschied von der Company einstellen, der nicht einem langsamen Vernichtungsprozeß gleicht. Voraussetzung: Wölfinnen im Team.

② *Du spielst nicht mehr mit!*
Ethos als Karrierekiller

Roland Truly ist Vorstandschef eines Metallkonzerns. Er sitzt in verschiedenen Aufsichtsgremien in Europa. Sein Ruf ist untadelig – nein mehr: Er gilt als ein seltenes Exemplar der Spezies Manager, weil er ein unerbittliches Gewissen besitzt. Er ist Verwaltungsratspräsident bei der Firma Goodwill, einem aufstrebenden Unternehmen, das eine offene Mitarbeiter- und Kundenkultur pflegt. Truly

---

* Zu den Rangkämpfen im Wolfsrudel s. S.123–133.

ist ein gewissenhafter Arbeiter. Er liest die Akten genauer als alle anderen, und seine Witterung für ethische Angriffsflächen ist ausgeprägt. Mit der einzigen Frau im Goodwill-Aufsichtsgremium, Mary Young, verbinden ihn oft gleichartige Wahrnehmungen. Ob es um die Bonus-Systeme für Mitarbeiter geht oder um die Selbstkontrolle des Verwaltungsrates, Truly ist von eherner Härte, wenn es um Leistungskontrollen und Belohnungen geht. Was ihm den Respekt aller andern in der Führung sichert, ist die originelle Kombination dieser Härte mit einem Gerechtigkeitssinn, der von keiner Versuchung zur Vorteilsnahme getrübt wird – gleichviel, wen es betrifft. Das kühle Charakterbild, das sich aus diesen beiden Stärken ergeben könnte, wird angewärmt durch eine lebhafte Neigung zur Anteilnahme. Truly ist ein Genie der Empathie.

Diese seltene Mischung sichert ihm in allen Unternehmen, die mit ihm arbeiten, eine einzigartige Hochschätzung. Es ist, wie wir leicht erkennen, eine Grundausstattung mit hohen Anteilen aus dem femininen Standardprofil. Da Truly ein Mann ist, bleiben ihm zunächst die Vorurteile erspart, die ähnlich veranlagte Frauen begleiten. Er gilt als Ausnahme, aber man bewundert ihn. Und die Skalenbreite, mit der er unterwegs ist, macht jeden Verdacht gegenstandslos. Sein exakter Zugriff auf Probleme, sein Durchhaltevermögen lassen jeden Argwohn angesichts seiner emotionalen Kondition und seiner Empathie verstummen.

Gegen Ende des Jahres 1998 kriselt es in Trulys Unternehmen. Ein starker Partner meldet sich mit Übernahmeabsichten. Truly ist in seinem Element: Er verhandelt zäh und umsichtig, ohne Konflikte aufkommen zu lassen. Er schont sich nicht, hat eine gute Presse und profitiert von seinem hervorragenden Standing in der Business Community. Niemand kann auch nur den Verdacht schöpfen, Truly taktiere oder suche seinen Vorteil. Im Gegenteil. Während sich ein *merger* seiner Firma mit dem Aggressor anbahnt, der Trulys ausgleichender Verhandlungsführung zu verdanken ist, verläßt er alle Aufsichtsgremien, die mit dem eventuell entstehenden neuen Unternehmen Interessenkonflikte vermuten könnten.

Keiner hält ihn zurück. Alle bedauern, seinen unbestechlichen Blick künftig entbehren zu müssen. Er ist unersetzlich, die Kombination seiner Talente ist äußerst selten. Die Noblesse seiner Rücktritte kommt jeder erzwungenen Höflichkeit zuvor. Wieder einmal ist es sein schonungsloser Gerechtigkeitssinn, der nun ihn selbst trifft.

Als die Allianz seines Unternehmens mit dem Angreifer die erwünschte entschärfte Gestalt annimmt, fordert der neue Partner den Vorstandsvorsitz für sich. Truly erkennt, daß der Company eine neue Auseinandersetzung bevorsteht, wenn er auf seinem Spitzenplatz beharrt. Für ihn ist es selbstverständlich, das Wohl der Firma über sein eigenes zu stellen, also stimmt er zu und räumt seinen Platz – geräuschlos und ohne eitle Selbstkommentare.

Die Wirtschaftselite staunt über so viel Augenmaß und Selbstdisziplin. Ein starker Mann, ein allseits geachteter Manager, ein Ethiker auf der ökonomischen Szene, dessen Rat gefragt ist, opfert seine Top-Position, um dem Unternehmen den Schritt in die nächste Dimension zu erleichtern. Egomanen sehen darin Kleinmut, Autisten auf Chefplätzen vermissen das gesunde Maß an Selbstüberschätzung, das ihnen allen zuflüstert, keiner könne diesen Job so ausfüllen wie sie selbst; deshalb dürften sie ihn niemals kampflos aufgeben.

Truly aber geht als Sieger. Er hat einige freiwillige und starke Entscheidungen getroffen, zu denen ihn niemand gedrängt hat.

Zum Zeitpunkt seines Ausscheidens aus dem Traumjob sind alle Aufsichtsratsplätze, die er verlassen hat, noch unbesetzt. Mary Young bei Goodwill findet es selbstverständlich, ihn wiederzuholen, da das Motto seines Abschieds, Interessenkonflikt, ja nun nicht mehr gilt. Sie stößt auf reservierte Reaktionen. Ja, sagen die Kollegen, theoretisch könnte man. Aber nun ist er einmal ausgeschieden, und wir sollten das nicht erneut umdrehen. Die Reaktionen der Manager klingen, als gehe es darum, ein Spiel mit dem Schicksal zu beginnen, das etwas Unerlaubtes habe...: »*corriger la fortune*«. Wer raus ist aus dem Rudel, der ist raus. Eine leise Genugtuung schwingt mit, wenn nun andeutend analysiert wird, daß diese Lage des hochgeschätzten Roland Truly ja auch das Ergebnis seiner ethischen Überlegenheit sei; nun müsse er wohl mit den Folgen seiner guten Taten auch selbst zurechtkommen. Ist es die Rache des Wolfsrudels an einem, der nicht so fest zubeißen wollte wie die andern alle in den Rangkämpfen? Glauben manche tatsächlich, er sei nun ein *outcast*, weil er einen Vorsprung hatte, der sich unter Belastung gegen ihn gewandt habe?

Keine der Firmen, die ihn vor seinem Verzicht auf seine Hauptaufgabe gern in ihren Gremien sahen, fragt wieder bei ihm an. Ab und zu begegnet man ihm bei Business-Meetings gesellschaftlicher Art, nicht bei Arbeitstreffen oder Symposien. Er strahlt dieselbe Güte und Klarheit aus, die seinen fabelhaften Ruf begründeten. Er fragt freundlich nach dem Ergehen seiner Gesprächspartner. Aber in seinen Augen blitzt nicht mehr das Engagement früherer Tage; er hat eine weitere Lektion gelernt, die er, wieder einmal, den andern großzügig erspart. Er ist ihnen auch heute noch überlegen.

Auch bei der Firma Goodwill war es die Frau im Leitungsgremium, die nachfragte, ob der Firmenchef mit Roland Truly telefoniert habe oder ob man wisse, wie es ihm gehe. Zerstreute Antwort: »Ah, Truly, stimmt! – Muß gelegentlich mal bei ihm anrufen.« Mary traf Truly dann zufällig beim Gartenfest einer Großbank. Er war umlagert von ehrfürchtigen Bewunderern, die ihn zu allen möglichen Fragen hören wollten. Er hatte jenes freundliche Lächeln für jede Frage, das schon in der Zeit, als er noch Mitspieler war, auch die schärfste Diagnose begleitete, die er stellte. Eine Aura von Vertrauen umgab ihn. Immer noch? Oder jetzt erst recht? War es möglich, daß alle, die vor ihm ihre Türen verschlossen hielten, ihn im gleichen Atemzug bewunderten?

Genau das ist es. Wieder ist das Verhältnis aller Mitspieler zum Ausgeschiedenen ein doppeltes. Sie wissen, daß sie Mittäter sind, und sie wissen auch, daß ihre Motive weniger ehrenvoll sind als seine bei seinem Ausscheiden. Sie sind sich über ihre Motive, ihn nicht mehr mitspielen zu lassen, gar nicht ganz im klaren. Hat Truly die Spielregel verletzt? Nein, im Gegenteil, er hat sie auf einem höheren Niveau erfüllt als die meisten. Und da setzt der Zwiespalt an. Truly schied aus, weil er mit einem hohen Ethos unterwegs war. Es war größer als sein Ego. Das Männerteam nimmt das zur Kenntnis und findet es vorbildlich. Aber die Uhren laufen eben vorwärts und nicht zurück, sagt einer aus dem Goodwill-Team, als Mary nach einem neuen Engagement Trulys fragt. Wer draußen ist, ist draußen, heißt die Regel. Die Umstände spielen keine Rolle, Motive zählen nicht. Das Business ist kein Verein zur Honorierung von ethischen Kraftakten, erklärt einer der Herren am Abend beim Dinner in gedämpftem Ton seiner Nachbarin. Roland konnte wissen, was er tat. Wenn ihm sein Ethos den Verlust aller Ämter wert ist: okay. Seine Sache. Wir schätzen ihn sehr. Sonst hätten wir ihn ja nicht zu uns geholt.

Die Frau legt nach: »Ja, aber er war doch nur wenige Monate bei uns. Wir könnten ihn weiterhin brauchen, ein gleichwertiger Ersatz ist nicht in Sicht. Und der Grund für seine Demission ist doch weggefallen.« »Truly wird andere Aufgaben finden«, antwortet der Kollege unbestimmt. Er kann ja nicht sagen: »Es ist wie früher, auf dem Spielplatz. Wer raus ist, ist raus. Wieder reinholen kostet Stolz für alle. Es ist nun mal so, auch wenn es nicht vernünftig ist. Wir können es nicht erklären.«

Sie verlieren ihren besten Mann und lassen ihn ziehen. Weil es auf andere Gesetze noch mehr ankommt als darauf, die Besten im Team zu haben. Das fällt der Beobachterin auf, aber eben nur ihr. Und ihr nur deshalb, weil sie an diesen Regelwerken nur verstehend, nicht aber verstrickt teilnimmt. Ihr gelingt, was die Männer nicht können, weil ein Tabu sie voneinander trennt: unbefangen mit beiden Seiten reden. Sie setzt durch, daß Truly eingeladen wird, wenn die Führungscrew über *Corporate Governance* debattiert, zwei Tage lang. Sie öffnet die erstarrten Fronten wieder und setzt einen Debattenpunkt »Konkurrenz und Solidarität« durch, der die Wettbewerber in die Selbstprüfung führen könnte.

Als das Meeting beginnt, trägt die Achse zwischen Truly und ihr sofort wieder. Zu zweit sind sie zwar nur ein Drittel der Gruppe, aber dennoch unüberhörbar. Roland Truly ist bis heute nicht wieder berufen, aber die Fenster sind offen, durch die man sich mit ihm unterhält. Und das Gewissen der Goodwill-Manager schlägt nicht mehr ganz so unruhig; sie müssen sich gegen Roland Truly nicht mehr ganz so heftig zur Wehr setzen.

③ *Jäger und ihre Beute:*
erst das Gruppenego, dann die Firma

Daniels Geschichte gleicht Tausenden ähnlicher Geschichten im Big Business. Daniel wurde mitgekauft, als der Honey-Konzern das feine Unternehmen Bunny schluckte. Bunny war ein ziemlich großer Happen, um den sich viele gestritten hatten. Während einige bis zuletzt auf der Szene kämpften, stieg der Preis. Wer den Bissen bekäme, würde im Grunde zuviel bezahlen, das wußten alle. Aber Bunnys Portfolio versprach eine Menge Synergien; wer läßt eine so fette Beute fallen, damit sie ein anderer aufhebt? Honey machte das Rennen. Daniel Farewell war zu jener Zeit Unternehmenschef bei Bunny.

Als die Wogen des Presseechos sich etwas gelegt hatten, erschien Daniel zum ersten Mal als neues Mitglied des Topmanagements bei Honey. Er würde Chef von Bunny bleiben und die Integration leiten, so war vereinbart. Niemand kannte das neue Unternehmen wie er; Daniel war eine wichtige Schlüsselfigur für das Gelingen der Verschmelzung – und mehr: für die Vorbereitung der erhofften Profitzuwächse. Die Analysten orakelten wegen des hohen Preises, den Honey bezahlt hatte; nicht jeder bei Honey verstand den Deal als vernünftig und zukunftsweisend. Das Visionäre der Entscheidung, wie es der Vorstand in der Presseerklärung betonte, war nicht auf Anhieb zu vermitteln. Daniel sollte den Schub nachliefern, er, der den Erfolg der Bunny-Akquisition wünschen mußte wie niemand sonst.

Daniels erster Auftritt im Board des Honey-Konzerns fiel bescheiden aus. Er saß da, schaute abwartend in die Runde, als er vorgestellt wurde, und ging eher zögerlich in seine erste Präsentation: Daniel war Brite. Sein Understatement gefiel. Ein ausgeglichener Manager, der sich nicht leicht aus der Ruhe bringen läßt, so der allgemeine Eindruck. Er stellte Bunny vor, wie es alle im Führungsgremium nun seit Monaten kannten. Ein Protokoll des Ist-Zustandes, als sei die Firma eine Festung. Aber er sei zuversichtlich, so schloß er das statische Bild ab, daß die Ressourcen von Bunny sich gut mit denen von Honey verbinden ließen.

Daniel wird sich um die Integration und die Synergien kümmern, sagte Honey-Chef Roger anschließend, und die Fertigungsstätten in verschiedenen Ländern Europas kennt er am besten; für die Mitarbeiterschaft dort wird sich nichts ändern – außer ein paar Straffungsmaßnahmen an einigen Standorten.

Roger präsentierte nun das Zahlenwerk zur Prognose für Honey plus Bunny. Eine Vorstandsdelegation hat die Standorte von Bunny bereist, ehe die Kaufabsicht beschlossen wurde. Diesen Part hätte Daniel auf keinen Fall spielen dürfen. Ob er eigene Ideen zum Aufstieg von Bunny in der Regie von Honey hat, erfährt keiner seiner neuen Kameraden; und keiner fragt danach. Schließlich ist Daniel nur ein Teil des Deals, ein Stück Inventar, wenn auch – noch – ein nützliches. Dennoch muß von Anfang an klar sein, wer regiert: die Honey-Mannschaft. Aber Daniel hat das Know-how für Bunny, er wird die Leute dort beruhigen oder alarmieren, je nachdem. Er wird die Leistungsbereitschaft anspornen bei seinen Leuten – oder eben nicht.

Niemand denkt hier so, und niemand wundert sich darüber – außer der Frau im Spitzengremium, Anne Brent. Von Daniel könnte es abhängen, ob die Bunny-Mitarbeiter Tritt fassen bei Honey, geht es ihr durch den Kopf. Hat man sie in Gedanken schon wegrationalisiert, traut man sich zu, sie aufzusaugen mit der Überlegenheit des Stärkeren? Mitarbeiter, so weiß sie, kümmert es im Zweifel wenig, wer der Stärkere ist, wenn sie dabei auf der Strecke bleiben. Sie, und nur sie, sind auch bereit, den Stärkeren zu verachten – was Topmanager nur selten spontan verstehen.

Jedenfalls fordert niemand Daniel auf, sein Integrationskonzept einmal unter dem Blickwinkel der Mitarbeitermotivation zu beleuchten. Das ist logisch, denn das Konzept zur Integration trägt die Handschrift des Honey-Managements, nicht Farewells Handschrift. Und er spielt mit. Was sich in allen Dramen zwischen männlichen Konkurrenten und Kameraden wiederholt, das erlebt die Beobachterin von der anderen Seite der Welt auch hier: Demütig wie ein »Neuer« in der Klasse redet Daniel nur, wenn er gefragt wird. Seine Körperhaltung signalisiert Dankbarkeit, ja fast Entschuldigung dafür, daß er hier ist. Wer diesen Mann betrachtet, der wie ein Hausmeister oder Briefträger in der Runde der selbstbewußten Topmana-

Tödliche Spiele unter Männern:

Wer Beute ist, spielt mit
für das Jagdglück der Jäger.

Wer heute Jäger ist,
glaubt niemals Beute zu sein.

**Ist er morgen Beute,
spielt er mit für das Jagdglück
der Jäger.**

© Prof. Dr. Höhler

ger sitzt – und doch selbst ein Topmanager ist –, der müßte sich fragen, warum die Versammelten nichts vom verlockenden Wert des Unternehmens Bunny, nichts von der Leistungskraft, die sie zugekauft haben, nichts von der Exzellenz des so umkämpften Beutestücks diesem Mann zuschreiben, der das Unternehmen bis gestern geführt hat. Keiner der Männer fragt sich das, aber die Frau tut es.

Sie schlägt sogar vor, ob Farewell nicht auch seine Vorstellungen für den Erfolgsfall der geplanten Zusammenführung erläutern wolle. Daniels Blicke gleiten blitzschnell zu seinen neuen Herren; es ist ein Sklavenblick, als säße er in Ketten. »No, not really, maybe later«, sagt er leise. Er beherrscht seine Rolle, obwohl er sie nie gespielt hat. Er ist einer von denen, die hier eine neue Rangordnung herstellen, und er steht auf der Verliererseite – obwohl das in keinem Vertrag steht und seinem Auftrag geradezu widerspricht. Wie soll er seine Leute in diese neue Unternehmenslandschaft führen, wenn er nicht den aufrechten Gang praktizieren darf? Woran sollen diese Mitarbeiter am Start zur Mitgliedschaft in einer neuen Company glauben? An Macht und Größe? Wenn der Boden unter ihren Füßen schwankt, sind Macht und Größe ihnen gleichgültig.

Anne unterhält sich in der Sitzungspause mit Daniel. Er ist schon nicht mehr in der Lage, seine Verliererhaltung abzulegen. Seine Augen flackern scheu nach rechts und links, wo die neuen Kollegen stehen. Der Frau schießt die Prognose durch den Kopf, daß dieses teure Beutestück, für das der eingeschüchterte Farewell steht, bei einem solchen Start noch erheblich teurer werden könnte.

So wurde es dann auch. Aber zuerst kam Daniels Marsch auf dem Pfad der Unterwürfigkeit. In jedem Vorstandsmeeting saß er nun dabei, rapportierte, wenn befohlen, schwieg im übrigen, schaute in die Runde wie ein geprügelter Hund, der um Anerkennung fleht. Die Männer ließen nicht zu, daß er »einer von uns« wurde. Sie wußten ja, Daniel war gewissermaßen auf der Durchreise; das Rückfahrticket für ihn hatten sie längst in der Tasche. Sie hatten es gelöst, als sie ihn in den Zug zu Honey setzten, mitgekauft, als Abwickler und nützlichen Idioten. Nur daß die Rückfahrt nicht stattfinden kann, statt dessen eine Fahrt ins Nirgendwo. Wie alt ist Daniel? Mitte Fünfzig? Na also!

Aus seinem Wissen über die Firma Bunny könnte man nun systematisch Nutzen ziehen; das würde ihn aufwerten und ermutigen. Genau deshalb tut man es nicht. Lieber verzichtet die Honey-Spitzentruppe auf seinen Vorsprung in Sachen Bunny, als ihm das Gefühl zu vermitteln, er habe Unverzichtbares zu liefern. Man wird sich schon selbst zurechtfinden.

Der Frau fällt auf, daß damit ein optimales Zeitmanagement nicht mehr möglich ist. Sie plädiert für das Naheliegende: Daniels Wissen soll systematisch aufgenommen und mit den Befunden der Käufer in den Bunny-Standorten verglichen werden. Dann hätte man eine hervorragende Grundlage für die Integration.

Den Männern ist wichtiger, daß die Rangordnung klar bleibt: Wer hier Herr im Haus ist, das muß auch den neuen Mitarbeitern europaweit vermittelt werden. Die Hierarchie übertrumpft die Sache; und sie wird sachbezogen argumentiert: Nur so könnten alle Mitglieder von Bunny erkennen, wo jetzt ihre Unternehmensheimat sei.

Daniel Farewell ist bei Bunny ein hochgeachteter Topmanager gewesen. Während sie seiner in Zeitlupe inszenierten Niederlage zusehen, wächst bei den Bunny-Leuten keineswegs die Sympathie für die neuen Herren. Honey bekommt das Image eines Krokodils, das Anlagen und Menschen schluckt. Im Schutz der Anonymität sind viele der Bunny-Mitarbeiter entschlossen, dem neuen Management diesen Bissen quer im Schlund stecken zu lassen. Enttäuschte Mitarbeiter schalten einen Gang zurück. Es dauert ziemlich lange, bis ihnen das jemand nachweisen kann. Sie haben die Macht, und sie wissen es. Nur das Management vergißt es immer wieder.

Nach einem halben Jahr teilt die Führung von Honey mit, daß Daniel Farewell »noch einmal eine neue Herausforderung annehmen« wolle. In der Sitzungspause klingt das anders: Er wird wohl nichts mehr beginnen. Man ist ihm sehr dankbar, daß er die ersten Schritte zur Integration von Bunny so tatkräftig begleitet – nicht geleitet – hat. Sein Platz ist leer an diesem Tag, für Abschied keine Zeit. Von Daniel Farewell hört fortan niemand mehr etwas.

Man hätte es besser machen können, meint Anne Brent. Sie fragt bei den Kollegen nach: Was, außer systematischer Entmutigung, hat die Firma mit Farewell in diesen sechs Monaten gemacht? Sein

Machtverlust war auch für ihn von Anfang an klar. Warum hat man ihm auch seine Würde genommen? Dies Männerspiel vernichtete auch die Chance, von Daniels Erfahrung mit Bunny zu profitieren. Der stumme Rudelkampf um Unterwerfung des Fremden war wichtiger als der Vorteil der Firma.

Die Männer lachen verlegen, wenn die Frau ihre Rivalitätsrituale nachzeichnet. Mag sein, aber sie handeln ja spontan in solchen Prozessen, und sie erleben dabei Einigkeit; also muß der intuitiv gewählte Weg richtig sein. Männer bestätigen Männer – natürlich auch in der Verstrickung in männliche Konkurrenzrituale. Daß dabei die Firma auf Platz zwei landet, der Egokrieg der Topmanager Platz eins belegt, fällt ihnen nicht auf. Darauf hingewiesen, reagieren sie irritiert. Was ihnen durch den Kopf geht, lautet ungefähr so: Es ist doch sehr wichtig, daß wir unsere Fitness pflegen und daß die Gewinner-Verlierer-Profile scharf gezeichnet werden. Nur so schaufelt man Energie für die nächste Etappe.

Und die wird eben etwas länger als sie unter unbefangener Nutzung von Daniel Farewells Wissen geworden wäre. Das Mißtrauen gegen die weibliche Unbefangenheit in solchen Ratschlägen ist bei Männern lebhaft. Sie spüren eine Ungebundenheit, die ihnen wie Unzuverlässigkeit erscheint. Das Männerteam ist von derselben Unruhe getrieben, im schwelenden *fight* um Ränge immer kampfbereit zu sein. Wer sich in einen andern – gar einen Fremden versetzt, büßt an Kampfkraft ein. Frauen, die genau dies ständig empfehlen und offenbar relativ unbeschädigt praktizieren, wirken wie die Feen im Märchen: immaterielle Luftgestalten, denen man kein Schwert in die Hand drücken sollte.

Aber die Unruhe der Männer ist so nur teilweise zu beschwichtigen. Sie erkennen natürlich, daß die Frau mit ihren Hinweisen auf Zeitfaktoren, auf leidenschaftslose Nutzung eines mitgekauften Know-how-Pakets (in Gestalt von Daniel) recht hat. Wieder einmal haben sie Zeit, Qualität – und Humanität verspielt, weil ihnen die Rangordnung wichtiger war als das Wohl des Unternehmens. Das hat derweil Schaden genommen in seinem Kern: in der Vertrauenskultur. Die *high-trust* Company hat als Beute rivalisierender Manager keine Überlebenschance.

V
Spielregeln des Erfolgs:
Es geht nicht ohne die andern

15. Karriere als Kommunikationserfolg: »If you've got it, flaunt it!«

Wer Erfolg haben will, muß nicht nur gute Leistung bringen, sondern diese Leistung auch anderen vermitteln. Das gilt selbst dort, wo andere uns bei der Leistung zusehen, so daß sich scheinbar jeder Kommentar erübrigt. Der Selbstkommentar, so meinen Frauen zusätzlich, habe ohnehin die Peinlichkeit der Prahlerei – und schon sind sie wieder bei einem Kapitel Männerkritik –, denn Männer sind Angeber, sie reden ungefragt von ihrer eigenen Vortrefflichkeit und spielen sich ungeniert nach vorn. Egomanen sind männlich.

Während man sich über dieses Imponiergehabe der Männer einig ist, mit genügend biologischer Kenntnis auch über diese habituelle Schwäche hinwegsehen kann, schwingt in fast allen Frauengesprächen über die Geltungssucht der Männer doch so etwas wie Groll mit: »Ich habe auch schon mit den Staatsmännern dieser Erde gespeist«, sagte kürzlich eine recht souveräne Topfrau auf einem jener Ghettokongresse von Frauen für Frauen, »aber ich käme nie auf die Idee, das ständig ins Gespräch einfließen zu lassen.« Männer aber tun das. Und Frauen ärgern sich darüber. Ihr heimlicher Maßstab ist immer noch der Mann. Ernst wird das scheinbar harmlose Thema durch eine neue Studie der *Cranfield University* in Großbritannien, die zu dem Fazit kommt: »Wenn du es geschafft hast, stelle es frech zur Schau! Prahle damit!« Was führt die Forscher zu diesem fast platten Appell?

Die Forschungsreihe befaßt sich mit dem Einsatz weiblicher und männlicher Manager für ihre Firmen. Es ist eine internationale Studie, die sowohl England wie die USA, Schweden und Australien einbezieht. Männer wie Frauen sind gleich engagiert für ihre Firmen, so das erste Ergebnis. Aber die Frauen zeigen weniger Neigung als die Männer, »Siegestänze« aufzuführen, wenn ein Projekt erfolgreich abgeschlossen ist. Sie tanzen nicht mit den Jägern um das Feuer, in dem die Beute schmort. Frauen glauben gleichzeitig, ihre Chefs müßten die *self-promotion* der Männer eher peinlich finden und das ungleiche Spiel durchschauen. Aber weit gefehlt: Diese Chefs sind ebenfalls Männer – und sie honorieren das männliche Erfolgsgebaren. Wer Siegestänze aufführt, steht für die nächste Beförderung an. Wer lauter von sich selbst redet und die eigene Unbesiegbarkeit zelebriert, hilft dem Chef bei der Entscheidung. In Australien, so berichtet die Studie, stagnieren die Zahlen von weiblichen Topmanagern bei einem Prozent. In den USA sind es 3,3 Prozent in den 500 größten Companies, also ein deutlich besseres, aber immer noch enttäuschendes Bild. Schaut man auf die leitenden Positionen mit Ergebnisverantwortung, die gewöhnlich zur Firmenspitze führen, dann sind auch in USA immer noch 93 Prozent männlich besetzt – mit Prahlern und Angebern, die um die Beute tanzen?

Die meisten Frauen wissen offenbar nicht, so die Studie, welche Beweise von *commitment* für die Firma bei ihren männlichen Vorgesetzten überhaupt Wirkung tun. Weibliche Zurückhaltung jedenfalls nicht. Eine Umfrage bei schwedischen und englischen Managern und Managerinnen zeigt tatsächlich, daß die Vorstellung, die männliche Nachwuchskräfte von der Darstellung ihrer Verbundenheit zur Company haben, viel näher an jener liegt, die auch ihre Chefs haben, als die Vorstellung der weiblichen Nachrücker.

Die *senior manager* männlichen Geschlechts beschreiben ihr Engagement als »proaktiv, mit viel Initiative, Kreativität und Risikobereitschaft«. Die Frauen in gleicher Position hingegen sagen: *Commitment,* das heißt *a good citizen* in der Organisation sein, also ein guter Mitbürger im Unternehmen. Der *good citizen,* so sagen die Topmanager, hat »a lower profile« als der dynamische *risk taker.*

Wer dies liest, erinnert sich an die Ergebnisse der Hirnforschung: Der Mann als *high-risk gambler,* die Frau als *safe investor* – hier stellen sie sich wieder vor. Das Interessanteste an den Befunden der englischen Studie ist aber, daß die Inszenierung der Überlegenheit als Selbstempfehlung der Männer, ein kalkuliertes Spiel, keinerlei

Kommunikation, männlich – weiblich

**Männer kommunizieren,
um die »Landkarte zu vervollständigen«.**

Stil: Männerpalaver sind Imponierspiele
plus Nachrichtentransport.
Sie sind Kraftproben, die zum Ritual gehören.
Die Fitness des Gegners wird abgeklopft.
Und jeder ist ein potentieller Gegner –
gestern oder morgen.

**Frauen kommunizieren um der
Kommunikation
willen.**

Stil:

Frauenkommunikation ist
Vergewisserung
und Empathieübung.
Sie kann zum prosozialen
Rausch werden:
Wir gehören zusammen.
Feindinnen kommunizieren
listenreicher als
männliche Konkurrenten.

© Prof. Dr. Höhler

Argwohn bei den Topmanagern auslöst. Sie wird schlicht als Entscheidungshilfe willkommen geheißen. Der bescheidenere Auftritt der Frauen dagegen, systemkonform als gehorsame und angepaßte Mitspielerin, verfehlt seine Wirkung gründlich. Sich nach vorn zu spielen, so würden die Männer also sagen, gehört schon auch dazu, wenn man eines Tages auf einem Platz ganz vorn mitspielen will.

Männer, die nach oben wollen, äußern sich in der Studie genau in diesem Sinne: »Wenn ich nach vorn will, dann mache ich auch eine besondere Anstrengung, um zu zeigen, daß ich das will«, sagen die meisten von ihnen. »Und ich zeige es, indem ich entschieden beweise, daß ich dieselben Ziele verfolge, wie sie mein Chef anstrebt.« Das Männerteam formiert sich also, stärker, als Frauen das annehmen, durch wechselseitigen Zuspruch: Ich ziehe mit, rufen auch Jüngere den Älteren zu, und die Älteren zögern nicht, diese Zurufe zu honorieren – während sie die pure Höchstleistung, die ohne diese *self-promotion* daherkommt, die weibliche Leistung, zurückstufen.

Männer belohnen Männerstrategien, heißt die einfache Folgerung. Weil sie nichts anderes verstehen? Offenbar zumindest, weil sie sich selbst darin wiedererkennen und sich deshalb sicherer fühlen. Das begleitende Imponieren ist für sie obendrein so selbstverständlich, daß sie es, ohne zu zögern, einen Bestandteil des Erfolgs nennen würden – nicht nur seine Begleitmusik.

Die Gewissenhaftigkeit spielt hier den Frauen einen Streich. Die Leistung ist doch das Wichtigste, sagen sie sich. Der Entdecker wird schon noch darauf kommen. Und schon zieht der männliche Wettbewerber vorbei. Was Frauen nicht gleich verstehen, sondern lernen müssen: Das Leise macht Männer unsicher. Sie wollen nicht in Zwischentönen leben, sondern in klaren Botschaften. Die dürfen gern etwas übertrieben sein, Hauptsache hörbar. Topmanager sind keine Entdecker. Es handelt sich bei ihnen ja nicht um Schuldirektoren oder Heimleiter, die in die Seelen der Schutzbefohlenen schauen und Leistung mit Moral multiplizieren. Wenn es so läuft, siegen Mädchen immer.

Topmanager haben den Vereinfacherblick, deshalb sind sie nach ganz oben gekommen. Sie wollen von ihren Nachfolgern dieselben holzschnittartigen Botschaften: Hier bin ich! Totale Zielsolidarität, und: *Right or wrong, my company*! Solche Bekenntnisse gehen

Die Company im Kopf

Männer haben aufgrund ihrer subjektiven »Verpflichtung« zur Selbstbehauptung stark idealisierte Bilder von »ihrer« Company abrufbereit.
Ihr Verhältnis zur eigenen Vortrefflichkeit ist unkompliziert – so wie es beim Beschauer werden soll.

Frauen differenzieren.
Sie erhoffen sich mehr Glaubwürdigkeit von einem »gemischten« Bild ihrer Company.
Daß sie erstklassig sind, soll der Beschauer herausfinden.
Frauen haben starke Hemmungen, ihr Idealbild selbst vorzugeben.

© Prof. Dr. Höhler

Frauen schwer über die Lippen. Für sie ist die Welt ja noch rund; da gibt es nicht nur die Company. Sie sind *good citizens*, und das in mehreren Welten.

Die Frauen müssen nun sehen, so meinen die Autoren der Studie, ob sie von ihrer Strategie abgehen wollen und bereit sind, ihr Engagement für ihre Firma deutlicher sichtbar zu machen.

Freilich, so die Forscher weiter, sollten sie dabei bedenken, daß sie damit in einen Lernprozeß gingen, in dem männliches Verhalten Vorbild sei. – Vorbild dafür, daß sie den Widerstand gegen die offensive Selbstdarstellung aufgeben sollten. Was diese Vorbildlichkeit der männlichen Aufschneiderei angeht, zeigen sich aber auch bei den Teilnehmern der Studie kritische Stimmen. Ungefähr die Hälfte der Befragten – anzunehmen ist, daß es mehrheitlich Männer sind, wenn wir an die schwache Repräsentanz der Frauen denken, die ich gezeigt habe – meinen zwar, es sei sicherlich die Aufgabe der Chefs, auf die Einsatzbereitschaft der jüngeren Manager Wert zu legen. Aber, so geben sie zu bedenken, die meisten Aufsteiger gehen auch taktisch vor, um ihr Engagement glaubhaft zu machen; sie besitzen Tricks, um die Vorgesetzten zu beeinflussen.

Eine ehrgeizige Ingenieurin wird konkret: »Du sagst natürlich nicht gerade heraus zu deinem Manager: ›Schauen Sie, das und jenes habe ich gut gemacht.‹ Vielmehr stellst du ihm eine Frage – und dann wird er erwidern: ›Was denken Sie denn darüber?‹ – Ich versuche eben mit ihnen zu sprechen – und stelle immer wieder den Kontakt zu ihnen her.«

Was sie schildert, ist eben nicht die Adaption des männlichen Konzeptes, sondern es entspricht genau der weiblichen Stärke: jemanden ins Gespräch zu ziehen. Die Kommunikationsstärke der Frauen wird, wie wir aus einer Studie mit Kindern wissen, schon ganz früh von männlichen Partnern akzeptiert – und übernommen. Die kleinen Jungen berichten in jenem Forschungsprojekt, daß sie bei Auseinandersetzungen ihre Strategie nicht diktieren, sondern anpassen: Ist es ein Junge, mit dem sie kämpfen, dann wird gerangelt und geprügelt. Ist es ein Mädchen, so wird – geredet.*

---

* Vgl. dazu: Mannsbilder. Jungen in Tageseinrichtungen für Kinder. FH Braunschweig-Wolfenbüttel, Braunschweig 1996.

Karrierestile

weiblich
- Warte, daß andere von deinen Erfolgen sprechen!
- Bleib bescheiden, prahle nicht mit deinen Ergebnissen!
- Zeige commitment, indem du »a good citizen« in deiner Firma bist!
- Pflege deine Expertenschaft als self-realiser!
- Setze auf deine personal values!

männlich
- Sprich von deinen Erfolgen!
- Führe Siegestänze auf, wenn du Erfolg hattest!
- Zeige commitment durch self-promotion!
- Sei proaktiv: ein climber!
- Bestätige deinen Chef!

© Prof. Dr. Höhler

Die Strategie der Ingenieurin zeigt: Es gibt sie durchaus, die »proaktive« weibliche Karrierepflege.

Natürlich beobachten auch die Managerinnen in der *Cranfield*-Studie, wie versiert Männer sich als »gefragt« darstellen: »Sie werden nicht müde zu erzählen, wie oft sie von Headhuntern angerufen werden«, berichtet eine weibliche Kollegin. »Ihre Company soll in Angst und Schrecken versetzt werden bei dem Gedanken, einen solchen Star zu verlieren. – Wenn Leute einfach ihre Arbeit machen und sich loyal verhalten, sieht die Firma überhaupt keinen Grund, sie zu fördern.«

Gibt es tiefere Gründe, so fragen die Forscher schließlich, warum Frauen nicht einfach die männlichen Erfolgsstrategien übernehmen, um besser voranzukommen?

Es ist offenkundig, so sagen sie, daß Männer und Frauen Karriere-Erfolg verschieden definieren. Eine frühere Studie der *Cranfield University* zeigte nämlich, daß diejenigen Manager, die Erfolg vor allem in Kategorien von Status und materieller Anerkennung sehen, die *climbers*, die »Kletterer«, ausschließlich Männer waren.

Die weiblichen Manager legten mehr Wert darauf, »Expertenschaft« zu erreichen; ihnen waren Aufgabenerfüllung und Erkenntnisse wichtiger. Die Studie nannte sie die *self-realisers*, die Selbstverwirklicher. Das Ergebnis bestätigt mit großer Klarheit, was ich in diesem Buch schon gezeigt habe: Frauenkarrieren haben höhere Anteile an quasi-privaten Lebenszielen. Die werden von Frauen auch dann verfolgt, wenn sie sich damit von den Erfolgskriterien der männlichen Karriereförderer abkoppeln. Tatsächlich schließt die ältere *Cranfield*-Studie: Erfolg, so sagen die Forscher in ihrem Resümee, ist für Frauen mehr durch persönliche Wertvorstellungen definiert. Sie »privatisieren« Teile ihrer Karriere – kein Wunder, daß die Männer, die ganz auf Systeme setzen und dafür große Opfer bringen, hier verständnislos zuschauen.

Nur eine unter den befragten Frauen ging mit ihren eigenen Stärken vor: die Kommunikatorin. Sie ist Ingenieurin, hatte also schon bei der Studienwahl die weibliche Innenwelt verlassen.

Was die übrigen Frauen über ihren Stil des *commitment* sagen, spiegelt auch ihr gebrochenes Verhältnis zu den Topjobs. Ein guter *citizen* zu sein qualifiziert wirklich nicht ohne weiteres für den

Neuer Karrierestil für Frauen:

Kommuniziere deine Qualitäten!

Zeige, daß du für sie einstehen willst!
Hilf dem Entscheider, sich für dich zu entscheiden!
Übernimm Mitverantwortung für seine Entscheidung!
Erkläre, was die Firma von dir erwarten kann!
Beweise, warum die Firma dich braucht!

© Prof. Dr. Höhler

Karriere, männlich:

Ein Verzichtprogramm.
Optionen preisgeben
Probleme vereinfachen
Emotionen tiefkühlen
Härte gegen sich selbst
Verlust von Nuancen
Preisgabe von Träumen

Immer mehr Fremdwörter:

Schmerz und Glück, Wehmut, Heimweh und Geborgenheit

© Prof. Dr. Höhler

Platz an der Spitze, sondern eben für einen in der Gemeinschaft der vielen. Wenn dieselben Frauen sich nicht beschweren, ist alles in Ordnung. Meist beklagen sie sich aber doch. Dann muß ihnen gesagt werden: Vorsicht! Eure »bescheidene« Karrierestrategie, die jede Beweislast auf die höher positionierten Männer abwälzt, ist nichts anderes als die alte »Entdeckertour«: Der Mann soll die Arbeit tun, zum Beispiel die, das weibliche Talent zu entdecken. Sie ist es auf jeden Fall nicht gewesen, die sich vorgedrängt hat. Geschieht ihm recht, wenn sie nicht bringt, was er hofft – sie bleibt auf jeden Fall schuldlos. An der eigenen Karriere wie am eigenen Scheitern. Das ist, nur dürftig getarnt, die alte Opferpower. Das Veilchen im Moose, das auf den Pflücker wartet. »Pflück dich selbst!«, lautet die Aufforderung der *Cranfield*-Studie. Und das darfst du sogar mit weiblichen Stärken tun. Kommuniziere überlegen – und aufwärts geht es.

Aber da bleibt ein Verdacht. Müssen Frauen also ihre höherwertige Ausrichtung – Erkenntnisse vor *self-promotion*, *personal values* vor Einfluß auf Vorgesetzte – aufgeben zugunsten taktischer Manöver? Da ist er wieder, der alte Verdacht: Der »männliche« Preis für Aufstiege seien die weiblichen Tugenden. Sind *personal values* karriereschädlich? – Die Studie nennt die Gruppe mit den *personal values* »*self-realisers*«. Sie sagen im Grunde: »Ich zuerst. Dann erst der Job.« Sie holen sich etwas, was die karriereorientierten Männer noch nicht so hoch bewerten, daß sie es verteidigen würden. Nun müssen die Frauen nur noch zu ihrer Bewertung stehen. Wenn sie erstklassig kommunizieren, wie die Ingenieurin, kommen sie »trotz« ihrer Werteskala nach ganz oben. Und das heißt natürlich: Sie können Spuren zeichnen. Sie werden auch Männer ermutigen, ihr reduziertes Bedürfnisset wieder aufzufüllen.

16. Topmanager:
der reißende Wolf als guter Hirte

Biologisch, das habe ich im Kapitel 2 gezeigt, ist der Mann eine Sparausgabe. »Preisgabe von Optionen« ist das Motto, unter dem die fokussierte Variante Mensch, der Mann, entsteht. Konzentriert auf Täterschaft, auf Konkurrenz und Sieg. Neugierig, risikobereit und in engem Kontakt mit dem ältesten Signal- und Impulsgeber, dem Reptilhirn, geht der männliche Mensch auf seine Lebensbahn.

Das Gesetz für seine Effizienz stülpt er auch den Problemen über, die er beherrschen möchte: Als »erfolgsorientierter Vereinfacher«, wie die Forschung ihn nennt, reduziert er Probleme auf einfache Schemata, wenn sie sich nicht fügen wollen. Der Erfolg entscheidet. Ihm wird fast alles untergeordnet.

Auch die eigenen Bedürfnisse. Die Preisgabe von Optionen bestimmt nämlich auch die Kapitel seines Lebens, in denen nicht mehr die biologischen Programme allmächtig wegstreichen, was sie der Frau zugestehen.

Bei den Topmanagern ist diese Wegwerfmentalität gegenüber kostbaren Ressourcen der eigenen Persönlichkeit besonders ausgeprägt. Alle Energie wird auf die Siege im Job konzentriert – und gnadenlos aus anderen Bereichen abgezogen. Topkarrieren erscheinen unter diesem Blickwinkel wie ein gigantisches Sparprogramm. Wegrationalisiert wird alles, was emotional bindet oder ablenkt oder »aufwärmt«. Wer hoch hinaus will, geht unbarmherzig mit sich selbst um. Während die Gesellschaft auf die vermeintliche Belohnung starrt, die Höhenluft am exponierten Spitzenplatz, läuft hier ein Lean-Programm in der Führungspersönlichkeit, das aus dem farbigen Charakter eines jungen Mannes eine unterkühlte Rarität macht, die nie mehr an der falschen Stelle lachen, zerstreut aus dem Fenster schauen oder nachlässig sitzen wird: Ein Automat wird geboren, dessen Programm die Berechenbarkeit ist.

Jeder von uns kennt ein oder zwei Gegenbeispiele; wer Glück hat, kennt drei oder vier. Unter 250 US-Managern aus zwölf verschiedenen Companys war mehr als die Hälfte nicht mehr in der Lage, ihre eigenen Bedürfnisse zu beschreiben. Die Bedürfnisse ihrer Familie waren ihnen nahezu unbekannt.

Die Bedürfnisse ihrer Mitarbeiter sind ihnen ähnlich unwichtig wie die eigenen: Wer sich selbst schlecht behandelt, kann andere nicht besser behandeln.

Über diesen Prozeß der brutalen Einschränkung eigener Bewegungsspielräume wird meist polemisch berichtet. Daß sie Märtyrer des Gemeinwohls oder doch wenigstens des Firmenerfolgs seien, sagt man den schmaldressierten Topshots einfach deshalb nicht nach, weil sie freiwillig in die Abmagerung ihres Ichs gehen. Und weil das Ziel ihnen offenbar diese Selbstbeschädigung wert ist.

Wenn wir Spitzensportlern zusehen, die an sieben Wochentagen stundenlang turnen oder Schlittschuh fahren, rudern oder sprinten, dann fragt keiner, ob das sein muß. Für Höchstleistungen muß das sein, so wissen wir. Wenn Akrobaten im Zirkus große Trainingspausen einlegen, leben sie absturzgefährdet – noch mehr als sonst. In spezialisierten Kopfberufen muß das nicht anders sein. Was also verursacht den Beschauern dieses aggressive Unbehagen, wenn sie dem emotionalen und psychischen Auszehrungsprozeß bei Topmanagern oder solchen, die es werden wollen, zuschauen?

Das Gegenüber eines Topmanagers ist nicht das Trapez oder das Stadionrund oder der Rasen von Wimbledon, sondern eine große Zahl von Menschen, Warenströmen und Finanzflüssen. Wir können meist nicht mit einer derart kurzen Spezialpräsenz des Managers auf seinem Spitzenplatz rechnen wie bei Topsportlern. Ist er einmal ganz oben, so bleibt der hochkarätige Manager ziemlich lange deutlich sichtbar und sein Handeln folgenreich. Die Reichweite seines Handelns ist es, die unser Urteil bestimmt. Sein Einfluß auf viele andere Schicksale erlaubt es nicht, sein Verzichtprogramm als höchstpersönliche Vorliebe abzutun.

Je größer die Reichweite, desto höher das Risiko, Fehler zu machen – und um so größer die Verantwortung. Im Schatten dieser Gleichung werden die Tunnelqualitäten der Topkarriere beunruhigend. Von den kritischen Kommentatoren wird das Motivgeflecht, das hier wirkt, aber meist unterschätzt. Es geht nicht um Geld, sondern um Macht. Und Macht wird nicht auf dem windstillen Gipfelplatz im Windschatten der gestern durchkletterten Wand genossen, sondern bei der nächsten und übernächsten Auseinandersetzung – mit Rivalen und Wettbewerbern, mit Problemen, die man leichter beherrschen kann als den unberechenbaren Kampfpartner. Die Dynamik des Selbstgenusses, der hier oben erlebt wird, ist unentbehrlich – und sie kostet alle Kraft, sagt der Bossß. Das Zuhause wird zum vertrauten Hotel, das von der alleinerziehenden Mutter seiner Kinder geführt wird.

Er möchte dieses Hotel auf keinen Fall entbehren, und er spürt nicht, wie sehr er auf die Souveränität und den Humor aller hier Versammelten angewiesen ist. Darum kommt er auch wochenlang – länger aber auch nicht – aus dem Staunen nicht heraus, wenn ihn die Hotelchefin plötzlich verläßt. Jede zweite Managerehe scheitert; damit liegen die Toppaare deutlich über dem Durchschnitt. Der Mann staunt auch deshalb, weil er sich nicht als nachlässig, sondern eher als konzentriert und pflichtbewußt erlebt. Daß er nicht Pflichten ernst nimmt, die keine Macht und keine öffentliche Anerkennung bringen, müssen seine Lieben, so meint er, doch eigentlich verstehen. Er macht das Wichtige, damit die andern in seinem Schatten ruhen können, so sieht er es eher. Nicht der Wolf, der die Lämmer aus der Herde reißt, sondern der gute Hirte, das wäre sein Selbstportrait.

Eine gute Portion Selbststilisierung gehört zu den Topjobs; und ein überdurchschnittliches Wohlwollen sich selbst gegenüber – das, was böswillige Beobachter dann Egomanie nennen.

Kein Zweifel: Hohe Verantwortung verlangt ein gutes Stehvermögen. Dazu gehört nicht nur Gewicht, sondern auch ein solider Glaube an sich selbst. Wer dem Erfolg zuliebe vereinfacht, wie Männer das tun, wird wenig Energie übrig haben, um den schmalen Grat zu suchen zwischen Selbstkritik und Selbstgerechtigkeit. Das ist Frauenstoff, und jeder sieht, sagt der Topmann triumphierend, daß sie vor lauter Rücksichten und Selbstzweifeln nicht mehr zu durchschlagenden Handlungen kommt. Der Manager, das Monster? Neurotiker, Autist, im harmlosesten Fall Rabauke mit unverarbeiteten Babywünschen nach Betreuung, die er sich von weiblichem Lebenspersonal beruflich wie privat erfüllen läßt: Muß er so sein? Sind es die Deformationen der Macht, die den einzelnen in immer engere Selbstkonzepte treiben, wo keine Bewegung mehr möglich ist außer dem Vorwärtsdrängen unter lauter Vorwärtsdränglern?

Ist die Dämonisierung der Managerportraits ein Zerrbild aus der Zwergenwelt, mit dem die timiden Zeitgenossen sich Genugtuung für die eigene Durchschnittlichkeit verschaffen? Oder gibt es dieses Ungeheuer wirklich, das für Selbstverstümmelung mit höchstem Prestige belohnt wird? Was für eine Gesellschaft ist das, die ihre Anerkennung nach Kriterien verteilt, die sie selbst verhöhnt?

Wir müssen im Dickicht der Vermutungen über Manager beachten, daß die Nachrichten über Toppositionen und ihre Inhaber schon etwas von den Legenden über eine weit entrückte Kaste haben: Die Priesterschaft der herrschenden Religion, des Kapitalismus, die an den Hochaltären ihre Rituale zelebriert, tritt ja auch nur ritualisiert vor die Allgemeinheit. Diese Auftritte und Aufmärsche saugen Spekulationen nicht nur an, sie produzieren sie. Wer die Kathedralen des Kapitalismus betritt, wenn die Priesterschaft eines Großkonzerns zur Hauptversammlung der Gläubigen, der Anteilseigner, ruft, der erlebt die Großinszenierung von Status und Abstand, auf die die Manager selbst offenbar ebenso angewiesen sind wie ihre Gemeinde im Parkett.

In den Konzernzentralen dauert die Inszenierung an. Unsichtbarkeit für durchschnittliche Besucher speist die Aura der Chefs; Schutzmannschaften schirmen sie ab, Lautlosigkeit ist ihr Erscheinungsgesetz. Jede Bewegung sitzt. Die lautlos aufschnappenden Aufzugtüren, der dunkel gewandete flüchtige Schatten des Oberpriesters, der aufschwingende Wagenschlag, geräuschloses Hineingleiten, sichtdämpfende Jalousien, satter Schlürflaut gepanzerter Türen und summender Start: So reisen Außerirdische. Bürger verhalten den Schritt, wenn sie solche Bewegungsmuster sehen; sekundenlang kommunizieren sie mit einer anderen Welt.

Daß sich um solche abgehobenen Rituale der Kommunikationsabwehr Legenden bilden, kann niemanden verwundern. Selbst dort, wo sie stattfindet, ist die Kommunikation professionell so elaboriert, daß sie auch sprachlich Laborcharakter annimmt. Das ist eine Maßnahme des Selbstschutzes, sagen die Manager, schuld ist die lauernde Grundhaltung der Partner aus der Profiliga der Nachrichtenentschlüsselung, der Journalisten. Immer besser abgedichtete Nachrichten gehen nach draußen, und immer mehr Spielraum öffnet sich der Spekulation. Was da läuft, ist ein Gesellschaftsspiel, das alle Beteiligten so wollen. Auch die Rangunterschiede sind offenkundig eine Quelle der wechselseitigen Motivation.

Ernstere Vermutungen widmen sich aber der Frage, ob die Deformation der Topcharaktere, wenn es sie denn gibt, den Leistungen an der Spitze ihren Stempel aufdrückt. Peter F. Drucker, ein anerkannter Senior unter den Analytikern des modernen Managements, erkennt in den Topetagen keine Teamfähigkeit mehr. »Nur in der Managementrhetorik spielen Teams noch eine Rolle«, urteilt er. Das Riesen-Ego der Manager stehe dem Teamwork im Wege.

Wenn die Teams in der Rhetorik der Kaste eine Rolle spielen, dann heißt das zunächst aber: Manager wissen, daß es ohne Teambereitschaft nicht geht. Die strengen Diagnosen von Drucker und anderen beruhen auf ungenauen Beobachtungen. Sie verkennen die Spannung zwischen Solidarität und Rivalität, die das Spitzenteam dynamisch hält. Da ist jeder einzelne deutlich sichtbar, denn nur so konnte er den Weg nach oben zurücklegen. Wer nicht sichtbar ist, wird nicht gebraucht. Und zugleich verbinden diese Gipfelstürmer gleiche Ziele. Wenn die Company nicht reüssiert, kann keiner von ihnen Erfolg haben. Der Erfolg der Männer an der Spitze läuft nur über den Erfolg der Firma. Das wissen alle, und das leitet ihre Einsätze zwischen Kooperation und Konkurrenz.

Wer die Networks von Managern aus dem Blickwinkel der alten Welt der Blöcke anschaut, in der das Entweder-Oder galt, der wird an die falsche Alternative »Team oder Ego« gefesselt bleiben. Wer nur sein Ego managen will, kommt nie nach oben. Wer auch Beziehungen managt, darf sein starkes Ego mitnehmen nach oben. Und noch einmal: Dieses Ego ist bei Männern eines, das stark geworden ist im Kampf um die Preisgabe vieler verlockender Optionen, die das Leben unterhalb der Spitze süß machen – für die anderen. Nicht aber für die Alphatiere, die Extremklima wollen.

17. Nicht wer, sondern was du bist, ist wichtig!
Von der Statuslust der Männer

Frauen meinen, Männern ginge es um Macht. Es geht ihnen um Status. Um den Status zu zelebrieren und zu sichern, schafft man Rituale. Was dann entsteht, ist die Aura der Macht. Schon bei spielenden Jungen im Alter von vier oder fünf Jahren zählt, was einer vorzeigen kann, um seine Chefrolle zu beweisen. Nicht sein Verstand, sein Vorsprung an Klugheit, Mut oder Weitblick ist vorzeigbar, sondern die Ausstattungsmerkmale sind es: Was später der Wagen mit Chauffeur, das ist im Sandkasten das Taschenmesser, das irgendwo erbeutete Paar Handschellen oder ein Schlagring.

Die Ruhelosigkeit erwachsener Männer, die einen Status verlieren, weil ein Amt endet oder eine Aufgabe ihnen entzogen wird, erklärt sich aus dem festen Glauben an das Medium »Status«. Ohne Status, so meinen die meisten von ihnen, läßt sich nur schwer darstellen, daß man mehr kann als die andern.

Wenn Väter von ihren Kindern sprechen, fällt diese Fixierung auf Statusmerkmale auch deshalb auf, weil die Mütter derselben Kinder die Frage »Wie geht es Ihren Kindern?« in aller Regel anders beantworten als die Väter. Männer antworten mit Statusangaben: welche Schule ein Kind besucht, welche Examina es mit welchem Erfolg gemacht hat, und vor allem: was danach kommen soll. Das Kinderleben als Projekt, das einem Aufstiegsplan folgt – und das Kind als besonders fähiges Mitglied der Wettbewerbsgesellschaft. Die Wegmarkierungen wirken qualifizierend.

Ganz anders die Mütter. Sie antworten auf die Frage exakt mit

Angaben über das Ergehen der Kinder, nicht über das Erfolgsprogramm, das sie absolvieren. Was ein Kind sich wünscht, wie es sich fühlt in den Programmen, was es im selbstbestimmten Restraum seiner jungen Lebenszeit tut; ob es Instrumente spielt, malt oder Sport treibt; ob es verliebt ist und wie es sich von den Geschwistern unterscheidet, welchen Kummer es hat. Das sind Mütterantworten.

Die Mutter schaut in die Augen des Kindes, sie fängt sein Lächeln und seine Zweifel auf; sie hört zu und antwortet. Der Vater für die Regelwerke, die Mutter für die Auszeiten, das ist im Durchschnitt die flankierende Verteilung der beiden als Kinderbegleiter. Wir wissen aus amerikanischen Studien, daß die Statusorientierung in der väterlichen Erwartung an die Kinder für Töchter unter Umständen eine erfolgfördernde Rolle spielt.

Eine große Zahl erfolgreicher Frauen berichtet, ihr Vater habe ihnen in der Zeit des Heranwachsens besonders eingehend von seinem Beruf erzählt. Sie hätten, so sagen diese Frauen, die Zuwendung des Vaters als ermutigend empfunden: Er habe ihnen, den Töchtern, offenbar eine Menge zugetraut. Sonst, so ergänzen sie, hätte er sich mit ihnen doch über andere Themen unterhalten können. Wir erfahren nicht, ob in diesen Familien auch Söhne lebten; dann wäre die Berufsdiskussion mit den Töchtern wirklich bemerkenswert.

Viele Frauen erleben aber gerade die Berufsorientierung des Vaters als erdrückend; er sieht nicht genau hin, wie man sich fühlt, er fordert Leistung, ohne zu fragen, ob sie Spaß macht, und er bewertet die Tochter nach ihren Zensuren statt nach ihrer ganzen Persönlichkeit. Dann nehmen junge Mädchen Zuflucht bei der Mutter, die ihnen zeigt, daß es auch außerhalb der Leistungsbilanz Wertschätzung und Zuneigung gibt. Damit ist das Feld für den weiblichen Konflikt bereitet. Jetzt fehlt nur noch der Informationsschub aus der Feminismusdebatte, um die Opferrolle anzustoßen. Sich aus beiden Versuchungen zu befreien, der männlich wie der weiblich vermittelten Überschätzung der einen oder anderen Hälfte der Welt, wird für heranwachsende Frauen zur wichtigsten Kraftprobe.

Der junge Mann kennt eine solche Entscheidung nicht. Er hat seine Orientierung an der Mutter nie mit dem eigenen Schicksal verbunden; die am Vater ist doppelt besetzt, wie es sein Leben mit andern Männern auch ist: Rivalität und Solidarität. Der Aufbruch ins Erwachsenenalter stellt Frauen also vor eine viel brisantere Ablösungsaufgabe als junge Männer – wenn sie beruflich an ihren Müttern vorbeiziehen wollen. Die Mutter zu überholen erscheint jungen Frauen wie Verrat, weil sie sich zur Identifikation mit der Mutter verpflichtet fühlen. Sich für das »Weglaufen« aus der mütterlichen Welt zu entschuldigen, dafür verbrauchen sie viel Energie – die dem Berufserfolg entzogen wird. Der Vater bleibt als Schutzmacht übrig, ist aber als Verbündeter der Mutter nicht ansprechbar für das Gewissensproblem der Tochter.

»Status« in der Männerwelt ist eine für Männer eindeutige und sehr wichtige Zielmarkierung. Für Frauen ist sie von Anfang an ins Zwielicht getaucht. Wir kennen bereits die wichtigeren Gründe für die geringere Statusorientierung der Frauen: Sie finden das Wer wichtiger als das Was. Wer einer ist, diese Frage ist für Frauen nicht schon damit beantwortet, daß sie erfahren, »was« er ist, Direktor oder Vorstand, Geschäftsführer oder Präsident. Entsprechend zwiespältig bleibt das Verhältnis der Frau zu Angeboten, eines dieser Statusmerkmale an ihre Person zu heften.

Status, sagen Männer, das ist auch Stellvertretung. Status ist ein Hinweissystem für Menschen, die nach Orientierung suchen und geführt werden wollen. Durch Statusbezeichnungen können sie erkennen, wo die Leute sitzen, die zeigen, wohin die Reise geht. Und Status schützt auch die Person, sagen Männer. Wer man ist, danach darf in dem Moment keiner mehr fragen, wenn klar ist, was man ist – zum Beispiel Chef: Chefs sind nicht ohne Umstände für Kritik und Rückfragen verfügbar. Der Status umgibt die Person wie ein Schutzwall. Und er vergrößert sie: Da begegne ich einem Menschen in der Halle eines Hotels nach einem Empfang, der eben sein Handy ans Ohr hebt, es nun wieder sinken läßt und sagt: »Ah, Sie sind auch hier! – Lange nicht gesehen! Ich bin jetzt Präsident der Universität XY, ich räume da auf, lauter Seilschaften, einer besetzt alle Positionen in seinem Bereich mit eigenen Schülern, da hab ich erstmal Auswärtige reingeholt; aber das ist erst der Anfang...«, atemlos erzählt er weiter, ohne zu fragen, ob es interessiert, ohne eine allgemeinere, unter kultivierten Menschen übliche Einleitung, sondern überfallartig, um den eigenen Status klarzustellen, ehe Ge-

genwehr aufkommen kann. Die Elemente solcher Statusauftritte sind schnell aufgezählt: »Ich **bin** jetzt« steht für »Ich **mache** jetzt das und das.«

Ich entlarve sie alle und beende jeden Machtmißbrauch, ist Punkt zwei. Ich räume auf, was keiner vor mir aufgeräumt oder überhaupt bemerkt hat, will sagen: Ich bin mutig und unabhängig, und das ganze Kurzdrama, das da einer Zufallsbegegnung an den Kopf geworfen wird, meint in geraffter Fassung: Sie kannten mich vielleicht als Professor X, aber mein Weg ist weiter steil nach oben gegangen, ich habe Erfolg, und der ist begründet. Ehe der Gesprächspartner antworten kann, wird das Handy nun doch gehoben, um eine krönende Statusauskunft nachzuschieben: »Ich möchte in zwanzig Minuten von jetzt an losfahren.« Keine Anrede, kein »Guten Abend«. Da wird ein namenloser Sklave gerufen. Ein Gebieter stellt sich vor.

Frauen finden solche Auftritte nicht betörend. Der einzige Nutznießer ist der präpotente Sprecher selbst. Souveräne Frauen hören sich das alles an, ohne eine Antwort zu präparieren; sie wissen: Dies ist ein *one-man stand*, ein Monolog auf dem Theater der Statusverliebten.

Souveräne Frauen wissen auch, daß die Gefahr ihrer statuskritischen Haltung für sie selbst sehr konkret ist. Auch deshalb haben weniger Frauen als Männer Positionen mit hohem Status, weil Frauen die Rangabzeichen und Rituale geringschätzen. Frauen ritualisieren ihre Machtpositionen selbst dort nicht, wo sie unbestreitbar sind. Sie sind Meisterinnen der Repetition gleicher Erfolgsmuster, aber sie schützen den Erfolgsweg nicht durch Rituale. Das gilt für harmlose Abläufe ebenso wie für bedrohte Prozesse im Machtgefüge eines Konzerns. Daß eine Mutter jeden Abend Schlaflieder singt, die wie ein schützender Wall gegen die Ängste des Kindes wirken: es würde die Mutter nie unter dem Gesichtspunkt des Rituals und des eigenen Status als mächtige Figur im Kinderleben interessieren. Sie wiederholt dasselbe jeden Tag und nimmt jeden einzelnen Abend in seiner Einzigartigkeit wahr, nicht in seiner Serienhaftigkeit.

Wir erkennen das Motiv wieder: Die Frau hat wenig Interesse am

System, das da entsteht, aber viel Aufmerksamkeit für die einzelnen Momente im System. Die Ausnahme im Regelwerk ist jeden Abend auch zu erleben; nicht nur die Regel.

Ernst kann es aber werden, wenn Frauen auch im Statusgefüge eines Unternehmens ihre Geringschätzung für Statusfragen erkennen lassen. Von zwei Seiten wird sie der Schaden einholen, den sie damit anrichten. Sie unterschätzen die Statusabhängigkeit der Männer als Orientierungs- und Sicherheitslieferanten, und sie beschädigen ihre eigene Machtposition, wenn sie nicht bereit sind, ihren Status auch durch ihr Auftreten zu schützen – denn: Er gehört niemandem allein und niemandem für immer.

Da die meisten Frauen heute noch *newcomer* in den Unternehmen sind, die über wenig Routine im Brückenschlag zu der männlich geprägten Businesswelt verfügen, sind Statusschäden sehr häufig. Sie schädigen die Frauen selbst, und sie schädigen mit ihrem Ansehen auch das Vertrauenssystem, in dem die andern mit ihnen leben. Der Goodwill der Firmenleitung geht aus solchen Schadensfällen meist ebenso geschwächt hervor wie die Frau selbst.

Ein Beispiel gibt die Versammlung von leitenden Angestellten einer großen Bank. Der Personalchef ist gekommen, er eröffnet und preist die Fortschritte im Frauenfördersystem, das heute gefeiert werden soll. Der Goodwill der Firma wird greifbar Gestalt: viele Männer sind gekommen, um zu bestätigen: Das ist unser Projekt, wir wollen mehr Frauen in der Firma. Dann redet die Vorsitzende der Traueninitiative. Sie verläßt das Rednerpult, auf dem sie ihre Redenotizen abgelegt hat, sie will »ungeschützt« kommunizieren. Um alle Barrieren niederzulegen, die sie vom Publikum trennen, spricht sie betont informell, so als komme sie zufällig hier vorbei. Die Wirkung ist ganz anders, als sie ahnt: Das Auditorium fühlt sich schlecht bedient. Nach der vorbereiteten, wenn auch etwas hölzernen Rede des Personalchefs nun dieser Teestuben-Small-talk, unfertige Sätze, in denen mitschwingt: Nehmt mich nicht ernst, das könnte jeder von euch machen, ich bin's nur zufällig, und mit meinem Status als Chefin einer Initiative will ich euch erst recht nicht einschüchtern.

Die Rednerin glaubt, ihre Bescheidenheit sei der beste Qualitätsausweis. Das Gegenteil ist richtig. Sie verfehlt die Erwartung ihrer

Mann und Frau –
Ergänzung durch Verschiedenheit

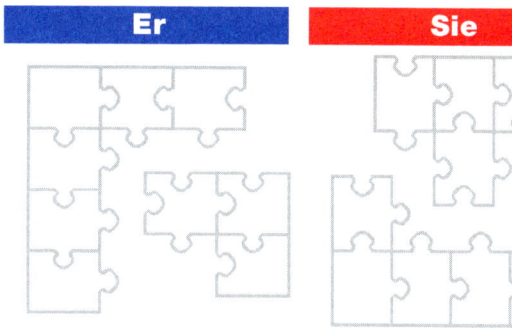

- experimentiert

- liebt **Rituale** und Rangordnungen

- schaut **über die Köpfe**
  side by side

- flieht große Gefühle

- münzt Trauer und Angst in **Wut** um

- möchte »es richtig machen«

- fördert die **Ausnahme von der Regel**

- schaut **in die Gesichter**
  face to face

- sucht große Gefühle

- lebt Trauer und Angst aus

© Prof. Dr. Höhler

Zuhörer, die mit dem Status eines Menschen Kompetenz verbinden möchten. Sie verfehlt auch das Anrecht der Menschen, die sich hier eingefunden haben, auf eine tadellose Performance. Ihre Mißachtung des Status kostet sie ihren Status.

So schädlich die Statusfixierung von Männern sein kann, so kontraproduktiv kann die Statusverachtung von Frauen werden. Wo ist die Lösung? Sie lautet immer gleich: Schnelle Urteile sind schädlich für beide, Männer und Frauen. Aufmerksamkeit für die Ursachen von Statusabhängigkeit auf der einen und Statusunabhängigkeit auf der anderen Seite ist notwendig. Aber wir wissen zusätzlich: Frauen sind aufmerksamer und erfolgreicher beim Entschlüsseln von sozialen Zusammenhängen. Wo wird die Statusjagd zum Selbstzweck? Wo tarnt hoher Status minderwertige Leistung? Wo wird Autorität mißbraucht, weil eine Position mit hohem Status ausgezeichnet ist? Wir wissen ja: Die Frau entdeckt die Ausnahme von der Regel, während der Mann das Regelwerk genießt. Wenn jeder von beiden seine Stärken einsetzt, sind Balance und Kontrolle ebenso gesichert wie das Vergnügen am System – und seinen Lücken.

Wenn Frauen das Fiktive von Statussystemen stört, sollten sie kleinen Jungen beim Spielen zuschauen. Da sind große Heere aufmarschiert, die Fahnen wehen auf zwei gegenüberliegenden Hügeln, die Soldaten rücken gegeneinander vor. Ein Siebenjähriger hat diesen Krieg vorbereitet. Die Reiter preschen nach vorn, die Kanonen ballern – die Mutter schaut etwas verstört zu. Hier und dort stürzen getroffene Soldaten. Plötzlich erhebt sich der kleine allmächtige Herr der Schlachten aus seiner knienden Position und wischt mit einer Hand die Truppen vom Spielfeld. »Was machst du denn? Du hast doch Stunden gebraucht, um das aufzubauen!« sagt die Mutter entgeistert. Der Junge zuckt die Schultern. »Was soll ich machen? Der General ist tot!« sagt der Junge. »Siehst du ihn nicht? Da liegt er« – der Junge zeigt auf einen prächtigen, umgestürzten Reiter. »Ja aber, du könntest doch ...«, beginnt die Mutter, aber der Junge fällt ihr ins Wort, nun laut und drohend: »Er ist tot! Siehst du das denn nicht?« – Es lag durchaus nicht in der Hand des Spielers, die selbst gefällte Statusentscheidung einfach umzuwerfen. Aber das begreifen Mütter eben nicht ...

Status braucht Rituale

Die Hohenpriester des Kapitals inszenieren ihn beim Hochamt: der Hauptversammlung.

Der Preis für hohen Status ist Besitzlosigkeit – an immateriellen Gütern.

© Prof. Dr. Höhler

In jedem gemischten Team läßt sich das unterschiedliche Ritual- und Statusverständnis von Männern und Frauen beobachten. Die Frau entritualisiert Abläufe ohne zu spüren, daß dieser Leichtsinn Systemvertrauen kostet – vor allem bei den Männern. Angefangen von der Tagesordnung und der anlaßbezogenen Anrede »Herr Vorsitzender«, während derselbe Vorsitzende in einer Stunde wieder »Herr Müller« heißen wird, sorgt die Ritualisierung und die klare Statusmarkierung für den Leiter der Debatte für eine Anspannung, die den Ergebnissen zugute kommen soll. Rituale disziplinieren, und die Statusentscheidung für den »Vorsitzenden« wertet alle Mitglieder auf.

Sich Ordnungen anzuvertrauen, die nicht vorgefunden, sondern selbst bestimmt sind, das macht Frauen Schwierigkeiten; Männer beruhigt es. Beachten wir das Unruhepotential, das der Mann ständig beschwichtigen muß, dann überrascht sein höherer Bedarf an vorgeordneten Szenarien nicht mehr. Im Gitter der Statuskäfige läßt es sich würdevoll auf und ab schreiten, ohne daß man die überschießende Energie aus der Tiefe des Reptilhirns fürchten muß.

Die Rangordnungen und Statussignale in einem Unternehmen spiegeln einerseits die männliche Angriffslust und andererseits ihre entschlossene Domestizierung durch die Täter selbst – die Männer. Wer das verstanden hat, hält sich als Frau nicht mehr mit Hierarchiedebatten auf. Die selbstkritische Bemühung von Männern, »jenseits der Hierarchien« noch ein genußreiches Wettbewerbserlebnis zu organisieren, rührt kluge Frauen eher, als sie zu überzeugen. Die noch klügeren Frauen erkennen, daß im Vergleich zum Kampf mit sich selbst, den jeder auf Coolness trainierte Mann ständig gewinnen muß, der Flankenschutz durch eine Hierarchie eine harmlose Maßnahme ist. Die Hierarchie in der männlich geprägten Organisation wiederholt ja genau die männliche Erfahrung mit der Selbstorganisation. Das unberechenbare Reptilhirn wird an die Kette gelegt. Den höchsten Status erhält die logische Vernunft. Sie spiegelt sich in Konzernstrukturen zumindest als Absicht wider. Daß die Arbeitserfolge in diesen Strukturen selten auf die Höhe der planenden Vernunft gelangen, hat mit der Verschiedenheit der Menschen im Konzern – und im Markt zu tun: sich der logisch schlußfolgernden Vernunft zu unterwerfen ist keine Mehrheitsentscheidung.

Konzerne sind, unter diesem Gesichtspunkt, männliche Organismen. Je höher nach oben man steigt, desto »männlicher« werden ihre Funktions- und Erfolgsgesetze. Gemischte Mannschaften gibt es nur im Basislager – und im Markt. Die männliche Gipfelcrew regiert nicht selbst die Leute im Basislager; sie läßt regieren durch Führungsmannschaften, die näher dran sind an der Basis. Die Topcrew sieht sich im Wettbewerb mit andern Gipfelcrews; von Zinne zu Zinne gehen die Späherblicke; das Marktgeschehen erscheint als unübersichtliches Gewimmel. Wer den Informationsnachschub von dort unten nicht zu organisieren weiß, scheitert in den nächsten Turbulenzen.

Die große Chance der Frauen ist ihr soziales Interesse. Sie durchschauen das Netzwerk männlicher Kraftlinien schnell, und sie erfassen männliche Status- und Konkurrenzstrategien um so leichter, weil sie nicht in dieselben Gesetze involviert sind. So können sie in Ruhe das jeweils Beste aus diesen Strategien herausfiltern und nutzen. Sie liefern das weibliche Radarsystem zu, das den Fokus öffnet und Störmeldungen hereinläßt, die der Mann ausblenden möchte. Mit dem festen Abonnement auf die *second opinion* werden Frauen schnell unentbehrlich. Ihre Position als *second opinion leader* ist deshalb so stark, weil sie in der Erwartung agieren, durch genaue Beobachtung der männlichen Strategien besser zu werden – während kaum ein Mann im Management annimmt, er könne durch das Beobachten weiblicher Strategien besser werden. Auf diese Weise wird die Frau, wenn sie gut ist, tatsächlich auf einem breiteren Spektrum vorzüglich werden als der Mann. Sie holt sich das Beste von seinen Strategien und bringt ihr Bestes mit. Nur in diesem Sinne stimmt der Satz, daß erstklassige Frauen besser sind als vergleichbare Männer. So eindeutig profitieren beide, Frauen und Männer, im gemischten Team: Die Frau räumt den Löwenanteil ab, weil sie denen auf die Finger und in die Köpfe schaut, die das System programmiert haben.

VI
Männerland in Frauenhand:
die Fackel im Tunnel

18. Kinderland ist abgebrannt

Muttersprache, Vaterland. Diese beiden Wörter sagen, daß unsere Vorfahren eine Menge wußten von der Kommunikationskraft der Frau – und von der Systemstärke des Mannes. Wenn es immer noch so zögernd vorangeht mit dem maskufemininen Mix im herrschenden System, der Wirtschaft, dann müßte das doch einen Sieg für die Familie bedeuten?

Aber das Bild rundet sich anders, wenn wir es verstehen. Wenn Mann und Frau nicht mehr wissen, wie sie miteinander leben sollen, dann wird es auch für Kinder kühl und unsicher. Ja, die Spaltung der beiden Menschen in ganz verschiedene Lebensläufe ist nicht die Folge der Hochschätzung oder Überschätzung von Familie, sondern ein Symptom, genau wie die Auflösung der Familie, für dasselbe Krankheitsbild: Männer und Frauen kämpfen getrennt, und sie kämpfen mit unterschiedlichen Zielen. Jeder kämpft für sich allein, da ist die zwangsläufige Folge, daß auch die Kinder erfahren: Du mußt für dich allein kämpfen. Niemand kämpft für dich. Dabei wären sie, solange sie unseren Schutz brauchen, die einzigen, die ein uneingeschränktes Recht darauf hätten, daß Erwachsene für sie kämpfen.

Der Verdacht ist berechtigt, daß schon die Kleinfamilie ein verfehltes Konzept war. Abgeschnitten von ihren Wurzeln, drängten sich die Erwachsenen in den Städten zusammen, und jeder vereinsamte auf seine Weise: die Frau ohne Einblicke in das Leben ihres Mannes, der Mann ohne Lebensstoff aus der privaten Sphäre, ein Gast. Die beiden Partner in der modernen Kleinfamilie haben die

Männer und Frauen heute

Sie leiden an den Symptomen einer kollektiven Erkrankung.
Zwei Varianten stehen zur Wahl:

Lebensabschnitts- oder Lebensausschnittspartner.

Jeder kämpft für sich.

**Kinder sind die Verlierer
in diesem Kampf.**

**Darum werden sie
immer weniger.**

© Prof. Dr. Höhler

Wahl zwischen zwei gleich schmerzhaften Varianten: Lebensabschnittspartner oder Lebensausschnittspartner sind sie. Sind beide durchschnittlich erwerbstätig, nicht Ärzte oder Künstler oder reiche Erben, so haben sie keine Wahl: Abschnitt oder Ausschnitt.

Warum hat sich das Glück der beiden Menschen bei immer weniger Arbeitszeit nicht vermehrt? Es lohnt sich, zumindest der Vermutung nachzugehen, daß einige Fehler, die wir gegen uns selbst und gegeneinander in der öffentlichen Welt der Berufe machen, sich in den privaten Zonen fortsetzen oder wiederholen.

Es tut Menschen nicht gut, in einer Gruppe kein Identifikationsobjekt zu haben. Ein Kind, ein Vater, eine Mutter. Diese kleine Dreiergruppe lebt in großen Interessenspannungen und gerät leicht in eine Grundstimmung, die jedem den Eindruck vermittelt, als lebten die andern beiden auf seine Kosten. Das Kind fühlt das Wegstreben der Eltern, und die Eltern beobachten einander kritisch, ob nicht der eine sich Vorteile verschaffe vor dem andern. Unter »Vorteil« verstehen beide etwas Verschiedenes: Die Frau sieht die berufliche Entwicklung des Mannes als ein Privileg, das ihr selbst nur gebrochen oder lückenhaft verfügbar wird. Der Mann weicht den Vorwurfshaltungen der Frau aus, weil er nicht recht weiß, was er zu ihrem Groll sagen soll.

Alle Texte, die ihm einfallen, scheinen abgenutzt und haben ihm bereits Debattennachteile gebracht: daß er gern für alle arbeiten wolle, daß sie sich schonen solle oder daß sie später wieder beginnen könne zu arbeiten – oder gar, daß er auch mal ganz gern ohne diesen Karrieredruck wäre (eine Bemerkung, für die er besonders negative, ja höhnische Rückmeldung erntet), daß man doch eventuell von dem gemeinsamen Geld eine Kraft beschäftigen könne für das Kind, daß es andere Mütter gebe, Kollegenfrauen, die diese Kleinkinderzeit sehr genießen... Dann ist es meistens aus mit der Kommunikation, er weiß das und schweigt nun nur noch. Sie sagt: Er geht gedankenlos seinem Vorteil nach. Sein Vorteil ist die Karriere. Nein, seine Karriere möchte sie nicht. Aber sie will grundsätzlich haben, was er hat. Aus Prinzip. Wenigstens als Option.

Schon mit einem Jahr, nein früher begreift ein Kind, ob es erwünscht, geliebt und nicht ein Störenfried ist. Es spürt, ob seine

Das Projekt der Industriekultur:

Die Isolation der Geschlechter

Selbsttäuschungsmanöver:
- Die Kleinfamilie, Fluchtraum als trügerische Idylle
- Die Angleichung der Geschlechterprofile
- Die Lockerung der moralischen Spielregeln im öffentlichen und privaten Bereich

Zugleich wurde Wirtschaft zum Wohlstandsgenerator – und zur Arena für Männer.

Folgerichtig sammelte sich das höchste Prestige dort, wo der Puls der Zeit schlägt: bei den Karrieren der Wirtschaft.

© Prof. Dr. Höhler

Mutter traurig, zornig oder unruhig ist. Ihre Stimmungen färben ab. Und was schwer wiegt: Wenn die Mutter nicht glücklich ist, wird das Kind unsicher. Sein Grundvertrauen bekommt Risse. Das Unglück der Mutter sickert durch, in das Kind hinein. In denselben Jahrzehnten, die eine kompromißlose Entmythologisierung der Familie brachten, entstanden die bewegendsten Forschungsergebnisse zur frühen Kindheit. Zufall? Das kann kein Zufall sein. Die schwere Störung unseres Vertrauens zur Lebenseinrichtung via Familie ist nur ein Aspekt einer kollektiven Erkrankung, eines dramatischen Balanceverlustes zumindest, was die Übereinkünfte und wechselseitigen Einladungen von Männern und Frauen angeht, gemeinsames Überleben in Systemen, die allen Mitwirkenden guttun, gemeinsam zu planen und zu gestalten. Statt dessen planen und gestalten wir getrennt, und die Kinder geraten ständig in die Fugen, wo es reibt und schmerzt.

Männer ordnen vieles in dieser Kulturphase für Frauen mit, ja, das stimmt. Aber Frauen würden gern mitwirken, weil sie es anders ordnen würden. Da sie den Kindern näher sind, würden die Frauen für Kinder im gleichen Moment vorbehaltloser eintreten, in dem sie sich nicht mehr selbst von den Systemen bedroht sehen, die männlich geprägt sind – mit all den Regeln, gegen die man nicht verstoßen darf, den selbstinszenierten Jagden um der Jagd willen, wo jeder Jäger und jeder Beute ist – und keiner unter den Männern ist, der ihr, der Göttin der Jagd vertraut.

Wo die Göttin der Jagd zur Beute wird, wie in zahllosen Lebensäußerungen unserer Zeit, da ist auch die Jagd auf kindliche Glücksspielräume freigegeben, ganz nebenbei. Da werden Kinder zur Manövriermasse erwachsener Karrierewege, im Morgengrauen wie Bündel verschleppt in Massenverwahrstätten, nachmittags von müden Müttern oder verhuschten Vätern zurückgeholt ins Lampenlicht der Wohnungen. Kein Wald, kein Gras, kein Fluß. Düfte nur aus der Tube, Himmelsblau als Fensterausschnitt, nicht als gewölbte Unendlichkeit. Keine glückliche Mutter. Kein übermütig lachender Vater. Sie fügt sich, weil sie »draußen« mitspielen will, in dem gnadenlosen System Beruf. Warum schreit sie nicht auf: »Warum zwingt ihr mein Kind unter diese Bedingungen? Warum darf es nicht zu Ende träumen am Morgen, behütet spielen, glücklich einschlafen?«

Euer System, so müßten die Frauen zu Hunderttausenden den Männern entgegenschreien, paßt nicht für unsere Kinder! Darum geht es, es geht nicht um uns, es geht um die Kinder, die in diesen Berufsrhythmus gezwungen werden, nur weil ihre Eltern ihm folgen. Die Frauen schreien nicht, weil sie die Antwort fürchten. Es ist die bequeme Antwort: Dann bleib bei deinem Kind. In dieser Antwort steckt immerhin das klare Geständnis dieser Gesellschaft der Jahrtausendwende, die sich so intensiv mit Menschenrechten befaßt, daß sie entschlossen ist, sich auf Kinder nicht einzustellen. Frauen sollen diese grausame Grundhaltung einigermaßen ausgleichen.

Das Thema hat viele Facetten, über alle ist viel geschrieben und gestritten worden. Absolut sicher ist, daß sich die unbarmherzige Haltung dieser Gesellschaft gegenüber Kindern nur so lange durchsetzen läßt, wie die Frauen in den Entscheidungspositionen stark unterrepräsentiert sind. Es müssen nicht besonders viele Frauen sein, damit die Macht der männlichen Berufssysteme über die Kinder aufhört.

Dann geschieht endlich das Naheliegende: Nicht nur die Frauen gleichen aus, was die Gesellschaft verweigert, sondern Frauen, Männer und Organisationen passen ihre Regelwerke nicht mehr nur den dinglichen Realitäten an, sondern der lebendigen und schutzlosen Wirklichkeit der Kinder. Alles Gerede um die Vereinbarkeit von Kinderglück und Berufen der Erwachsenen geht von einem Dogma aus, das fallen muß, weil es fiktiv ist: Das Dogma der Unantastbarkeit von Systemfunktionen einer künstlichen Welt. Das einzige wirklich unantastbare Gut, menschliches Leben in seinen empfindlichsten Phasen, kann doch nicht unter dieses Dogma gestellt werden.

Wer den alten Debattenstil gewöhnt ist, meint vorschnell: Damit ändert sich nichts. Wer das meint, der verkennt, daß das Dogma der Systemabläufe nicht nur Kinder, sondern daß es auch das Bewußtsein von Frauen knechtet. Sie fügen sich, weil sie die Spielregeln der Arbeitswelt für übermächtig halten. Sie glauben, daß sie nur mitspielen dürfen, wenn sie die Regel nicht in Frage stellen. Deshalb würde sich sehr viel ändern, wenn die Bedürfnisse von Kindern das Dogma würden – und die Arbeitswelt überall dort, wo sie

Ein Dogma muß fallen:

Systemfunktionen der künstlichen Welt müssen den Lebensgesetzen der Kinder angepaßt werden – nicht umgekehrt.

Eine Gesellschaft, die Kinderleben den Berufskarrieren unterordnet, zerstört ihre Grundlagen.

Dekadenz und Materialismus

werden zu Gegnern der Zukunft.

© Prof. Dr. Höhler

in den ersten Lebensjahren sind, flexibel um diese empfindlichste aller Größen herum Spielräume schaffen müßte, in denen das Mütterliche und das Kindliche – und die weibliche Berufsleistung angemessen Raum hätten.

Eine Gesellschaft, die dies nicht normal findet, sondern die Unterdrückung und Bekämpfung dieser Normalität, ist dekadent. Sie verkennt und zerstört ihre Lebensgrundlagen.

Wer die entzweiten Lebenswege von Männern und Frauen aus diesem Blickwinkel betrachtet – immerhin dem natürlichen –, der begreift schnell, daß die Mißverständnisse schließlich das ganze Leben durchdringen müssen, wenn sie schon im Kinderleben zum Programm werden.

Wahrscheinlich ist der skizzierte Weg zu Frauen- und Kinderrechten auch der einzige, der sehr schnell die artifizielle Frage gegenstandslos macht, ob Mütter ihre Kinder nicht mehr lieben. Wenn Kinderleben heraus- statt hineingeplant werden in eine Gesellschaft, dann verwundert die Irritation der Mütter nicht. Daß kleine Kinder auf die bergende Nähe der Mütter angewiesen sind, weil sie noch gar nicht realisieren, daß es sie selbst ohne diese Mutter gibt, muß im gleichen Augenblick nicht mehr scheinakademisch wegdiskutiert werden, in dem die Berufswelt sich den Kinderbedürfnissen anpaßt und dies den Müttern beweist. Schon ist die Legende vom Tisch, Kindheit gehe auch mit Geborgenheitssurrogaten. Wenn wir an der richtigen Stelle ansetzen, müssen wir endlich nicht mehr lügen. Kinder brauchen Zeit von unserer Zeit, um stark und sicher zu werden. Die Berufswelt muß nach dieser Norm, nicht nach irgendwelchen kollektiven Abkühlungsritualen, die Rhythmen für Mütter einrichten. Kinder sind nur eine begrenzte Zeit klein; neben dem Mütterlichen und Väterlichen brauchen sie die Zustimmung des Gemeinwesens als spürbaren positiven Grundakkord für ihr junges Leben. Sie spüren sehr genau, ob die Jagd nach Profiten wichtiger ist als sie selbst. Und unzählige Kinder in unserem Staat würden dies sicher behaupten, weil sie es tagtäglich so erfahren.

Dies ist das Kernprojekt, um das es gehen muß, wenn das Zusammenleben bei Arbeit, Muße und Spiel Männern und Frauen wieder

Der Pakt für Berufserfolg ist zum Bündnis gegen Kinder geworden.

Setzt eine Kultur auf die halbe Welt
– die männliche –,
so verliert das Team aus Mann und Frau seine wichtigsten Projekte.

Karrieremodelle, in denen Kinder keinen Platz finden, sind **lebensfeindlich**.

Eine Gesellschaft, die in diesen Modellen lebt, wird es auch.

© Prof. Dr. Höhler

als eine sichere Quelle für Lebensglück erscheinen soll. Dann fällt auch die Spaltung von den beiden »Rollen« ab, die mitten durch die Menschen selbst läuft: Berufsmensch, Privatmensch. Wer bin ich wirklich? Nein, wer eigentlich wäre ich, wenn ich zu Atem käme und sein dürfte, der oder die ich bin. Zehntausendfach zuckt dieser Gedanke sicher täglich durch die Köpfe der Menschen, die nicht mehr an ihr Glück glauben.

Die vertrauten Diskussionslinien sind also trügerisch: Frauen hätten wegen des Zwiespalts um Beruf und Privatleben weniger Kinder. Auch die Folgerung, Männer müßten mehr von der Kinderbetreuung übernehmen, greift zu kurz. Männer tun das inzwischen, aber der Rückzug der Kinder aus unserer Gesellschaft geht weiter. Alle, für die kein Platz ist, verschwinden aus der Gesellschaft. Daß für Kinder kein Platz ist, hat nur am Rande mit Berufswünschen der Frauen zu tun. Dieses Thema ist die Spitze des Eisbergs. Unter der Oberfläche abgenutzter Thesen und Gegenthesen droht die Entdeckung der einfachen Wahrheit: Wenn das bewährte Team von Mann und Frau den Pakt für gemeinsame Problemlösungen aufkündigt, werden einige Probleme unlösbar. Während beide, Mann und Frau, isoliert auf ihren Inseln, einen Teil der Arbeit weitertun, verschwinden all jene Projekte, die ohne enges Zusammenwirken der beiden nicht erfolgreich bearbeitet werden können.

Setzt eine Kultur auf die halbe Welt – in unserem Falle die männliche –, wird sie ihre Überlebensentscheidungen in die Hände der begünstigten Welthälfte legen. Die männliche Hälfte der Welt ist nicht Kinderland. Kinder können sich nicht, wie die erwachsenen Frauen, um ihren Platz in dieser Welt kümmern. Männerland wird überall dort gemischtes Terrain, also Männer- und Frauenland, wo Frauen auftauchen und mitentscheiden. Im gleichen Maße, wie diese Mischung wieder gelingt, wird die Welt der Reichen auch wieder mehr Platz für Kinder haben.

Das läuft ganz gegen die vertrauten Debattenargumente. Die lauten: Wenn immer mehr Frauen okkupiert sind von Männerberufen, wird es noch weniger Kinder geben. Diese Beweiskette ist kurzschlüssig, bequem und oberflächlich. Männer werden mit der Welt der Kinder vertraut durch die Frauen. Wo Frauen sind, ist der prosoziale Einspruch, der Lebensräume freimacht, die der Mann in seiner Systemfreude zugeschaufelt hat. Improvisationsnischen entstehen, wo Frauen arbeiten. Nicht mehr das System regiert, sondern die emotionale Stärke von Frauen regiert das System.

Schritt für Schritt zeigt sich, daß die Welten von Kindern und Erwachsenen nicht um Lichtjahre voneinander getrennt sind, wie es der Mann glauben möchte. Diese Entdeckung läuft nicht als separates Kinderschutzprogramm, sondern sie ist ein Nebeneffekt der Öffnung von Organisationen für die Bedürfnisse ihrer Bewohner: der Mitarbeiter. Die Kunden der Organisation ähneln diesen Mitarbeitern zum Verwechseln; beide ähneln einander mehr, als die männliche Führung ahnt. Der Schaden, den der Abstand von Führungsleuten von der durchschnittlichen Existenz der Kunden und Mitarbeiter für das Unternehmen bedeuten kann, wird ausgeglichen durch die soziale Kreativität von Frauen.

Frauen sind weder bereit noch in der Lage, eine separate Berufsidentität zu fordern oder zu fördern. Sie leben mit gemischter Identität, in der immer alles wachsam präsent ist: Berufs-Know-how koexistiert problemlos mit privater Umsicht und Fürsorge; nie koppelt sich eines ganz vom andern ab.

Wo Frauen das System flexibel machen für Mitarbeiter und Kunden, läuft ganz von selbst die Ermunterung mit, das eigene Leben anzureichern mit privaten Zielen. Auch dies lehrt uns die neue Hirnforschung: Wo eigene Ziele mitlaufen können, entsteht Motivation.* Wo Firmenziele fern vom eigenen Lebenskonzept bleiben, verengt sich der Horizont. Wo es eng wird, ist kein Platz für Kinder; nicht einmal für den Gedanken an sie. Wer sich ausgebeutet fühlt, hat keine Lust zu teilen. Wer sich reduziert sieht auf eine Systemfunktion, entwickelt kein Selbstvertrauen. Die schmal geschnittene Welt der Wirtschaftskarrieren hat nicht einmal für den Gedanken an Kinder Platz. Keiner von den dressierten Ruderern im großen Konzernschiff hat noch Platz für andere Gedanken außer dem einen: raus aus dem dunklen Bauch des Schiffes, ins Licht, also eifrig rudern, bis man an Deck gerufen wird. Am Ende vielleicht sogar auf die Brücke.

Das Experiment, die andere Hälfte der Welt der isolierten Frau

---

* Vgl. dazu Höhler, *Herzschlag der Sieger*, S. 31; 33.

hinzuschieben, ist aus vielen Gründen mißlungen. Die wichtigsten: Frauen leben lieber mit der ganzen Welt statt mit Ausschnitten; Männer verlieren die Witterung für das Klima in der andern Hälfte der Welt; sie bemerken nicht, daß die Insel mit Frau und Kindern langsam davonschwimmt. Schließlich verabschieden sich die Kinder. Lebend oder ungeboren, sie verlassen die unwirtlich gespaltene Welt der Männer und Frauen. Da beide, Männer und Frauen, egozentrische Lektionen gelernt haben, halten sie sich weiterhin für Entscheider im Projekt »Kinder«. In Wahrheit sind sie es schon nicht mehr. Davon könnten die zahllosen Paare erzählen, denen das Kind plötzlich einfällt, wie ein vorbestimmter Verlust, den sie nun nicht mehr ausgleichen können. Alle wissenschaftliche Kunst wird bemüht, um den panisch freigeschaufelten Platz nun noch zu füllen; nur manchmal gelingt das.

Wer Frauen in die Business-Welt holt, erfährt es früher, daß Kinder Erwachsene besser machen, und dies gleich in zweierlei Hinsicht: beim Know-how und bei den ethischen Standards. Wer den mühsamen Langzeitprozessen zugesehen hat, in denen »Firmenphilosophie« geschrieben wird, der sollte den Befreiungsschlag versuchen. Schreibt alles hinein, was ihr euren Kindern geben wollt. Frauen können das spontan niederschreiben, auch wenn sie keine Kinder haben. Männer erfahren es meist erst, wenn ein Kind da ist – und dann oft mit dem Schrecken: Das alles wußte ich ja gar nicht! Welch ein Glück, daß ich es noch erfahre!

Da Männer Virtuosen des Vergessens sind, ist das Band zur eigenen Kindheit tapfer zerschnitten worden, als es um die männlichen Ideale von Unerschütterlichkeit und Berechenbarkeit ging: ein Karriereopfer. Bei Frauen glüht die soziale Sensibilität weiter. Ihre *multi-task*-Ausstattung fordert solche Opfer nie. Die Welt der Männer wird vom Entweder-Oder regiert, die der Frauen biegt die Enden zusammen: Sowohl – als auch heißt ihr Motto.

Firmen, in denen starke Frauen arbeiten, werden früher als andere ihre Abschottung gegen den Rest des Lebens aufgeben. Ihre Philosophie wird Tugenden aufzählen, die ganz nebenbei das Tor für Kinder weit aufmachen. Der Firmenkindergarten wird dann nicht zum Ghetto, wo die Kinder genauso eingemauert und von ihren Eltern getrennt leben wie die Eltern von ihnen und voneinander. Kin-

Wo Kinder sind, wird es ernst.

**Es ist nicht der Ernst der Systeme,
sondern der Ernst des wirklichen Lebens.**

© Prof. Dr. Höhler

der in der Mittagspause, Kinder auf dem Sportplatz, Kinder, die fühlen können, wie nahe ihre Eltern sind, spielen unbeschwert. Sie erleben nicht mehr den täglichen Abschied mit der Verlustangst, die sie als Dauerstress begleitet. Sie wissen: Die Mutter ist in der Nähe oder der Vater; wenn beide in derselben Firma arbeiten, sind sie beide da.

Die alltäglichen Dramen zwischen Müttern und Kindern sind bei näherem Hinsehen gänzlich überflüssig. Sie entstehen aus Diktaten der Arbeitswelt, weil die Fiktion gilt, Kinderleben und Berufswelt seien nicht Teile einer gemeinsamen Welt, sondern verschiedene Welten. Über die Prioritäten ist auch bereits vorgreifend und endgültig entschieden: Berufswelt ist höherwertig; Kinderwelt wird in die Nischen gepreßt.

Wer die Dramatik dieser Fehlentwicklung gar nicht mehr empfinden kann, der stelle sich bitte vor: Ein übermütiges Kind, vier oder fünf Jahre alt, rennt durch den schallschluckend gepolsterten Korridor im zwanzigsten Stock des Großkonzerns *Notforkids*. Der zwanzigste Stock ist die Vorstandsetage. Daß das Kind hier entlangspringt, ist schon deshalb hochgradig irreal: Es könnte die Sicherheitssperren nicht passieren. Wir sprechen also von einem virtuellen Ereignis. Das Kind öffnet Türen, erschreckt Sekretärinnen und Aktenträger, wie es ein *alien* täte.

Niemand wagt den skandalösen Gedanken zu denken, es könne sich um Sohn oder Tochter eines Vorstandsmitglieds handeln. Tauchte am Ende des Korridors dann die verlegene Mutter auf, wäre klar, daß sie ein Sakrileg zu entschuldigen hätte. Öffnete sich aber nun eine Tür und Vorstandsmitglied Lovekid nähme das vorbeistürmende Kind in seine Arme, weil es seins ist: Die Verblüffung könnte größer nicht sein. Und sie würde umschlagen in Rührung, weil die Macht des Bildes plötzlich innere Türen aufbricht. So könnte es sein, so wäre es, wenn wir die Welt nicht zerschlagen hätten, in der Erwachsene mit Kindern leben.

Das Kind wird öfter dort auftauchen, wenn der Vorstand ein weibliches Mitglied hat, weil Frauen der Ritualisierung ihres Status widerstehen. Und die losgetretenen inneren Bilder in allen Köpfen würden die Unerbittlichkeit des Systemdenkens bis in die Sitzungsdebatten auflockern. Wo Kinder sind, wird es ernst, das wissen Er-

Kinder qualifizieren Erwachsene ethisch:

Sie fordern und wecken verlorene Tugenden.

Verläßlichkeit
Wahrhaftigkeit
Geduld

Selbstdistanz
Gerechtigkeit
Maß

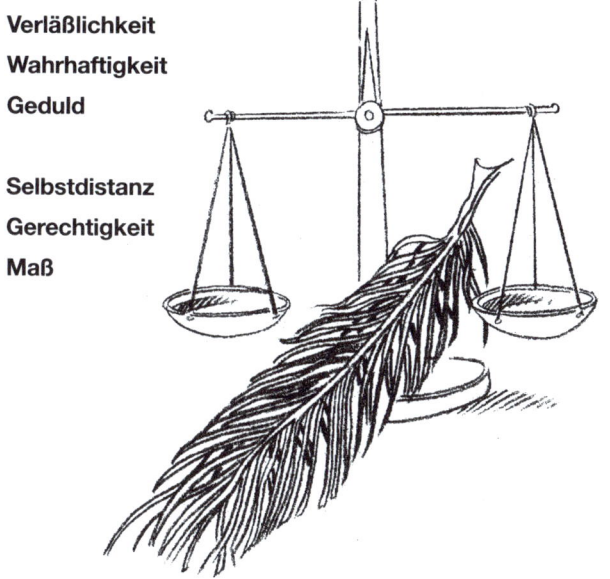

Wer Kinder nicht in die Knechtschaft des Materialismus führt, wird von ihnen aus dieser Knechtschaft befreit.

© Prof. Dr. Höhler

wachsene, die mit ihnen umgehen. Aber es ist der heitere Ernst des wirklichen Lebens, nicht der bittere Ernst der künstlichen Welt, die ständig vor dem Einsturz bewahrt werden muß, wenn sie mit der Welt der Menschen im Markt kollidiert.

Kinder werden aus der Chefperspektive erst vorzeigbar, wenn sie mindestens halbwüchsig oder schon in Harvard sind. Daß aber die wichtigsten Erfahrungen in diesem jungen Leben viel früher gelaufen sind, als der Vater noch gar nicht hinsah, mögen die meisten Erfolgseltern ungern hören. So wird für die Schmalspurqualifikationen der nächsten Generation vorgesorgt: Entzug einer breiteren emotionalen Konditionierung hilft beim Fokussieren. Störanfällig sind nur die gefühlsstarken jungen Menschen. Und wir wissen es bereits: Junge Frauen lassen sich nicht so willig auf die Schmalspur drängen wie junge Männer. Die Frauen bringen ihr Potential relativ unbeschädigt bis an die Spitze, wenn sie begriffen haben, daß sie damit konkurrenzlos sind.

Firmenphilosophie aus mütterlich-väterlicher Perspektive: ein Tabu für die großen Firmen, aber den Versuch ist es wert. Die endlosen Imponierrunden der Männermehrheit abzukürzen, die Vortrefflichkeitskonkurrenz einfach wegzupolen auf ein ganz anderes Zentrum bringt Entlastung des Teams, einen Qualitätsschub für das Zeitmanagement und einen Quantensprung im Ergebnis.

Was will man Kindern geben? Achtung, Aufrichtigkeit, Schutz, Verläßlichkeit, Lernchancen, Zuwendung, Geduld, Entschiedenheit. Gibt man das, so bekommt man zurück: Vertrauen. In der Summe: Autorität.

Natürlich läßt sich dieser Katalog ausführlicher fassen. Aber er bringt die Arbeitsgruppe auf die richtige Spur – die wir unter Erwachsenen leicht verfehlen. Ressentiments und Vorurteile, Rivalitäten und schlechte Erfahrungen stehen uns im Weg.

Wer die Lebensinseln so entschieden voneinander isoliert, wie wir es – noch – tun, der verliert auch die Erfahrung, daß Kinder qualifizierende Wirkung auf Erwachsene haben. Gefesselt an die landläufige These, daß Kinder Lebensenergie und Lebenszeit der Erwachsenen verzehren, nehmen viele von uns nicht mehr wahr, daß Erwachsene durch den Umgang mit Kindern besser werden – auch im Leistungsspiegel.

Der große Vorsprung vieler Topfrauen vor Karrieristen mit einseitiger Vita im Beruf ist die Erfahrung mit kindlichen Entwicklungsprozessen. Gelassenheit und Humor, ein überlegenes Urteilsvermögen, Augenmaß beim Umgang mit Risiken und Chancen, Großzügigkeit gegenüber den Prahlereien und Überlegenheitsritualen unter Männern sind einige der Vorzüge, die Frauen aus der Kinderwelt mitbringen. Ein schöner Traum, wenn Kinder selbst mehr zum Erfolg der Erwachsenen beitragen könnten – einfach durch mehr Präsenz im Berufsalltag. Ein Traum, um dessen Erfüllung wir nicht herumkommen, wenn wir den Rückzug der Kinder aus unserer Kultur stoppen wollen.

19. Der Auftritt der Wölfin

Wenn sie nicht mehr das Begleitgestirn ist und nicht der Coach, sondern selbst die Topmanagerin, gibt sie dann genauso viele Optionen preis wie der Mann? Wir wissen heute ziemlich genau: Das könnte sie zumindest im ersten Kapitel des Lean-Programms, das vor der Geburt liegt, nicht für sich entscheiden*. Die Frau geht mit mehr Optionen auf die Strecke; ihre *multi-task*-Qualifikation macht sie zur 360-Grad-Ausgabe, wo der Mann mit 180 auskommen muß. Ich habe von den Chancen und Risiken berichtet, die diese *multi-view*-Ausstattung mit sich bringt.

Wenn der männliche Weg an die Spitze so große Opfer an sozialer Kompetenz und an emotionaler und psychischer Kondition fordert, haben wir dann nicht die komplette Erklärung dafür in der Hand, daß Frauen in diesem unterkühlten Szenario so selten auftauchen? Sie sind gleich doppelt an der Preisgabe von Lebensvarianten gehindert: einmal, weil sie *multi-task* geboren werden und zum andern, weil die Gefilde, aus denen sie berufsbedingt vertrieben werden sollen, die Landschaften ihrer höchsten Kompetenz sind. Frauen werden also am männlichen Sparprogramm, dem Training für Persönlichkeitsauszehrung, nicht teilnehmen. Dann wäre das Nachdenken über gemischte Topteams zu Ende.

Es könnte aber sein, daß die männliche Variante zwar die meistpraktizierte ist – nicht weiter erstaunlich, da sie männlichen Spontanreaktionen im Umgang mit sich selbst entspricht –, aber durch-

---
* Siehe dazu das Kapitel über die »Hormondusche«, S. 29–36.

aus nicht die einzig mögliche. Jenseits der Männermythen vom Management gibt es noch ein ganzes Stück Welt – genauer gesagt: die andere Hälfte der Welt.

Und noch etwas dürfen wir erwarten: Vieles, was Männer spontan tun, um nach oben zu kommen, tun Frauen auch – aber sie erklären, warum. Die »Sprachlosigkeit« der Männer ist Ergebnis ihrer Handlungsorientierung. Wer ans Handeln glaubt, der redet weniger. Wer Frauen auf dem Weg nach oben beobachtet, der erfährt mehr über dessen Gesetze, als Männer uns jemals sagen könnten. Und am Ende steht eine verblüffende Erkenntnis: Managementtheorie sollte von Frauen geschrieben werden; weil sie weniger konkurrenzbesessen sind als Männer, weniger siegfixiert und mehr sachfixiert, behalten sie ihren Beobachterstatus in jeder Etappe. Sie spielen mit und kommentieren das Spiel – viel zuverlässiger und viel detailgenauer, als Männer es jemals könnten. Das bedeutet immerhin: Frauenstrategien auf dem Weg an die Spitze sind viel besser dokumentiert als die Männerstrategien, über die wir seit Jahrzehnten reden. Und diese Strategien liefern uns zweierlei. Erstens: Auskünfte über das, was zum Aufstieg generell gehört, gleichviel, ob Frau oder Mann aufsteigt. Zweitens: die Unterschiede. Wir werden an ihnen wieder prüfen können, wie ideal die Kooperation von Männern und Frauen im Management sein wird – im neuen Jahrhundert und dann im neuen Jahrtausend.

Carly Fiorina wurde unter weltweiten Bravorufen und Glückwünschen 1999 CEO von Hewlett-Packard – einer Firma übrigens, die schon früher durch ihre ausgewogene Kultur und ihre hohen ethischen Standards ebenso auffiel wie durch das, was die Konsequenz ist: die hohe Motivation der Mitarbeiter. Ein solches Unternehmen ist unbefangen und neugierig genug, zwischen männlichen und weiblichen Bewerbern nur noch nach Qualifikation zu unterscheiden. Das geschah im Fall Fiorina besonders eindrucksvoll, denn die Bewerberin war für ein Unternehmen der Computerindustrie nicht nur schlecht, sondern gar nicht vorbereitet. Sie hatte nie in dieser Branche gearbeitet. Ihre Mitbewerber waren zwei Männer und eine weitere Frau.

Fiorina berichtet, wie sie mit ihrem Handicap umging. »Computer-Expertise«, so sagte sie den Direktoren beim entscheidenden Gespräch, »ist ja nicht das Problem von *Hewlett-Packard*. Es gibt Unmengen Leute in diesem Unternehmen, die genau diese anbieten. Ich habe bewiesen, daß ich sehr schnell herausfinde, was wichtig ist. Und ich weiß, was ich nicht kann. Und ich weiß, daß unsere Stärken komplementär sind. Sie haben eine hohe Ingenieurkompetenz. Was ich bringe, ist die strategische Vision, die HP braucht.«

Ein starker Auftritt. Ein typisch weiblicher Auftritt. So sieht das aus, wenn eine Frau sich nicht in den Fallstricken ihrer Bescheidenheit verfängt: Statt ihr Handicap auf der Zunge zu tragen, wechselt sie blitzschnell die Perspektive: Was mir fehlt – fehlt das denn auch der Company? Die Antwort ist: Genau dies hat sie im Überfluß. Ergebnis: Genau deshalb ist es völlig unwichtig, ob ich es auch noch mitbringe. Ich will die Firma ja nicht dort stärken, wo sie stark ist, sondern da, wo sie weniger eigene Ressourcen hat.

Der wichtigste Schritt in diesem Gesprächsstart ist der Tausch der Perspektiven: objektiv statt subjektiv. Aufgabenorientiert statt egofixiert. Fiorina gibt damit ein innovatives Portrait der Frau, die nicht mehr in persönlichen Betroffenheiten und Gesten der Hilflosigkeit agiert, sondern offensiv von der Aufgabe her argumentiert. Dies kann sie um so ausgeruhter tun, als ihr nicht ein Riesenego im Weg steht, das seinen Zucker will. Sie vermeidet den weiblichen und den männlichen Fehler – das ist der erste Schritt zu ihrem Sieg.

Der nächste Satz bringt die wichtigste Botschaft: Ich bewundere diese Company. Sie hat hochkompetente Mitarbeiter mit Expertenwissen. Darin steckt die Hochachtung, die für einen Spitzenplatz in der Firma unentbehrlich ist. Die Direktoren verbuchen das.

Im dritten Satz spricht Fiorina zum ersten Mal von sich. Ich habe bewiesen, was ich kann, sagt sie. Ich komme schnell zum Wesentlichen. Damit ist eine klare, uneingeschränkte Message des Selbstbewußtseins auf dem Tisch. Ohne Fragezeichen, ohne den fatalen Frauen-Satz: »Trauen Sie mir das zu?«, der das männliche Zutrauen schwer erschüttert. Aber mit einem klugen Nachsatz, der eigentlich meint: Ich überschätze mich nicht. Ich kann längst nicht alles. Aber ich kenne die weißen Flecken auf meiner Landkarte.

Satz vier bringt ganz nebenbei jene Managementtheorie ins Spiel, der dieses Buch gilt: Die Komplementarität der Talente. Ich weiß es, sagt die Bewerberin. Sie vermutet es nicht, sie weiß es: Was sie bringt, kann das Haus nicht produzieren. Was sie dann abschließend anbietet, ist nichts Geringeres als die Konzernzukunft in virtueller Gestalt – die strategische Vision für ein Weltunternehmen.

Das sind starke Sätze für eine Frau. Und dieser Auftritt der Alphawölfin hat die männliche Spitzengruppe überzeugt. Ein besseres Lehrstück als Beweis für die Thesen dieses Buches kann nicht erdacht werden. Und das Beste an dieser Lektion: Sie ist nicht erdacht. Sie ist so geschehen.

Es besteht kein Zweifel, wer in diesem Gespräch führt. Es ist die Frau. Sie gibt keinen Augenblick der klassischen Versuchung nach, sich führen zu lassen, denn sie bewirbt sich um eine Führungsaufgabe. Schon bei diesem ersten Kontakt hat sie einen Verbündeten wahrgenommen, den sie im nächsten Schritt für sich gewinnt: Dick Hackborn, ehemals Vice President bei HP. Sie bittet ihn, Chairman zu werden, wenn sie den Topjob bekommt – für eine Weile. Hackborn ist überrascht. Er ist 62 und auf einen Fulltime-Job nicht mehr eingestellt. »Sie bringt 90 Prozent in diese Partnerschaft, ich allenfalls 10«, sagt er. »Sie wird ein hervorragender *leader* sein, fügt Hackborn an. »Sie bringt alle Voraussetzungen dafür mit.«

Fiorina ist nicht als Ausnahme interessant, sondern als ein *early bird* für eine neue Regel. Ihre strategische Klarheit ist der Vorbote eines neuen weiblichen Selbstverständnisses. Der Feminismus ist abgeschüttelt, die Betroffenheits-Networks produzieren keine *leader*-Figuren, sondern verschlingen Zeit, die man besser in Studien am Beispiel großer Vorbilder investieren sollte. Die Fünf-Satz-Strategie von Fiorina ist natürlich nur auf dem Hintergrund ihrer Kompetenzgeschichte und ihres Temperaments so geschrieben worden, aber sie gibt ein Beispiel, wie die weibliche Annäherung an männliche Strukturen von durchschlagendem Erfolg gekrönt sein kann.

Daß tatsächlich erdrutschartige Bewegungen die Topteams erfaßt haben, beweist die Liste der *powerful women*, die die Zeitschrift FORTUNE für das Jahr 1999 präsentiert: Ein volles Drittel der hier verzeichneten mächtigen Frauen stand vorher auf keiner Liste. Bis dahin war ein langsames Aufrücken in dieser Liste der fünfzig Frauen die Regel. Nun schießen siebzehn Newcomer siebzehn andere heraus aus der Topcrew – was nicht siebzehn weniger, sondern im ganzen siebzehn mehr bedeutet – bezogen auf die zwanzig mächtigsten Unternehmen der USA. Exakt heißt diese Nachricht: Die Zahl der weiblichen Topmanager explodiert. Und wir wissen auch, in welchem Businessbereich die meisten Aufsteigerinnen auftauchen: Es ist das Internet. Die virtuelle Welt, ich zeigte es bereits, ist die Welt der Frauen. Hier bewegen sie sich wie die Fische im Wasser. FORTUNE nennt das Internet »*a superhighway to success*«.

Und noch eine Nachricht, die viele überraschen wird: Mehr als die Hälfte der neuen weiblichen Stars im US-Business ist technologisch qualifiziert. Wer sich die Machtfülle dieser *Technologiehighflyers* vor Augen führt, beginnt zu begreifen, was dieses Buch voraussagt: Die Aufgaben holen sich ihr Personal. Mit diesen Topfrauen ist nicht eine feministische Quotendiskussion in die obersten Etagen marschiert, sondern überzeugendes Know-how. Niemand hält die Tür zu, wenn Frauen erstklassig sind, und Fiorina hat bei ihrer Vorstellung keinen Gedanken daran verwandt, daß sie weiblich sei und ob sie »trotzdem« oder »deshalb« den ersten Platz in der Company für sich gewinnen kann. Sie hat es traumwandlerisch sicher vermieden, ihre Beurteiler unsicher zu machen. Sie hat ihnen im Gegenteil geholfen, ein positives Urteil über die Bewerberin zu finden; sie hat dieses Urteil kurzerhand vorformuliert – aber aus der einzig angemessenen, der gemischten Perspektive: Das braucht die Company, und dies bringe ich. Beides ergänzt einander. Schlichter kann eine Empfehlung kaum sein. Und überzeugender auch nicht.

Wir erfahren selten den Wortlaut männlicher Werbeauftritte, weil die Berichte der Männer in jedem Falle stark gefärbt sind: Es müssen ja Siegerstorys sein, egal ob man reüssiert hat oder nicht. Da verschiebt sich die Realität schon ein wenig, und das Schillern des Pfauenrades läßt die Originaltexte einfach nicht mehr durch.

»Ich bin wie ihr«, ist die Botschaft des Mannes an die Männer, die für ihn entscheiden sollen. »Und ich passe zu euch.« Das sind die Botschaften für die Solidarität. Die Konkurrenzbotschaft polstert der Bewerber etwas ab. Wir für die Company, lautet sie, und unter diesem Vorzeichen darf er mit den Waffen klirren. Daß er auch ein Bedroher für den einen oder anderen sein könnte, wissen seine künftigen Teamkameraden ganz genau. Sie wägen ab, wovon er mehr mitbringt: Bedrohung im internen Wettbewerb oder Sprünge nach vorn für die Firma – und damit für alle. Was bei dieser Abwägung herauskommt, entscheidet über sein Engagement.

Die Botschaft der Frau ist anders. »Ich weiß, wie gut ihr seid«, sagt sie. »Und ich bringe euch etwas, das ihr noch nicht habt.« Was sie sagt, berührt die Rivalitätssensoren der Männer nur zum Teil. Denn sie läuft außer Konkurrenz. Wahrscheinlich fällt es den Männern auf ihren Direktorenstühlen sogar leichter, für sie zu entscheiden – anstelle eines Mannes, der wäre wie sie selbst: ein Rivale mehr. Sind Frauen einmal anerkannt, werden sie auch von männlichem Wohlwollen getragen. Erstaunlich neidlos, so mag mancher meinen, loben Männer die Tüchtigkeit einer hochpositionierten Frau. Regelrecht unkritisch preisen sie deren Fähigkeiten. Es tangiert den männlichen Konkurrenzdrang wenig, wenn Männer Frauen an der Spitze sehen. Mit dem Mann auf demselben Platz könnten sie sich ohne Umstände vergleichen, mit der Frau nur umständlich. Die Wettbewerbermotoren springen nicht so richtig an.

Ob dieser nicht unerwartete Befund in stark durchmischten Gipfelcrews das Wettbewerbsklima milder machen würde, kann einstweilen nur gefragt werden. Je regelhafter Frauen im Spitzenbusiness mitspielen, desto wahrscheinlicher ist zweierlei: Erstens die wechselseitige Übernahme von Strategien, also eine beidseitige Durchdringung der Konzepte ganz im gewünschten Sinne, und zweitens die Normalisierung des Wettstreits auch über die Geschlechtergrenzen hinweg, wo heute noch Befangenheit Verbots- oder Stopschilder aufrichtet.

Auch der Wettbewerb wird damit neue Farben gewinnen; denn nie wird die Rivalität von Männern gegenüber Frauen und umgekehrt dieselbe Qualität haben wie der Wettkampf der Männer mit den Männern und jener der Frauen mit den Frauen – der ohnehin ein heikles Sonderthema ist.

Da wartet die nächste Lektion für Frauen: Konkurrenz unter Frauen. Das biologische Programm ist auf »entweder – oder« eingestellt, wie Biologen und Verhaltensforscher uns erklären. Die andere Frau muß weg, lautet der Grundimpuls unbereinigt. Diese evolutionäre Gewißheit stammt aus der Zeit, als um Erzeuger und Ernährer konkurriert wurde. Wer würde sich um die Frau und den Nachwuchs kümmern, wenn sie die Gunst des Mannes mit einer andern teilen müßte?

Auch wegen dieser lauernden Feindschaft aus der Tiefe sind die innigen und exklusiven Zweierfreundschaften, in die Frauen sich retten, von heftigen Eifersüchten bedroht. Natürlich erfahren Frauen, daß das »Die-oder-Ich« nicht mehr zeitgemäß ist, aber ganz wie die Männer sind sie von den gut verankerten Stammhirnimpulsen immer noch geschüttelt. Die Idee der Frauennetzwerke bekommt unter diesem Vorzeichen den Touch eines weiteren Fluchtversuchs: Das *network* ist nicht Gegenstand weiblicher Bedürfnisse und Stärken. Es entwickelt sich oft zum Beistandspakt der Benachteiligten und zur Verstärkungszentrale für Mißerfolgserlebnisse. Frauen müssen üben, mit Frauen fair zu konkurrieren, und dazu gehört der Einsatz des analytischen Verstandes, mit dem die Frauen sich selbst auf die Schliche kommen sollten. Männer werden ihnen auch dabei nicht helfen, weil es sie zu wenig interessiert, wo, wie und warum Frauen sich selbst blockieren.

20. Ein Mythos fällt:
Das globale Business ist maskufeminin

Grow to be great – der männliche Traum, daß Quantität in Qualität umschlägt. Die Truppenstärke als Hinweis auf die Macht des Herrschers: eine Selbstverständlichkeit in männlichen Vergleichen zwischen Rivalen. Wie viele Leute man beschäftigt, wie viele Stützpunkte global besetzt werden, wieviel Umsatz die Firma macht – das alles rangiert vor der Frage nach der Qualität der Menschen und Produkte. Weil der Rückschluß von der Machtfülle auf die Qualität logisch ist, sagen viele Männer. Genauer: weil Machtfülle eine eigene Qualität ist. Wer mächtig ist, wird mächtiger.

Nur Frauen wagen hier den Zwischenruf: Wer mächtig ist, kann abstürzen. Wer mächtig ist, hat Feinde. – Natürlich! sagen die Männer mit leuchtenden Augen. Viel Feinde, viel Ehr.

Die Produktwelt verändert sich; wir transportieren immer mehr virtuelle Güter. Auf den Spitzenplätzen: Informationen. Die Wissensgesellschaft etabliert den Wettbewerb mit unsichtbaren Warenströmen, deren virtuelle Spur auf den Terminals gelesen statt in Containern oder Trucks in Zentnern vermessen und gewogen wird. Die Truppenstärke wird ein virtueller Faktor, weil der Augenblick, der alle versammelt unter dem Befehl des Feldherrn, nicht mehr stattfindet. Auf den Landkarten in den Vorstandsbüros stecken die kleinen Nadeln oder Fähnchen, die das Netzwerk der Stützpunkte abstecken.

Global wie die Wissensnetze werden auch die Karrieren. Wer nicht an verschiedenen Plätzen des *global village* Duftmarken gesetzt hat, wird nicht akzeptiert im Revier, das die Welt ist.

Immer weniger Platz für Frauen? Immer mehr Genuß für Männer?

Denken wir zurück an die Mythen unserer Geschichte und an die neuesten Erkenntnisse der Hirnforschung. Der Expansionsdrang des Mannes wird immer stärker beflügelt, seine kühnsten Träume werden übertroffen. Die Kette der Selbstbestätigungen will einfach nicht abreißen. Fliegen wie Ikarus, tauchen wie die legendären Meerungeheuer – und U-Boot fahren im menschlichen Organismus; hören, was kein Ohr gehört hat, sehen, was kein Auge sehen kann – schneller als der Schall, so schnell wie das Licht um den Globus rasen. Die letzten Geheimnisse zu knacken, traut er sich längst zu. Immerhin 10 Prozent des Weltalls kennt er nun, und das Schlüsselbund zum eigenen Bauplan, dem Genom des Homo sapiens, muß er nur einsammeln; der erste Schlüssel, ein Chromosom komplett, ist bereits in seiner Hand. Weltweit teilen viele Männer und wenige Frauen die Neugierarbeit; das Rätsel des Bewußtseins soll sich am Ende dieser Neugier fügen. Und dann will man es transplantieren; in Computer.

Männerspiele? Überwiegend Männerspiele. Aber Spitzenforschung ist nicht die Welt. Das einsame Abenteuer der kleinen Teams, die erst am Ziel Zeit für die Presse haben, ist ein Minderheitenwagnis, das durch mittlere Mehrheitsleistungen jeden Tag und jede Stunde finanziert werden muß.

Der Sprung in die künstliche Intelligenz ist ein Innovationsschub in Richtung Kooperation geworden. Noch wird wenig darauf geachtet, aber wer die Mitarbeiterzahlen in Zukunftsbranchen nach Geschlechtern aufschlüsselt, entdeckt überdurchschnittlich viele Frauen. Das begann in den Medien, wo Männer und Frauen seit Jahrzehnten besser kooperieren als in Industriebetrieben. Informatikfirmen beschäftigen viele Frauen mit feinmechanischen Arbeiten, die manuelle Geschicklichkeit verlangen. Höher qualifizierte Programmierer sind häufig ebenfalls weiblichen Geschlechts. Die großen Dienstleister beschäftigen Frauen vor allem im Kundenkontakt; das soziale Interesse und die gestreute Aufmerksamkeit der Frauen (*multi-task!*) begünstigen das Beziehungsmanagement.

Nichts davon ist neu. Und die Wanderung stromaufwärts, an die Unternehmensspitze, ist weiterhin ein fast frauenfreies Szenario. – Und dennoch: Die Aufgaben holen sich ihr Personal.

Mann und Frau –
Komplementäre Strategien

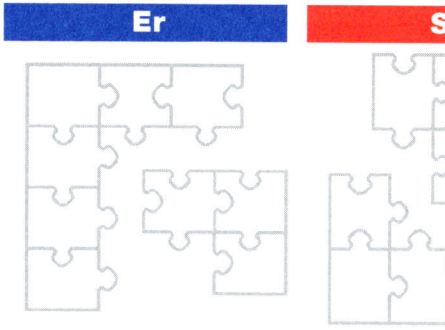

Er	Sie
- Fasziniert vom **Gemachten**	- Fasziniert vom **Geschaffenen**
- **Agieren**	- **Reagieren**
- Er fragt: **Was?**	- Sie fragt: **Wie?**
- Er fragt: **Woher** nehme ich den Werkstoff, die Mittel?	- Sie fragt: **Wozu?** Plädiert für Auswahl, Details, Vielfalt.

© Prof. Dr. Höhler

- Die virtuelle Geschäftswelt verlangt mehr Improvisation und eine bessere Witterung für Zwischentöne.
- Die multikulturellen Firmenheere, die man nicht mehr halbjährlich zur Motivationsshow versammeln kann (oder will?), weil sie weltweit verteilt sind, verlangen ein besseres Stimmungsmanagement, als es bisher üblich war.
- Das Vorrücken der Kommunikationsleistung auf einen der ersten Managementplätze drängt das reine Produktmanagement auf einen nachgeordneten Platz.
- Die Unberechenbarkeit der Lebensdauer von Firmen verlangt eine neue Flexibilität und Offenheit gegenüber potentiellen Partnern, die den Stellenwert des Firmenego über Nacht verändern. Ob dabei die gesamte Motivationskultur des Unternehmens abstürzt, ist eine Frage des Managements.
- Das knappe Produkt, dessen Nachfrage rasant steigen wird, heißt Vertrauensmanagement. Kaum eine Firma produziert es; nur wenige Manager schätzen es als Erfolgsfaktor richtig ein.
- Die Fusionswellen werden kaum noch Windstille zulassen. Sich im Zwiespalt zwischen Bewahren und Verändern den Legionären des Geldes, den Investmentbankern, nicht ohne eigene Urteilskraft auszuliefern bedeutet eine Kraftanstrengung: das eigene Unternehmen objektiv zu beurteilen.
- Globale Präsenz erfordert gemischte Managementkonzepte. »Globalisierung« ist das Gebot der Stunde: global und lokal zugleich agieren. Wer nach Schwarzweißlösungen strebt, ist der Verlierer.
- Globale Kundenbeziehungen erfordern ein neues Beziehungsmanagement. Wer Produkte und Dienstleistungen in verschiedenen Lebenswelten und Wertkulturen bewegt, braucht Seismographen, um die Fehlerbilanz niedrig zu halten.
- Global von der Presse begleitet und kommentiert zu werden erfordert ein international sensibles Management für Journalistenkontakte.
- Globale Präsenz heißt globaler Rechtfertigungsbedarf. Jede Gesellschaft hat ihre Verdachtskultur. Unternehmen müssen im kulturellen Kontext antworten; Voraussetzung dafür ist erstklassige Information.

○ Globale Standards für die ethische Identität einer Firma sind unerläßlich. Ein globales *corporate profile* erfordert neben internationaler Sachkenntnis ein hohes Maß an Empathie.

Man muß kein Prophet sein, um in diesen neuen Anforderungen das gemischte Zukunftsportrait von Managern zu erkennen, die wir im klassischen *closed men's shop* nicht haben. Keinesfalls werden die traditionellen Spitzentrupps in der Lage sein, die allgemein anerkannten neuen Anforderungen abzudecken, wenn sie sich gegen weibliche Mitwirkung entscheiden. Im Gegenteil. Da die Abwesenheit von Frauen in den Spitzengremien der Firmen selten einer direkten Entscheidung von Männern gegen Frauen entspringt – wie ich in diesem Buch eindrücklich genug gezeigt habe –, wird sich die Mitwirkung von Frauen auf geradem Weg über diese Themen ergeben.

Wer zweifelt, der bedenke: Die genannten Veränderungen in der Agenda des Managements betreffen ja keineswegs Aufgaben, die Männer begeistert an sich reißen. Ein Szenario der kühnsten Männerträume ist die Landschaft der neuen *globalen* Qualifikationen für Firmen nur in ganz wenigen Highlights – und die stellen zugleich das Gefahrenpotential der Management-Zukunft: Es sind die Träume von Größe und Macht, die Siegerbilder, die der Kopf vorwegnimmt und der kollektive Rausch der Himmelstürmer salonfähig macht, wenn man nur intellektuell genug darüber redet. Beistand für die Intellektualisierung des Gigantismus bietet sich alltäglich und überall den Firmen an. Die Legionäre des Geldes haben schon vorsortiert, was das Herz der Spitzencrew höher schlagen lassen könnte.

Kein anderer Platz auf dem Tableau der Zukunftsqualifikationen für das Management ist für Männer eine reale Versuchung.

○ Besser führen? – Zur Not, aber halbherzig.
○ Strategisch kommunizieren? – Schweigen ist Gold.
○ Feindbilder opfern? – Das kostet Stresshormone, die brauchen wir aber.
○ Die *high-trust company* als Ziel? – Kontrolle ist besser.
○ Im Fusionsfieber kühlen Kopf bewahren? – Aber Wagnisse stimulieren! Und die brauchen hohe Drehzahlen.

- Global lokal managen? – Wer Lust auf kleine Formate hat, soll's machen.
- Kundenbeziehungen noch differenzierter managen? – Was nicht spektakulär ist, das macht auch keinen Spaß.
- Noch mehr Hintergrundgespräche mit Journalisten? – Und jedesmal springt der alte Ärger an, den man mit der Presse gehabt hat.
- Ethische Standards globalisieren? – Das könnte eine Agentur machen. Für Spitzenmanager ist das zu mühsam.

Die Aufgaben holen sich ihr Personal: Der neue Katalog der Management-*skills* für die virtuelle Welt ist – nicht eine Einladung an Frauen, sondern das Wetterleuchten, das Männer warnen sollte, ihre Vorliebe für die klassisch-vertrauten Ressorts im Management gegen den Innovationsdruck des globalen Business verteidigen zu wollen. Mitspielen wollen die meisten von ihnen – aber zu den alten, nicht zu neuen Bedingungen. Genau damit haben Frauen überhaupt kein Problem: Sie sind ohnehin neu auf der Szene, und ihre komplexe Wahrnehmung hat immer ein paar Puzzlestücke mehr im Blick, als der Tunnelblick des Mannes tolerieren will.

Ideal wird die Konstellation der neuen Anforderungen für Frauen aber aus einem anderen Grund: Sie entspricht genau den Stärken, mit denen Frauen unterwegs sind. Die Stichworte ihrer *skills* lassen sich entlang der vorgestellten Liste lesen:

- Frauen sind improvisationsstark, weil sie den Umgang mit ungeordneten Szenarien gewohnt sind.
- Sie sind sozial interessiert und aufnahmebereit.
- Ihre Witterung für Stimmungen ist ausgeprägt.
- Kommunikation ist eine Frauendomäne. Sie sind verbal geschickter, haben mehr Kommunikationserfahrung und trauen dem reinen Produkttransfer nur Teilerfolge zu – mit Recht.
- Frauen investieren weniger Energie in Feindbilder als Männer.
- Ihr Harmoniebedürfnis sucht ständig nach Ähnlichkeiten und Verständigungsanlässen. Daß jedes andere Unternehmen eher Partner als Feind sein könnte, ist in der Ära der Fusionen wichtiger als das Kultivieren von Gegnerschaften.
- Die *high-trust company* ist ein Organismus mit viel weiblicher

Energie. Setzen Männer mehr auf handfeste Kontrollmechanismen, so zeigen Fragen ihnen, daß mehr Vertrauen mehr Zeit bedeutet – und weniger Intrigen.
- Frauen stehen immer zugleich drinnen und draußen. Die Firma frißt sie nie mit Haut und Haar. Das macht ihr Urteil objektiver. Sie können den Männern helfen, die Company so zu sehen, wie die andern sie sehen; das Insidersyndrom wird damit entschärft.
- Frauen sehen mehr Nuancen. Sie sind fähig, Nah- und Fernsicht so zu mischen, daß nicht der Grundsatz das Detail erschlägt und umgekehrt. Frauen sehen farbig, wenn Männer im Eifer des Gefechts nur noch Schwarzweiß dulden wollen.
- Kunden weltweit in der Sprache ihrer Wünsche und Gefühle zu begegnen, das ist mehr als Marktforschung vermitteln kann. Es verlangt die Bereitschaft, ihre Gefühle zu teilen. Kein Männerkonzept. Aber eine Leidenschaft von Frauen.
- Kontakte pflegen: das ist weibliches Terrain. Nicht jede Minute in Profit umrechnen, sondern Gesprächsatmosphäre zum Erfolgsfaktor machen. Das gelingt nur, wenn man weiß, daß die Meinungsmacht der Presse sich gegen jeden wendet, der sie unterschätzt.
- Glaubwürdigkeit ist eine der wertvollsten Ressourcen für Unternehmen. Ist sie verspielt, dauert ihr Wiedergewinn ein Vielfaches der Zeit, die für den Absturz ausgereicht hat. Glaubwürdigkeit ist Ergebnis einer hochkarätigen Informationskultur. In der Massengesellschaft steigt deren Bedeutung ständig.
- Es gibt noch keinen globalen Katalog der ethischen Standards. Aber es gibt die internationale Menschenrechts-Charta, die jeder Organisation den Kern der Wertvorstellungen freiheitlicher Gesellschaften als Katalog der Aufgaben präsentiert. Unternehmen, die ein untadeliges Profil wollen und ihre Mitarbeiter und Kunden sowie die Öffentlichkeit in einer Kultur des Vertrauens verbinden möchten, sollten die Charta der Menschenrechte in ihre Philosophie einarbeiten. Frauen sind im Umgang mit solchen Grundsatzfragen geübter als Männer, weil sie nicht ständig dem Widerspruch zwischen Expansionswünschen und einschränkenden Tugenden ausgesetzt sind. Wo Männer über Kampf oder Flucht entscheiden, lassen sich Frauen auf unspektakuläre Lösungswege ein.

Die Unentbehrlichkeit von weiblichem Know-how macht sich bereits bemerkbar, wo unbefangene junge Manager arbeiten. Dort sind mehr Frauen – keineswegs aus ideologischen oder sozialpathetischen Gründen, sondern weil die jungen Männer einen kurzen Denkweg zu den Selbstverständlichkeiten haben: daß gemischte Talente komplexere Lösungen bringen.

Je zeitgemäßer ein Unternehmen gemanagt wird, desto schneller wird sich dort die Zahl der Frauen vermehren. Wir werden bald diesen neuen Standard der Unternehmensbewertung offiziell werden sehen. Firmen von gestern sind Männerfirmen, die männlich kollabieren, auch wenn sie gestern noch vor Kraft kaum gehen konnten. Firmen für morgen sind gemischte Teams, die das neue Aufgabenspektrum im Management zwischen Männern und Frauen aufteilen, weil die Aufgaben verschiedenes Know-how verlangen.

21. Der *global manager* – das androgyne Wesen

Sein Mythos lebt, noch ehe er selbst die Bühne betreten hat: Der *global manager*, ein Zukunftswesen, das in Männerteams entworfen und darum vorschnell für männlich erklärt wird. Seine Fähigkeiten aber, wie sie die Prognostiker beschreiben, sind der ideale Mix aus männlichen und weiblichen *skills*. Da darf man die auffällige Tatsache vernachlässigen, daß die männlichen Planer dieses neuen Erfolgstyps überhaupt nicht auf die Idee kommen, daß ihr Anforderungskatalog schwerlich von ihresgleichen erfüllt werden kann.

Männer trauen sich eben eine Menge zu. Wo es um das Theoriestadium einer neuen Lösungsfigur geht, wollen sie auch mit deren konkreter Gestalt noch gar nichts zu tun haben; Realität kommt später. Die Vorarbeiten der Designer für den *global manager* im anbrechenden Jahrtausend sind für uns um so wertvoller, weil sie nicht von sozialen Rücksichten beeinflußt sind – und dennoch zu einem Qualifikationsprofil führen, das dem Programm der männlich-weiblichen Kooperation in idealer Weise vorarbeitet – ohne daß die Männer dies bemerken.

Der *global manager*, jene international bewegliche Führungspersönlichkeit für die Welt der vielsprachigen und multikulturellen Unternehmen, soll kein heimatloser Geselle sein, der im Niemandsland der Hotels und Flughäfen jede Bodenhaftung verliert. Darüber sind sich alle einig, die sich international mit den neuen Anforderungen befassen: Es geht weder um den Hans Dampf in allen Gassen, noch um ein Chamäleon oder quirlige Staatenlose, die leichtfüßig von Kontinent zu Kontinent eilen. Bindungslos soll er nicht sein, heißt die einhellige Meinung. *»Rootless invoiduals are unable to take ... personal risks ...; the culturally grounded are personally more secure and more likely to respect the culture of others«*, sagt der englische Professor Gareth Jones.

Kulturelle Wurzeln seien wichtig für den Respekt vor anderen Kulturen, eine gute »Erdung«, erläutert Jones. Wer führen wolle, brauche selbst soliden Halt. – Im visionären Höhenflug lassen sich also die neuen Merkmale nicht gewinnen. Das Motiv aber steht nicht im Katalog der traditionellen Managementqualifikationen, die das Business in Europa geprägt haben. Da geht es um Flexibilität, um Bereitschaft zum »Weglernen« und um ein »globales Bewußtsein«, was soviel meint wie: Bitte keine soliden Bindungen an Land und Leute; denn morgen mußt du dich woanders akklimatisieren.

Frauen haben festeren Boden unter den Füßen. Ich habe gezeigt, daß sie im Spektrum ihrer Stärken die Bodenhaftung mitbringen, weil sie vom Abheben nicht generell besseren Überblick erwarten – den haben sie ohnehin durch ihre breitgefächerte Wahrnehmung. Andere wahrnehmen, weil man die eigenen Gefühle ernst nimmt: Das ist eine erwiesene Stärke von Frauen. Die Empathie legt Grenzen nieder, weil sie im anderen das eigene Ich gespiegelt sieht. Nur auf diese Weise können sich Ichstärke und Interesse am anderen verbinden. Der Mann ist abgrenzungsstark; er schärft seine Konturen, um seinen Erfolg zu sichern. Deshalb wird die Frage: Wieviel Wurzeln, wieviel Disponibilität? zu einem Thema, wenn Männer den *global manager* entwerfen. Qualitäten, die Frauen mitbringen, müßten Männer einstudieren. Und analog zu den Frauen, die Männerlektionen lernen wollen, bleiben sie schlechter. Gleich Frauen mitnehmen ins globale Management! heißt die einfache Lösung.

Der *global manager*, so finden die männlichen Experten heraus, muß in der Fremde denken können wie ein Sozialanthropologe, also ein Verhaltensforscher, der das Beziehungsmanagement lernen will. Es gehe nicht darum, die andere Kultur zu verstehen, sondern sie zu übersetzen für die jeweils anderen. Führung im globalen Un-

Am Beginn des neuen Jahrhunderts:

Die Aufgaben holen sich ihr Personal.

Die virtuelle Warenwelt begünstigt Frauen.

Sie sind die besseren Manager für
- Komplexität
- multikulturelle Kommunikation
- globale Lokalisierung
- high trust in der Company
- Innovationsbereitschaft
- globales Corporate Profile
- ethische Standards
  in der diversity

© Prof. Dr. Höhler

ternehmen heißt also die soziale Kompetenz erweitern. So abgenutzt der Begriff inzwischen ist, so harmlos er deshalb erscheinen mag: Daß Manager Meister des »Verstehens« und »Übersetzens« seien, hat man bislang nicht gehört. Man hat auch nicht von diesen Fähigkeiten als Lernzielen in Trainings gehört. Sie kommen neu ins Management – und die männlichen Führungsriegen wären gut beraten, wenn sie die Know-how-Träger gleich mit einkauften: Es sind die Frauen. Nicht nur ihre höhere Kompetenz beim Übersetzen und Verstehen käme diesen Aufgaben zugute, sondern ihre Motivation für diese Leistungen ist höher – was schon allein für bessere Ergebnisse spräche, wäre da nicht zusätzlich das Kompetenzleck bei Männern.

Globale Fitness, wie sie die Fachleute männlichen Geschlechts entwerfen, heißt auch in kulturellen Kontexten denken: Was wir verbieten, könnte hier erlaubt sein, was uns diskret erscheint, könnte hier als Geheimniskrämerei bewertet werden. Wir kennen ein ganzes Fallgrubensystem von Verständnisproblemen, das die Europäer von den Asiaten trennt. Wer in Japan arbeitet, sollte seine Lektion sorgfältig lernen, was die Nuancen im Alltag betrifft. »Seine« Lektion ist dann besser »ihre« Lektion, denn Frauen erledigen solche Sensibilitätsproben mit mehr Freude als Männer. Sie lernen die Verhaltensregeln aus der andern Hälfte der Welt nicht wie Vokabeln, sondern wie Erzählungen aus einem kulturellen Kontext, der mit seinen Sitten auch die Menschen näher erklärt. Warum sollten Männer sich diese Zusammenhänge nicht von Frauen vermitteln lassen? In der Japanologie sind es immer wieder die feinfühligen Frauen, die den Europäern die Türen öffnen.

Wer international managen und führen will, so die Forscher zum Thema, muß ein sicheres Gefühl für Situationen besitzen. Er muß in den Charakterzügen der Organisation lesen können, ohne daß die Mitarbeiter alarmiert aufschrecken und ihr Verhalten seinen Beobachtungen anpassen. *Soft skills* nennen die Experten diese Fähigkeiten, aber es geht um die *hard skills* im Visier: Die Optimierung des *management development* läuft über diese Wahrnehmungssensibilität der Führung.

Unschwer erkennen wir, daß Frauen mit dieser Aufgabe viel weniger Schwierigkeiten hätten als Männer – denen schon die Rubrik *soft skills* in Verbindung mit dem eigenen Power-Ego große Bescheidenheit abverlangt.

Nun aber kommt ein Feld in den Blick, das die komplementäre Energie von Männern und Frauen in idealer Weise herausfordert: Sie sind ja gemeinsam die Wächter über Werte und Visionen im Unternehmen. Aus allem, was in diesem Buch gezeigt und diskutiert wird, geht die Kooperation von Männern und Frauen in den wichtigsten Fragen ebenso zwingend hervor wie ihre Fehlergefährdung bei Isolation. Daß Visionen und Werte in den – viele Manager würden immer noch sagen – »soften« Kern des *corporate profile* gehören, daß sie sozusagen das Nervengeflecht im Firmenzentrum bilden so wie das Rückenmark des Menschen, das jede Bewegung steuert, ist seit einigen Jahren akzeptiertes Allgemeingut. Über Visionen spricht man bereits mit dem deutlichen Abstand, der durch Übernutzung entsteht; Werte sind schon länger im Gespräch und deshalb auch kein Gegenstand von Unbefangenheit. Dennoch, das wissen wir alle, sind Wertorientierungen überlebenswichtig auch für die Firmen, die sich am liebsten ihren kühlen Kopf nicht darüber zerbrechen möchten. Und ohne Visionen, was ja meint: innere Bilder der Zukunft, die das Unternehmen über dem Horizont entwirft, entsteht ödes Mittelmaß, das meistens Rückschritt bringt.

Ich habe in vielen Varianten gezeigt, daß die Frau eine verläßliche Schutzherrin der Werte ist, die Menschen brauchen, um Vertrauen zu fassen und Verantwortung zu übernehmen. Die Frau ist in der virtuellen Welt der Bindungsenergie und der gegebenen, am besten auch gehaltenen Versprechen viel erfahrener als der Mann, weil hier die Themen gehandelt werden, die in ihrem limbischen System auf vorbereitetes Interesse stoßen. Sie weiß, daß kein Systemtrick die Menschen davon abbringen wird, nach Anhaltspunkten für Sicherheit und Glück zu suchen.

Der visionäre Stoff dagegen wird sie als Teilnehmerin an Debatten faszinieren, ohne daß sie die Autorschaft für irgendeine irreale Idee an sich reißen möchte: Das ist Männerwelt, Seil ohne Netz, Risiko. In beiden Feldern assistieren Männer und Frauen einander in der bestmöglichen Form, die wir uns wünschen können: eine/einer involviert und begeistert, der/die andere kühl und abwägend.

Das Element des Wünschenswerten muß aber dazukommen, damit beide voneinander profitieren: Es ist das Wohlwollen. Wo Männer und Frauen einander ohne entschiedene Hochschätzung und ohne Wohlwollen beobachten, verstärken sich die alten Vorurteile. Ist die Erfahrungskette erst einmal begonnen, wird diese Gefahr der alten Ära täglich kleiner. Vorurteile halten sich nur dort, wo keine Chance besteht, zu gesicherten Urteilen zu kommen.

Auch die globalen Manager sollen persönliche Risiken nicht scheuen, mahnen die Wissenschaftler. Eine gute Botschaft für Männer, die befürchten, ihr Rollenprofil solle mit lauter *soft skills* gepolstert werden. Der *high-risk gambler* kommt also weiterhin auf seine Kosten. Die Frauen sind, wie wir schon gesehen haben, allerdings nicht immer als staunendes Publikum verfügbar, weil sie mindestens soviel zu tun haben wie ihre männlichen Managementkollegen.

Es gibt im neuen Spektrum der Qualitäten so viele weibliche Stärken, daß wir nicht genug darüber staunen können, warum Männern, die diese Qualitäten beschreiben, nicht der Schatten eines Gedankens an die sozusagen »vorqualifizierten« *superperformer* für diese *skills* kommt. Dieser Blackout zeigt deutlicher als vieles andere, das ich angeführt habe, daß Männer wirklich mit Frauen überhaupt nicht »rechnen«. Sie haben Frauen nicht auf ihrer Rechnung, wenn es um die Arbeitsteilung geht; sie haben Frauen nicht einmal im Bewußtsein, wenn es um Anforderungen geht, für die sie, die Männer, denkbar schlecht qualifiziert sind. Eher planen sie neue Trainings, versuchen Männer umzupolen als das Nächstliegende zu tun: die Könner akquirieren – die Frauen. Verräterischer als die neunmalkluge Männerdiskussion unter Experten zum *global profile* des Managers könnte kaum etwas sein. Frauen, so zeigt die Debatte, existieren einfach nicht. Damit bestätigt sich die Vermutung, die in diesem Buch von verschiedenen Seiten belegt wurde: Männer haben gar nicht die erklärte Absicht, Frauen abzudrängen oder zu dominieren; es ist viel ernster: Frauen fallen Männern, auch wenn diese nur vermeintlich »Männerdinge« bereden, einfach überhaupt nicht ein.

Dies ist nun auch eines der wichtigsten Argumente für das Plädoyer dieses Buches gegen täuschende Hilfsprogramme und Appelle im alten Stil. Wer gerettet werden will, wird niemals Chef. Wer mit der eigenen Benachteiligung argumentiert, bleibt benachteiligt. Wer sich begünstigen läßt, wird nie mehr als ein Günstling. Wer die Hand ausstreckt, wird bei der Hand genommen und lernt nie allein zu gehen. Nichts zeigt deutlicher, warum die Frauen ihr Leben in die Hand nehmen müssen, statt es in andere Hände zu legen, als dieses »Randergebnis« einiger Studien zum *global manager*.

Und diese Studien gipfeln in der Beschwörung der emotionalen Intelligenz, einer alten Frauendomäne. Führungspersönlichkeiten, sagt Professor Jones, müssen ihre Emotionen benutzen, um die Company mit Energie zu versorgen. »Für viele«, fährt er fort, »ist das sehr schwierig. Emotionen zu nutzen, das heißt nämlich erst einmal, sie zu erkennen; dann erst kann man sie kanalisieren und andere dazu ermuntern, ihre Energie freizusetzen.« Daß es sich bei der emotionalen Intelligenz nicht um eine beliebige Größe handelt, die eine Firma sich leistet oder abwehrt, ist Jones besonders wichtig. *»...emotional intelligence may be the most significant predictor of long-term organisational effectivness in international companies«*, so habe ein britisches Management-Institut herausgefunden.*

Die emotionale Kondition von Frauen ist, wie ich gezeigt habe, in aller Regel deutlicher von außen wahrnehmbar und sensibler. Frauen haben kein Streitverhältnis zu ihren Gefühlen, sie mißtrauen ihnen nicht. »Männer glauben nicht an Gefühle«, sagte mir kürzlich ein junger Mann. Sie rechnen mit Gefühlen, wie man mit Störsendern rechnet oder mit Gewittern. Gefühle sind die Gegenwelt; intelligente Kontrolle bändigt sie. Frauen, in diesem Sinne, glauben an Gefühle. Sie nehmen auch die Gefühle anderer spontan

---

* Zu Gareth Jones vgl. hr world, July/August 1999, S. 23–25. Vgl. auch G. Höhler, Herzschlag der Sieger, S.41–81.

wahr und verblüffen damit oft Männer, wenn gemeinsam Eindrücke von einem Treffen diskutiert werden. Frauen erscheinen Männern daher oft als Spezialisten fürs Unberechenbare, nicht Planbare. Emotionale Intelligenz ist eines der gemeinsamen Projekte für Männer und Frauen, an das beide sich noch nicht heranwagen. Auf Schritt und Tritt werden sie hier von ihren Vorurteilen überrumpelt und in Konflikte getrieben. Das Projekt eilt, wie wir auf unserer Liste der *global skills* sehen. Am besten machen Frauen damit den Anfang.

Sie könnten das tun, indem sie behaupten, Erfolg könne jeder Manager nur haben, wenn er »er selbst«, »sie selbst« ist. All die *business heros*, die ganz oben sitzen, können darüber nicht hinwegtäuschen: Überzeugen muß jeder allein – mit seinen eigenen Mitteln, mit der eigenen Glaubwürdigkeit. Wer als junger Mann seinen Chef imitiert hat, spürt bald, daß dies nur eine Interimslösung sein kann, die schnell lächerlich wird. Das *network* leistet eine Menge, aber den Schutz vor den Rivalen leistet es eben nicht.

Für Frauen sind beide Themen ohne große Brisanz. Sie »haben« ihren Job, statt zu »sein«, was er darstellt. Sie sind nicht so gefährdet durch Idole, weil es in der Männerwelt nur partielle Identifikationsmöglichkeiten für Frauen gibt. Ein unschätzbarer Vorteil, aus dem Frauen fast nichts machen – außer wieder eine Klage: Ihnen fehlten die Vorbilder, daher könnten sie nicht reüssieren wie Männer. Hier erkennen wir: Vorbilder blockieren auch. Vorbilder verbiegen und verzögern Entwicklung, sie verlängern den Weg zu sich selbst, den jeder doch finden muß. Chance und Gefahr wollen abgewogen sein, wenn man sich seinen *hero* aussucht.

»Sei du selbst«, rät Jones. Da kommt vielen Managern spontan die Frage: Wer bin ich denn? Wann war das, als ich das noch wußte? – Heute wissen sie, **was** sie sind, und das steht längst für das »Wer-sie-Sind«.

Frauen haben es leichter, »sie selbst« zu sein. Wenn sie nicht lähmende Zeichen von Kleinmut zeigen, die diesen Vorteil vernichten, dann haben sie also einen großen Vorsprung, die Mitarbeiter zu gewinnen. Kein Imponiergehabe, kein Poltern und Prahlen – kein frostiger Abstand: Die internationale Mischung bringt Abstände genug, mit denen wir kämpfen. Wer da noch Distanzen simuliert, schadet sich selbst und der Firma.

Globales Management ist das klassische Beispiel für gemischtes Terrain. Deshalb wiederhole ich: Die Aufgaben holen sich ihr Personal, auch wenn die Männer sich immer noch allein glauben. Sie werden die weiblichen *skills* nicht im Sturm erobern – eben weil sie keine Frauen sind – so einfach ist das. Aber sie brauchen die Frauen. Und sie werden es entdecken, in letzter Minute.

VII
Nie mehr ohne Wölfin jagen

22. Die weißen Flecken auf der Landkarte der Fusionäre

Mehr Macht durch Wachstum – oder: Gemeinsam sind wir stärker. Sind das Männerideen, die mit immer mehr führenden Frauen immer schwerer durchsetzbar werden? Die weltweit bestaunte Megafusion von Daimler und Chrysler wurde auch von den Matadoren selbst, zwei Männern, gern als »Ehe« bezeichnet. Im gleichen Wortfeld ließen sich die nachfolgenden »Ehekrisen« im »Eheelltag« von der Presse gut einordnen und kommentieren. Männer nennen ihre Lieblingsprojekte auch gern »ihr Baby«, was ein besonders heißes und fürsorgliches Verhältnis zum jeweiligen Plan signalisieren soll. Bei Frauen hört man diese Vokabel selten. Wird sie demnächst häufiger werden? Eher nein, denn Frauen können wirkliche Babys zur Welt bringen.

Ich habe gezeigt, daß Macht und Größe, Truppenstärke und Terrainbesitz für das männliche Selbstbild als Eroberer und für seine Prestigebedürfnisse – die andern sollen ihn an seiner Reichweite erkennen und fürchten lernen – eine große Rolle spielen. Jungunternehmer männlichen Geschlechts kaufen Autos weit über ihre Verhältnisse, um mit diesen bei gewünschten Kunden vorfahren zu können. Solange sie unter Männern bleiben, funktioniert die Maßnahme, denn die Adressaten denken genau wie sie.

Bei Frauen weckt das Imponiergehabe eher Mißtrauen: Warum dieser Angeberauftritt? denkt sie. Was taugt der Bewerber um mein Vertrauen wirklich? Sie wird ihn kritischer prüfen, als ein Mann das täte. Und sie wird, wenn sie klug ist, bald lernen, diesen männlichen Versuch, in die eigene Zukunft zu springen, um sicherer zu werden, gelassener zu bewerten als im ersten Zugriff. Sich mit Starken zusammen noch stärker zeigen, mit mehr Power noch viel mehr Geschäft machen, weltweit die Fähnchen in die Landkarte stecken – die eigene Reichweite nicht nur multiplizieren, sondern potenzieren: Beim großen Palaver im Vorfeld einer Fusion wird mit fester Stimme hochrational argumentiert. Selbst der Aggressor hält diese wichtige Spielregel ein. Vernünftige Argumente liefern dem heißen Spiel zwischen Jäger und Gejagten erst die Spannung. Die Globalisierung liefert das intelligente Spielmaterial tonnenweise. Wer sich dem Trend zur weltumspannenden Bündnismentalität entziehen wolle, der werde bald nirgends mehr mitspielen, auch nicht in seinem Heimatdorf; wer auf *small is beautiful* setze, sei von vorgestern, denn das einzige Signal, das die Kleinen an ihre Umwelt aussenden, sei ihr gepflegter Zustand, der sie noch schutzloser mache: Fressen oder gefressen werden heißt die Devise.

Und fressen, das tun die Großen. Fusionen schmieden globale Teams, mit denen sich immer größere Räder drehen lassen. Fusionen zwischen sehr Großen verlangen ein hohes Maß an Vereinfachung bei der Aufgabenbeschreibung; Details stören oder zerstören den Traum von der Geburt des neuen Giganten. Details, wie sie Frauen zuliefern, betreffen nicht die Spitze, sondern den »Rest der Firma«, der dem Feldherrnblick im Augenblick der großen Attacke oder des globalen Paktes aus dem Blick gerät.

Firmenehen werden zwar nicht im Himmel, aber doch auf den Gipfeln hoch über dem Firmenalltag geschlossen. Darum sind die Verwerfungen in den Niederungen der Mitarbeiterschaft oft so überraschend für die Herren des Bündnisses. Je komplexer die Vertragswerke und die Organisationsnetze, die entstehen sollen, desto abstrakter und schlichter wird die Sprache, in der man der Öffentlichkeit berichtet. Die Legionäre des Geldes, die Investmentbanker, beziehen wie eine Priesterkaste ihre Machtposition in der Firma. Alle Prozesse sind auf intellektuelle Unterkühlung angelegt, während die Herzen heißer und hektischer pochen als an jedem gewöhnlichen Tag.

Rituale fesseln bald alle Mitwirkenden. Da sind die Terminvorgaben in den Gesetzen, die Spielpläne der Regelwerke, die den Ablauf bald in einen Weg ohne Wiederkehr verwandeln. Bedenken flackern kalkuliert hier und da auf, solange das Spielerische noch mitschwingt. Grundsätzliche Zweifel sind nur außerhalb des Hochsicherheitstraktes erlaubt, in dem die Zeituhren laufen. Wer sie hier äußerte, dürfte sicher sein, morgen nicht mehr dabeizusein. Je weiter ein Fusionsplan fortschreitet, desto strenger werden die Regeln, die alle in dieselbe Richtung vorwärtstreiben. Für mittlere Lösungen gibt es jetzt keinen Goodwill mehr. Das Alles-oder-Nichts-Denken frißt jede differenzierte Überlegung auf.

Eva Surplus, Mitglied der Konzernleitung beim exquisiten Finanzdienstleister Touchme, berichtet über die strategische Differenz zwischen Männern und Frauen, die sie angesichts einer drohenden Übernahme von Touchme durch einen dreimal größeren Wettbewerber erlebte. Je größer die Bedrohung für den kleineren Partner in einem ungleichen Spiel, sagt Eva, desto geringer wird die Phantasie. Den übermächtigen Gegner zu umarmen, um ihn ins Gespräch zu ziehen, fällt nur Frauen ein. Männer kämpfen lieber auf verlorenem Posten, um sozusagen »aufrecht« verschlungen zu werden. Frauen haben nicht mit einem Selbstentwurf als Sieger zu kämpfen, daher schlagen sie eine andere Strategie vor: den Sieg des Gegners so sehr zu strecken, daß auch die eigene Niederlage keine mehr ist. Im Alles-oder-nichts-Konzept kommt diese Idee meist nicht vor.

Während die männliche Strategie den Ist-Zustand verteidigt, schaut die Frau auf eine mögliche gemeinsame Zukunft, ohne sich für die darin enthaltene »Niederlage« zu interessieren: Wer angegriffen wird, sagt Eva ihren Kollegen, der wird zum Niederlagekandidaten nur dann, wenn er die gemeinsame Siegeschance nicht zum Thema macht – einem Thema, das der Gegner nicht entdeckt, weil er es nicht braucht. Die angegriffene Firma sollte genau dieses Thema besetzen, um das Szenario komplett neu zu gestalten.

Dieser Gedanke ist aber erst möglich, wenn die eigene Vortrefflichkeit relativiert wurde – nämlich den Realitäten angepaßt und vom Rollenspiel der Männer gelöst wird, das den imponierenden Auftritt als *ultima ratio* vorsieht – auch wo er nichts mehr zur Lösung beiträgt. Die »vorgezogene Friedfertigkeit« als Lösungselement macht Männer mißtrauisch. Ich habe gezeigt, daß auch sie im biologischen Erbe der Männer enthalten ist – nicht aber als vorauseilende Versöhnlichkeit, wenn über Sieg oder Niederlage noch nicht entschieden ist, sondern nach dem Sieg, nach der Niederlage.

Entweder Waffenklirren oder versöhnliche Botschaften absetzen, die den Feind zum Freund machen: Das ist ein strategisches Gemisch, das nur gemischte Teams vorweisen können. Eva Surplus erlebte den entschlossenen Widerstand aller Männer in der Führung von Touchme, als sie den waffenklirrenden Herren die Realität des dreifach stärkeren Gegners vor Augen führte, um fortzufahren: Wenn wir mit unserer Siegerattitüde weiter die Verliererstraße fahren, dann wird von unserer erstklassigen Ertragslage nichts mehr übrigbleiben als der appetitanregende Effekt beim Aggressor. Weder das Firmenlabel noch der Geist der Firma wird bleiben. Was wollen wir unseren Mitarbeitern mitgeben auf diese Reise in eine fremde Firmenkultur – und wie vielen von ihnen werden wir überhaupt ein *happy landing* versprechen können? – Wie viele Gedanken macht sich die Firmenleitung über die eigenen Plätze in der unaufhaltsamen Zukunft nach dem großen Tag, an dem wir Beute sind und andere die Jäger? Und wie viele Gedanken gelten den Menschen, durch deren Vertrauen in die Firmenleitung wir alle Siege der Vergangenheit erstritten haben?

Die ersten Reaktionen auf diese Bemerkungen waren von Unbehagen und Abwehr geprägt. Falsche Sätze im falschen Moment, fanden die Kollegen. Sie wollten weiter die Siegerstraße fahren, in Drohgebärden und Schmähreden für die mittelmäßige Performance des Aggressors ihre Unruhe betäuben.

Eva rief jeden einzelnen Kollegen in den Wochen der sich zuspitzenden Bedrohung an. Einzeln erschien jeder dieser Männer der komplexeren Strategie zugänglicher als in der Gruppe. Endlich kamen Untersuchungen in Gang, welche Synergievorschläge der angreifenden Firma gemacht werden könnten: einzelne Geschäftsfelder verbinden, andere neu zuschneiden, *networking* auf höchstem Niveau, um den Frontalangriff aufzuspalten – »das heißt immerhin, den Erfolg in der Sache über den Effekt des großen Jagderfolgs zu stellen«, sagt Eva Surplus – eine Herausforderung für Jäger und Gejagte gleichermaßen.

Im Falle Touchme gelang das tatsächlich. Eine gemischte, hochkomplexe Lösung zerstreute jeden Gedanken an Sieger- oder Verliererrollen und verhalf einem anderen Prinzip zum Sieg: der Zukunftsstärke des neuen Firmenkomplexes. Wenn kein Verlierer an Bord ist, wächst die Mannschaft viel schneller zusammen. Wofür andere Firmen nach bejubelten Beutegängen Jahre brauchen: aus der planvoll im Deal erzeugten Mißtrauenskultur durch Verliererrollen eine Vertrauenskultur zu machen, das gelingt bei partnerschaftlichen Lösungen sicherer und schneller.

Die »soziale Qualität« von Fusionen ist in aller Regel kein Programmpunkt. Es gibt sie nicht einmal im Vokabular der Fusionäre. Die Überraschungen werden lustlos und unter viel Geheimhaltung abgehandelt, obwohl sie längst keine mehr sind: daß sich oft die Besten verabschieden, nachdem der »große Deal« gelaufen ist, daß die Verlierergeschichten in der Mitarbeiterschaft sich über Jahre hinziehen, während die alten und neuen Konzernherren zufrieden und mit verdoppelten Gehältern auf ihren Stühlen sitzen.

Das ist auch ohne moralischen Beigeschmack eine Geschichte vom Versagen des Managements, denn Verlierergeschichten machen keine Konzerngewinne – auch dann nicht, wenn die Verlierer auf der dritten und vierten Ebene sitzen. Größe täuscht über viele Gesetzmäßigkeiten hinweg – die mit der Größe der Organisation ebenfalls wachsende Bedeutung erhalten. Nach dem Fieber werden viele nüchterne Lektionen zu lernen sein. Frauen wie Eva Surplus verändern die männliche Handschrift in den großen Deals auch dort, wo zwei Sieger auf der globalen Bühne sich huldigen lassen.

Frauen wissen, daß nach den Siegesfeiern die Erfolgswege entweder beginnen oder abbrechen. Während die Männer noch beim »Hier und Jetzt« sind, schaut die Frau in die Landschaft der Zukunft, weil sie an die Menschen denkt, mit denen die Geschichte nach dem Sieg geschrieben werden muß. Der Sieg selbst bedeutet ihr weniger. Darin liegt ihre Qualifikation für Vorausschau und Abwägung, während die Männer von der neugewonnenen Stärke überwältigt sind. Die Testosteronspiegel der Sieger sind so hoch, daß jede Normallage unzumutbar erscheint. Aber sie sinken auch schnell wieder, und dann ist es günstig, Frauen im Team zu haben, die ausgeruht und nüchtern auftreten. Daß der Sieg zeitliche Tiefe gewinnt oder etappenweise verspielt wird – nach den Siegesfeiern, das ist der Teil der Geschichte, der Frauen schon vor Augen steht, während Männer sich zum Gipfelsturm aufmachen und das Equipment der verbrauchten Ära abstreifen wie ein verstaubtes Kostüm. Dazu gehört auch die Ehefrau der abgelaufenen Jahrzehnte, die im Testosteronrausch des Siegers mit alltäglichen Bemerkungen wie ein Störsender wirkt.

Die Frauen im Führungsteam sollten wissen, welches Trauma ihr Anblick bei einigen der Männer wachhält. Frauen in der Führung von Fusionskandidaten stehen für die weißen Flecken im männlichen Lösungsentwurf. Gemeinsame Beherrschung komplexer Erfolgsstrukturen heißt ihr Konzept. Es ist das Drehbuch für die Tage, Monate und Jahre nach jenem Tag, an dem auf dem Gipfel die Fahnen gehißt wurden, mit der zwei Sieger ihre gemeinsame Geschichte ankündigen. Für den Alltag dieser Heldenstory brauchen sie die Frauen für Bodenhaftung; für Illusionsbearbeitung und für die Multiplikation des Erfolgsbewußtseins bei denen, die sich schon jetzt als die potentiellen Verlierer fühlen – den Mitarbeitern.

Für Männer ist das Thema Mitarbeiterzahlen nach Fusionen eine taktische und diplomatische Herausforderung; sie gehen es defensiv und oft mit allzu kühnen Behauptungen an. Für Frauen ist es eine kommunikative und ethische Herausforderung. Beide Felder sind neu für das männliche Management, beide werden unterschätzt. Frauen wissen, daß die Energieverluste nach Fusionen auch mit dieser Fehleinschätzung zu tun haben. Weniger prestigeabhängig als Männer, haben Frauen kein Problem, sich auf innovativen Feldern des Managements zu bewähren.

Sind Fusionen also männlich? Sie entsprechen zumindest der männlichen Gleichsetzung von Größe und Kompetenz. Der Spielplatz für die Besten ist die Welt, ein alter Traum wird Wirklichkeit. *»Grow to be great«* ist ein männlicher Slogan, der den erfolgsorientierten Vereinfacher klar portraitiert.

In der Zeit der weltumspannenden Wagnisse zu leben ist stimulierend für den Expansionsdrang der Männer. Die eigene Reichweite und Gestaltungskraft in virtuelle Strukturen auszudehnen, das heißt ja, in der Welt des Übersinnlichen als Schöpfer unterwegs zu sein – auch dies ein mythischer Traum, der die Vorträumer der Menschheit begleitet hat seit der Antike.

Einzelne Manager erscheinen als Weltherrscher, während die

Zeit der weltumspannenden Reiche politisch vorbei ist. Für den Machthunger und die Experimentierlust der Männer eröffnet das Weltreich der Wirtschaft sozusagen unter der Hand jene Ziele neu, die mit den Zaren und Kaisern unter aufgeklärten Kommentaren aller beteiligten Demokraten abgeräumt wurden aus der modernen Geschichte.

Weltreiche strategisch zu planen, Erdteile zu erobern und neuronale Kommunikationsnetze um den Erdball zu knüpfen, mit denen simuliert werden kann, was Menschen nie erreichen können: ubiquitäre Präsenz, mit virtuellen elektronischen Augen und Ohren omnipräsent zu sein, allen Sprachen der Welt informationstechnisch überlegen, weil Information eine Weltsprache geworden ist, das ist Männerstoff.

Da werden Statistiken unwichtig, die für 57 Prozent der Großfusionen in den USA seit Mitte der achtziger Jahre eine deutlich unterdurchschnittliche Erfolgsbilanz in ihren Branchen belegen. Für die letzten hundert Jahre fand der Harvard-Professor Frederic Scherer zwei Drittel wirkungslos oder kapitalvernichtend. Die europäischen Fusionen zeigen ebenfalls nur sehr wenige wirkliche Erfolge.

Die Ursachen liegen tatsächlich in Fehleinschätzungen, denen Männer besonders leicht erliegen: Gleichsetzung von Quantität und Qualität; Verwechslung persönlicher Erfolgschancen mit Chancen für die Firma (schlichter ausgedrückt: Egomanie); unrealistische Vereinfachung der Probleme; Ausblendung des Firmenalltags »danach«; Unterschätzung der Bremswirkung, die von den unversöhnlichen Kulturen der fusionierten Unternehmen ausgeht; der *Me-too*-Reflex: mitmischen, egal, ob das Sinn macht. Und immer wieder: »Größer ist besser.«

Das sind zum Teil Spielplatzthemen, die ein Junge früh kennenlernt – und die Mädchen früh verständnislos bestaunen.

Das überschießende Selbstvertrauen, mit dem Männer sich auf ihren Lebensweg machen, das sie auch dann demonstrieren, wenn es ihrem Wesen nicht entspricht, versorgt sie mit einer Rückmeldung, die keinen Einspruch mehr wagt. Es ist ein *self-fulfilling*-Prinzip, das den Optimisten begleitet: Jeder wird genötigt, zumindest nicht zu widersprechen. So baggert man Energie aus allen Richtungen. Dieses vorgreifende Selbstvertrauen ist auch Grundlage aller großen Errungenschaften und Erfindungen. Ideal flankiert wird es aber nicht durch lauter Kameraden, die derselben Selbstüberschätzung anhängen und in Luftschloßarchitekturen einander zu überbieten suchen. Optimal wäre bei dieser Neigung abzuheben die Bodenhaftung der Frauen, die Ikarus und Prometheus zumindest immer wieder zeigt, wo sie wieder landen werden.

Die Frau als Bremserin? Als visionsfeindliche Realistin, die Tempo kostet, Höhenflüge abstürzen läßt und jene Dosis illusionären Selbstvertrauens, die den Sieg bringt, aus dem männlichen Proviantpaket streicht? – Ein naheliegender Verdacht, der zur grundsätzlichen Frage führt: Gäbe es mit mehr mächtigen Frauen in den Konzernspitzen weniger Fusionen? Oder genauer: Gäbe es weniger Flops? Würden und könnten Frauen verhindern, was mit den männlichen Stärken eng verknüpft ist: die Verwechslung von persönlichen und Firmenzielen; die Überschätzung der puren Größe als Erfolgsmittel; die Mißachtung der Erfolgsagenten von morgen: der Firmenmitglieder; die Vernachlässigung der »Geschichte danach«?

Es gibt Hinweise darauf, daß weibliche Elemente im Firmen-*behaviour* allein schon zum Rückzug der männlicher strukturierten Fusionspartner aus dem gemeinsamen Plan führen. Eine solche Geschichte kam beim Fusionsplan zwischen den beiden Pharmafirmen Uphohn, USA, und Pharmacia, Schweden, im Jahr 1995 in Gang. Der strategische Fit stand außer Zweifel, und die Geschäftsfelder ergänzten einander ohne Überschneidungen. Global sollte der neuntgrößte Arzneimittelkonzern entstehen. In der Sache stimmte so vieles wie selten beim Start in eine gemeinsame Zukunft.

Aber die Amerikaner hatten offenbar keine vertiefte Kenntnis jener Faktoren, die schwedisches Management – und generell das skandinavische – von der restlichen europäischen und der amerikanischen Wettbewerbskultur unterscheiden. Die Schweden sind konsensbezogen und entspannter als andere Businesskulturen. Nicht nur ihr Respekt vor den großen Witterungsgegensätzen, der im nordischen Sommer das Arbeitstempo drosselt und eine lange Regenerationspause in die Firmen bringt, irritierte die draufgängerischen Amerikaner bei Upjohn. Umgekehrt sah das Zeitmanagement der Schweden eine ganz andere Rangfolge der Alltagsarbeiten vor; jedenfalls sahen sie sich außerstande, zu dem, was sie ohnehin taten, auch noch *reports* zu verfassen, die dieses Tun spiegelten. Wer die Freiheitsspielräume im Kontakt mit der Natur hoch bewertet, wie die meisten Schweden, hat wenig Sinn für solche Rituale, die den Zeitaufwand verdoppeln, ohne den Erfolg zu verbessern.

Schweden hat, genau wie Norwegen, einen sonst unerreichten Standard weiblicher Mitwirkung bei Führungsaufgaben. Der Geschlechtsdimorphismus, also die Abweichung der Geschlechter voneinander, ist geringer als in anderen hochzivilisierten Ländern. Die Firmenkulturen sind daher bei den meisten schwedischen Unternehmen nicht eindeutig »Männerprofile«, sondern von gemischter Qualität. Regeneration hat einen mindestens gleich hohen Prestigewert wie Anstrengung. Die Belohnungen für Selbstausbeutung mit öffentlicher Geltung bleiben aus; die Statusfixierung ist deutlich geringer als im restlichen Europa, und das Auftreten von Topmanagern ist unspektakulär im Vergleich zu den Inszenierungen, die wir kennen.

Wenn wir nur die eine Beobachtung herausgreifen: daß konsensorientierte Kulturen sich dem Angriff der »Macher« entziehen – Kapitel eins des Flops – und daß der Massenexodus der besten Talente das Scheitern dieser ungleichen Liaison besiegelt, so deutet sich zumindest an, wie dramatisch sich höhere Anteile weiblicher Firmenphilosophie auf Fusionspläne auswirken könnten. Dann würde man nicht, wie hier geschehen, blind hineinstolpern, sondern unter Sehenden beiderlei Geschlechts die Überlebenschancen des aktuellen »Sieges« im nachfusionären Alltag unter die Kriterien für eine Fusion aufnehmen.

»Bedenke das Ende« ist häufiger eine weibliche Warnung als ein männlicher Vorbehalt, wenn der Rausch der Größe das Team erfaßt hat. Die Zeitrechnung der Firma geht von nun an nur bis zum großen Deal. Daß er die Stunde Null ist, nach der neue Uhren ticken, ist den wenigsten Männern bewußt – aber den Frauen. Frauen fragen lange vor der Stunde Null, wie man die Menschen mitnehmen will, die aus dem eigenen und aus dem andern Haus ungefragt ins größere Boot umsteigen – oder zwischen die Boote geraten wie Schiffbrüchige bei einer Havarie.

Sentimentale Frage, meinen viele Männer. Formuliert die Frau nicht timid, so klingt die Frage gefährlicher: Das Gelingen des Deals liegt in der Hand der Mitarbeiter. Sie können ihn nachträglich zu einer großen Niederlage machen, wenn wir nicht begreifen, daß sie die eigentlichen Erfolgspartner sind – während wir uns in Fensterreden an die Aktionäre wenden. Auch deren Vorteil liegt in Mitarbeiterhand.

Es dauert in der Regel ziemlich lange, bis Topgremien erfahren, daß die Mitarbeiter nicht mitspielen. Hinhaltender Widerstand von Mitarbeitern ist eine Hieroglyphenschrift, die nur wenige Personaler zu lesen verstehen – und die zu lesen sich Topmanager allgemein prophylaktisch weigern. Bitte keine schlechten Botschaften. Frauen sind mit größeren Ohren unterwegs, weil ihr Interesse an informellen Nachrichten größer ist. Was sie voraussahen und ankündigten, das weisen sie den Topkollegen bald nach: Das Klima in der neuen Firma ist bedrohlich, während die Geschäftsleitung sich unter wolkenlosem Himmel wähnt.

Die Topmanager fühlen sich sicher am grünen Tisch. Was sie hier austauschen und entscheiden, ist eben nicht die Wirklichkeit der Straße, sondern Gipfellatein. Wer regieren will, muß vereinfachen können, so lautet ihr Credo in Hunderten von Varianten. Wer auf Einzelschicksale schaut, wird nie eine große Tat vollbringen, auch diese Überzeugung läuft mit in ihren Meetings. Günstig ist es aber, wenn in dem Gremium ein Teamgefährte sitzt – meist weiblichen Geschlechts –, der darauf hinweist, daß die Summe von Einzelschicksalen, die eine Firma ausmachen, erfolgsentscheidend ist und daß daran das hohe Niveau der Gipfeldebatten nicht das geringste ändert. Wer das wirklich weiß, wird Fusionen gründlicher, nämlich mit mehr »Tiefenschärfe«, vorbereiten. Dabei sind Sorgfaltsleistungen eingeschlossen, die Männer langweilen oder überfordern. Der Rang dieser Aufgaben wird von Frauen sofort erkannt und unter die entscheidungsleitenden Faktoren eingereiht.

Daß für die empfindlichen Verluste, die fusionierte Großkonzerne erleiden, sehr exakt die Vernachlässigung jener Managementgebiete verantwortlich ist, die von den uniform männlichen Topentscheidern als geringwertig eingeschätzt – also unterschätzt – werden, hat sich in jüngster Vergangenheit eindrucksvoll bei DaimlerChrysler gezeigt, wo Führungskräfte aus höchsten Konzernebenen in Scharen abwanderten, obwohl sich ihre Position durch die Fusion materiell deutlich verbessert hatte. Ausgerechnet der Fachmann für Öffentlichkeitsarbeit bei Chrysler, Steve Harris, verließ den Giganten in Richtung Konkurrenz – und löste einen Domino-Effekt aus: Zwei weitere hochpositionierte Amerikaner, Tony Cervone und Tom Kowaleski, wechselten wenige Tage später ebenfalls zu General Motors.

Kowaleski schlug mit seinem Ausscheiden einen bedeutenden Karriereschritt aus: Er sollte das eben neu geschaffene Ressort Kommunikationsstrategie für DaimlerChrysler übernehmen. Neben zahllosen Entmachtungen und resignativen Rückzügen, wie sie auch diese Fusion »am Tage danach« kennzeichneten, wirkt der Rückzug der Kommunikationsmanager besonders symptomatisch. Von ihrer strategischen Stärke wären in den unvermeidlichen »Nachfusionskrisen« Korrekturen und Schadensbegrenzungen zu erwarten gewesen – wenn die Führung im übrigen dies zugelassen hätte. Offenbar hatten die abgesprungenen Manager nicht den Eindruck, daß ihr Spielraum in den neuen Strukturen angemessen zugeschnitten war.

Das bedeutet aber: Die Weltkonzerne beharren immer noch auf klassischen Definitionen wichtiger und weniger wichtiger Ressorts. Sie vernachlässigen die Weltmacht Kommunikation und weigern sich, dieses Produkt in exzellenter Qualität unter besten Produktionsbedingungen herzustellen, so wie ihre übrigen Produkte auch.

Ich muß nicht hinzufügen, daß Strategische Kommunikation ein Produkt aus der weiblichen Skala ist. Das bedeutet einstweilen vor allem, daß Frauen genauer als Männer einschätzen und nachweisen können, wie scharf diese Waffe ist – und daß sie sich gegen jeden richtet, der sie nicht selbst zu führen lernt. Das klingt nach Krieg. Die Kommunikationskriege der letzten Jahre sind jedem von uns gegenwärtig. Sie tragen ehrwürdige und weltbekannte Firmenlabels. Die Sieger in diesen Kommunikationskriegen, meist auf Spezialistenseite wie Greenpeace, waren gut durchmischt: Männer und Frauen. Mit mythischen Lettern trugen und tragen sie sich in die Bücher der modernen Kommunikationsgeschichte ein: Jeanne d'-Arc auf der Ölplattform, kühne Kletterer an Schiffsrümpfen, der todesmutige Jüngling, der im Spätherbst 1999 auf den Rücken des Wals sprang; die Heldin in den amerikanischen Redwoods, hoch in der Krone eines Mammutbaums.

Die modernen Mythen in der Businessgeschichte tragen in ihren größten Taten ebenso viele weibliche wie männliche Handschriften. Die Unternehmen sollten nicht länger zögern, ihren männlichen Helden die weiblichen an die Seite zu stellen, die aus fünfzig Prozent Fusionsstrategie die hundert Prozent machen, mit denen öfter als bisher hundert Prozent Erfolg geholt werden können.

23. Wölfe beim Kreideschlucken – Optionen aus der femininen Hälfte des Himmels

Frauen hören es gern, daß sie besser kommunizieren als Männer. Sie wissen, daß ihr soziales Interesse größer ist. Sie erfahren deshalb mehr über Menschen und verstehen sich auf Klimafaktoren. Ihr prosozialer Einspruch wird als Tugend hochgeschätzt. Frauen sind hellhörig, nicht nur im tatsächlichen, sondern auch im übertragenen Sinne: Ihre *multi-task*-Ausstattung schützt sie vor Tunnelperspektiven. Schon dieser Ausschnitt aus der weiblichen Stärkenskala führt auf einen logischen Schluß zu, den Frauen erst gar nicht in Betracht ziehen – weil er Ernst macht mit dem Einsatz dieser Stärken. Wer besser kommuniziert und Experte für soziale Prozesse ist, kann aber nur schwer vermitteln, warum er – in diesem Falle sie – sich nicht zuständig sieht für das Kommunikationsmanagement zwischen Männern und Frauen.

Bei allem Stolz auf ihre natürliche Expertenschaft verfallen Frauen sofort in die Groll- und Schmollhaltung, wenn es darum geht, die Führung im Verständigungsprozeß zwischen Männern und Frauen zu übernehmen. Die alten, bequemen Muster schlagen wie der Blitz ein, wenn jemand fordert: Frauen sollen die Isolation der Männer aufbrechen. Mit großem Eifer weisen die Frauen nach, daß ihnen der Mut und die Macht fehlen, um zu den Inseln der Männer vorzudringen. Sie wollen abgeholt werden am anderen Ufer, der Mann mit dem Täterprofil soll das Handeln übernehmen. Heimlicher Nebengedanke: Dann bleibt er auch der Schuldige für alles, was den Frauen nicht gelingt – wie bisher.

Und doch wird die neue Kooperation nicht anders beginnen kön-

Die feminine Hälfte des Himmels

**Das Ende
der Opferpower**

Schluß mit der Doppelstrategie
aus Anklagen und Auflauern.

Raus aus der kalkulierten Zaghaftigkeit.

Schluß mit der Verlierer-Routine.

Nie mehr berechnende Hilflosigkeit!

Frauen müssen berechenbar werden.

© Prof. Dr. Höhler

nen als so: daß Frauen beginnen. Sie haben den leichteren Einstieg, weil sie sich mehr dafür interessieren, warum Menschen wann was tun – ihre soziale Sensibilität ist größer. Ihre Empathie ist stärker: Sie gehen mit eigenen Gefühlen erfolgreicher um als Männer, und sie sind deshalb fähig, auch die Gefühle anderer Menschen wahrzunehmen. Viele männliche Erfolgsrituale leben dagegen von der Überzeugung, daß man die Gefühle anderer abwehren und die eigenen Gefühle ausblenden muß, um Sieger zu bleiben.

Die alte Doppelstrategie der Frauen muß also über Bord geworfen werden, wenn das neue Bündnis überhaupt entworfen werden soll. Die Doppelstrategie bestand aus Opferpower und Abwarten – ein gigantisches Erfolgsmodell aus der Kulturgeschichte der Weiblichkeit: unberechenbar bleiben, um den Mann unsicher zu machen. Im gemeinsamen Power-Play geht es nicht mehr um Partnerwerbung, sondern um wechselseitige Verläßlichkeit. Die beiden sollen einander stärker machen, sonst brauchen sie einander nicht. Die öffentliche Variante dieser Allianz ist Neuland – in das die Männer die Frauen nicht führen werden. Die Frauen müssen die Männer dorthin führen.

Statt des Jubels, endlich einmal zeigen zu dürfen, wohin die Reise geht, reagieren Frauen mit kalkulierter Zaghaftigkeit: Routinen rasten ein. Erlernte Hilflosigkeit soll den Mann in die autoritäre Täterrolle treiben, damit man einen Schuldigen hat. Dieses Spiel ist aus. Das Land der gemeinsamen Siege ist von Frauen bereits erkundet, deshalb steht ihnen die Führung auf diesem Weg zu. Die strapazierte Option, weiter das Aschenputtel zu spielen, wirkt wie der Luxus ewig gestriger Unschuldslämmer. Es ist soweit: Die Wölfin sollte den Schafspelz ablegen.

Es ist nicht der Mann, der sie ruft, sondern – wenn man hoch greifen will: die Geschichte. Das mag bei Frauen auf ungläubiges Staunen stoßen, weil sie sich so sehr an abhängiges Verhalten gewöhnt haben. Der Schutzmantel der Abhängigkeit hat längst verschlissene Stellen, und die jungen Männer haben überhaupt kein Vergnügen mehr am abhängigen Verhalten von Frauen: Sie sind sensibler geworden, es stresst sie, wenn zu Hause eine nur auf sie gepolte Frau wartet. Dennoch tun viele Frauen überrascht. Waren sie es nicht, die seit mehr als zwanzig Jahren den »sensiblen Mann« beschworen haben? In der Tat, sie haben die Folgen nicht bedacht.

Aber »die Geschichte« ist natürlich nicht der Mann. Sie wird auch nicht allein von Männern gesteuert. Männer verwenden nur viel mehr Energie darauf, diesen Eindruck wachzuhalten: Großentscheidungen sind Männersache. Dennoch schreitet die Götterdämmerung fort. Nein, die Götter sind nicht die Männer. Die Götter heißen Macht, Einfluß und Geld. Es sind die Götter des Materialismus. Auch die kurzschlüssige Idee, die Frau werde diese Götter stürzen, vertritt niemand mehr ernsthaft. Freilich sieht es so aus, als könnte sie die männliche Götterwelt mit Begleitschutz ausstatten, der die Allmacht dieser Götter an Werten bricht.

Die Mischung macht's. Da Frauenhirne schon die Bilder dieser Welt besser mischen, während der Mann sogleich zensiert, ist die Kooperation beider Gehirne unausweichlich. Solange uns dafür die besten Argumente fehlten, die der modernen Hirnforschung, konnten wir trefflich streiten. Was heute noch läuft, sind Nachhutgefechte. Die Beweislast ist erdrückend: Wieder einmal haben wir pünktlich die neuen Erkenntnisse auf dem Tisch, um die nächste Etappe mit neuem Werkzeug zu bewältigen. Alle starren aufs Internet, jeder redet von globaler Kommunikation; alle vagabundieren in der virtuellen Welt. Daß diese Stichworte zur Sammlung aller vernachlässigten Energien auffordern, wird jedem klar, der die neuen Fenster in die Welt auch nur einen Spalt weit aufstößt. Da huschen die Botschaften um den Globus, da glühen die Lunten und knistern die Flops, da türmt sich der Datenmüll, und Millionen von Menschen sind auf virtueller Reise.

Wer tut die Arbeit – und wer entscheidet, welche Arbeit zuerst getan werden muß? Nie hieß die Antwort so selbstverständlich: Männer und Frauen. Weil der Aufgabenmix den Mann überfordert. Weil die mitlaufenden Wertentscheidungen oft von Männern wegzensiert werden, da sie die erfolgsorientierte Vereinfachung behindern. Weil Frauen nicht den Sieg über alles setzen, sondern die Qualität der Strecke zum Sieg – genauer: das Qualitätserlebnis. Frauen sind stark, wenn es um die Wahrnehmung der Welt, um ihre subjektive Seite geht. Der weibliche Blick ist das Auge der Märkte. Dieses Auge muß immer sensibler hinschauen, je virtueller die Produkte werden.

Nicht die Gerechtigkeitsdebatte oder der Feminismus treiben auf die Entscheidung zu. Die Aufgaben selbst sind es. Die Weltkultur der globalen Netze kann nicht mehr allein den Männern gehören, weil sie weibliche Expertenschaft für die Kommunikationsprozesse braucht. Männer interessieren sich aufgrund ihrer Dominanzorientierung nicht genug für das Gelingen der Kommunikationsprozesse. Weltweit vermehren sich täglich die Beweise, daß die Männer im Management die Bedeutung strategischer Kommunikationsstrukturen unterschätzen. Bedrohlich wird diese Fehleinschätzung, wenn Kulturmischungen und Fusionen an der Tagesordnung sind.

Vertrauensmanagement kann nicht gelingen, wenn oberflächliche Vorstellungen von den Strukturen einer Vertrauenskultur herrschen. Das aber ist in den meisten Führungsetagen der Fall. Wer Vertrauen autoritär managen will, wird scheitern. Die Rückmeldung freilich verspätet sich – wie bei allen *Human-Resources*-Faktoren. Gerade das männliche Erfolgsprogramm, die Spannung zwischen Solidarität und Konkurrenz, wird immer häufiger zur Falle. Bei steigendem Tempo steigt auch der Stress, und der kühle Blick von Beobachterinnen, die an den männlichen Drogencocktails nur nippen, wird zur Justierung von Entscheidungen immer wichtiger.

Das Tempo des Wandels erfaßt natürlich auch die Systeme. Der Mann als Systemliebhaber möchte, daß alles »rund läuft«. – »Alles im grünen Bereich!« – »Alles unter Kontrolle!«, das sind Männersätze, die das Systemvergnügen spiegeln. Darum verwechseln Männer so leicht das Systemglück mit dem Glück von Menschen. Daß nicht Menschen systemgerecht funktionieren müssen, sondern Systeme menschengerecht, ist für Frauen völlig selbstverständlich. Es kostet sie auch weniger Anstrengung, das zu erkennen. Ihr Systemgenuß ist geringer, sie schauen auf die Fugen, auf die Sollbruchstellen – und auf die Menschen im System. Das kann sich auch für Spitzenmanager günstig auswirken, wenn das System einmal versagt.

Systeme im Wandel, das heißt auch Abschied von der Produktkultur zur Dienstleistungskultur. Dienstleistung ist Kultur des sozialen Interesses. »Servicepakete«, also Systemlösungen, reichen da nicht mehr. Kundenbeziehungen managen, das bedeutet, neue virtuelle Produkte in der Firma zu entwickeln: Kundenkontakt als Begegnung in einem Klima des Vertrauens zu managen, das läßt

Das Team-Konzept I

- Ziele bestimmen
- Niederlagen in Siege verwandeln
- Wege prüfen
- Niederlagen abarbeiten

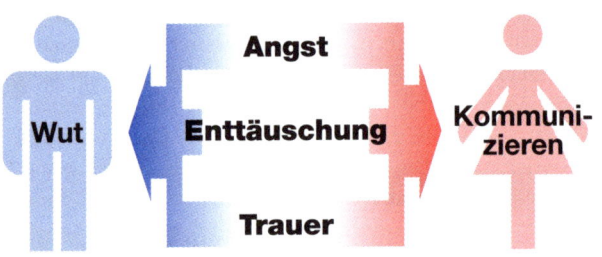

Selbstbehauptung **Empathie**
Rabauken-Auftritte **»Opferpower«**

© Prof. Dr. Höhler

Männerherzen nicht gerade höher schlagen. Ist die Expertin für Beziehungsmanagement an Bord, so wird daraus kein Problem. Fehlt sie, wird das Unternehmen sich, wie Tausende andere auch, auf der Seite der Verlierer wiederfinden. Der Wettbewerb belohnt weibliche Energie; genauer: Der Kunde belohnt sie. Das ist ein Fazit, das im männlich dominierten Management nur deshalb noch nicht formuliert ist, weil die Antwort auf diese Herausforderung fehlt.

Wenn wir so weit aber schon sind, daß der feminine Touch der Unternehmensleistung vom Marktpartner belohnt wird, welcher Beweise bedürfte es dann noch? Natürlich: Männer sind noch dabei auszuprobieren, ob sie den weiblichen Part nicht doch mitübernehmen können. Irgendeinen Trick muß es doch geben, um einen soften Auftritt zu managen. Dienstleistungswölfe sind beim Kreideschlucken zu erwischen. Aber ihrer Leistung fehlt der Glanz. Warum? Weil ihnen das Vergnügen an der Sache fehlt. Hände weg von der femininen Hälfte des Himmels, möchte man ihnen zurufen. Ihr werdet dort nie so gut sein wie die Frauen.

Und der Bedarf wächst weiter, an den Männern vorbei, hinaus aus dem Terrain ihrer Erfahrungen. Die mobilen Arbeitsverhältnisse der nächsten Jahre als Firmenpotential flexibel zu managen: für den Liebhaber funktionierender Systeme ein Problem. Der Schlüssel zum Erfolg ist ein hohes Improvisationspotential, wie es Frauen mitbringen. Ihre Komplexitätstüchtigkeit wird sich bewähren. Denn die Kunst wird heißen: den Wandel antreiben, das Vertrauen am Leben erhalten. Eine Aufgabe für Frauen, weil sie Systeme nicht als Vertrauensspeicher mißverstehen, sondern auf die fließende Energie zwischen Menschen setzen. Genau hier, wo Männer mißtrauisch und unsicher werden, beginnt das Terrain, in dem Frauen sich sicher bewegen. Ihr biologisches Programm macht sie hier stark: disponibel, anpassungsbereit, kaum zu überraschen. Das sind die weiblichen Stärken, die in den Mythen und Sagen der menschlichen Kultur besungen werden, wenn es um den Schutz der Brut geht, um Fürsorge im Sturm, um beruhigende, unspektakuläre Präsenz ohne Imponiergehabe und Egoprobleme, wenn die Höhle von Feinden umstellt ist.

Wir dürfen das Szenario im Ganzen anschauen: Die Männer sind längst hinausgestürmt, um draußen gegen vermutete und manchmal wirkliche Drachen zu kämpfen. Die Frau sichert drinnen das Erreichte. Sie wird auch nicht im Furor ihres Reptilhirns das Gewonnene zerschlagen, um morgen ganz neu anzufangen: die große Gefährdung des Mannes. Sie wird die wertvollen Ressourcen der Firma sogar vor den aufgeregten Managern schützen, wenn deren Reptilhirn Amok läuft. Und wenn das Wetter oder die Feinde abziehen, wird es ihr ein überlegenes Lächeln abnötigen, daß die erschöpften Heimkehrer sich auch die Rettung der Firmensubstanz in ihre Erfolgsbilanz schreiben.

Frauen teilen Siege fairer als Männer – weil Siege ihnen weniger bedeuten. Darum ist es so günstig für Männer, mit Frauen zusammen zu arbeiten. Weil Frauen den Teil der Arbeit tun, der dem Mann mißlingt, und weil sie genug vom Männerego verstehen, um den Löwenanteil des guten Ausgangs großzügig seiner *self-promotion* zu überlassen. Er muß »ums Feuer tanzen«, wie es die *Cranfield*-Studie* so schön beschreibt. Zur Not auch mit fremden Federn geschmückt.

Wohin man auch schaut im Management, eines ist unbestreitbar: Um einen Wettbewerb zwischen Männern und Frauen kann es gar nicht gehen. Den Wettbewerb haben die Männer mit Männern, die Frauen mit Frauen innerhalb und außerhalb des Unternehmens, in dem sie arbeiten. Wenn um Lösungen gekämpft wird, siegt in einem guten gemischten Team selten die maskuline oder die feminine Variante einer Lösung. Gerade weil der Zugriff beider auf die Probleme so verschieden ist, wird die Lösung ein Mischprodukt sein – und damit dem Markt, drinnen wie draußen, am besten gerecht werden.

Wir sollten uns nicht zuviel Zeit lassen, um diese so einfache Bedingung für bessere Ergebnisse zu schaffen. Einfach? spotten die Frauen. Einfach? höhnen die Männer. Wir kennen die Kette der Argumente, die beide vorzutragen haben; ihr Text ist so verschieden wie die beiden Blickwinkel. Aber die Bedingung ist dennoch einfach – weil sie natürlich und logisch ist.

Erst unter diesem Blickwinkel fängt man an zu staunen, daß Männer und Frauen sich die Isolation immer noch leisten. »Ein-

---
* S. Kapitel 15, S. 180; 185.

Das Team-Konzept II

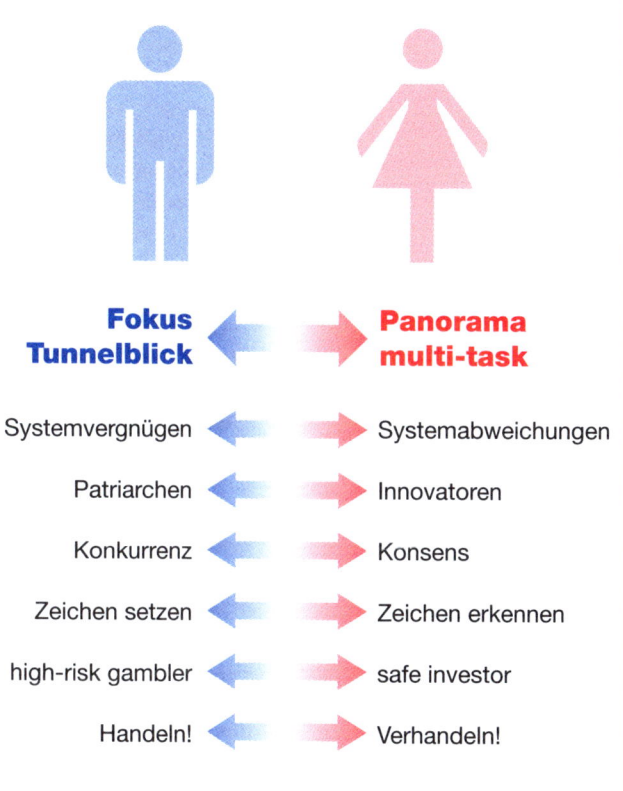

© Prof. Dr. Höhler

fach« an der Bedingung, gemeinsam zu arbeiten, um weniger Fehler zu machen, ist noch etwas anderes, was in die traditionellen Debatten-Textbücher nicht paßt: Die Verantwortung für die Spaltung ist ziemlich gleichmäßig verteilt. Frauen haben es über Jahrzehnte erreicht, daß sie als Opfer männlicher Machtergreifung dastanden; das paßt ins Konzept der Opferpower. Wer Opfer sein will, braucht Täter. Das geringe Interesse der Männer an der weiblichen Leidensgeschichte begünstigte und ermutigte Frauen, den Ton zu verschärfen und Bedingungen zu stellen. Nicht einfach fürs Mitspielen, sondern für spezielle Konditionen, unter denen man mit Erfolgsgarantie mitspielen kann – immer noch Opfer, immer durch die garantierte Schuldnerrolle des Mannes abgesichert.

Während die Ausbildungssysteme längst ganze Frauenheere in den Markt schickten, blieb der Text der femininen Anklage an die maskuline Welt fast unverändert. Eine ganz andere Welt müsse es sein, in der die Frauen mit ihrem Tugendanspruch überhaupt mitzuspielen bereit seien, so hörte man. Während immer weniger Kinder geboren wurden, blieb auch die Behauptung, Kinder hielten Frauen vom Business fern, wie mit eisernem Griffel geschrieben; niemand widersprach. Die Männer nicht: aus Bequemlichkeit, Irritation und Desinteresse. Die Frauen nicht, weil die Frauenlobby strenge Sanktionen vollstreckte, wenn eine Frau der Opferstory widersprach.

Man könnte dieses Verwirrspiel als Arabeske der Zeitgeschichte abtun, wenn der Eilbedarf für das Projekt Kooperation nicht inzwischen so gewachsen wäre. Eben weil der Wandel sich beschleunigt hat, werden Chancen oft nur flüchtig sichtbar.

Wer in Systemen von gestern verwurzelt ist, wird außerstande sein, die Chancen für morgen rechtzeitig zu erkennen und nutzbar zu machen. Frauen sind als *freeclimbers* in den männlichen Netzwerken entschieden weniger gebunden an die Erfolgsgesetze, die Männer verbinden. Die Evolutionsbiologie bekräftigt diesen Befund: Während der männliche Erfolg patriarchalische Strukturen hervorbringt, bleibt die Frau beweglich, mit Blick auf die Nachrücker. Rituale gelten ihr nicht viel, und sie kann sich schnell von ihnen trennen, wenn sie zum Überleben unter neuen Bedingungen nicht mehr passen. Ist der Mann als Regelverteidiger wichtig für die Gruppe, so wird die Frau zur Anwältin des Regelbrechers.

Häufig ist der Regelbruch das kreative Wetterleuchten einer Innovation. Schon bei den uns nahe verwandten Primaten ist es das weibliche Tier, das die Regelverletzer mit den Vätern versöhnt, weil anders keine soziale Innovation in der Gruppe durchgesetzt werden kann.

Wir sind auch für die Jahre um die Jahrtausendwende nicht auf Vermutungen angewiesen, was die Innovationsbeschleunigung durch Frauen angeht. Unter dem Premier Tony Blair wurde soeben eine Studie abgeschlossen, die beweist, daß die Flexibilität der Frauen im beschleunigten Wandel größer ist als die der Männer. Frauen sind Virtuosen im Beziehungsmanagement, daher leiden sie nicht so unter Verwerfungen in herkömmlichen Strukturen, sagt Professor Richard Scase zu den Ergebnissen seiner Forschung. Im Jargon der siebziger Jahre würde das, was Scase als feminine Stärke beschreibt, Frustrationstoleranz heißen.

Frauen sind stärker im Umgang mit gleitenden Arbeits- und Lebensbedingungen. Sie haben ein eher aufmerksames und rezeptives Verhältnis zu den Umständen des Lebens. Männer möchten steuern und Strukturen bauen. Das ist bei starker Strömung nicht möglich. Scase ist einer der wenigen Forscher, die zu dem nächstliegenden Ergebnis kommen: Die Männer seien angesichts der immer kürzeren Verfallsfristen menschlicher Beziehungen immer abhängiger von der Überlegenheit der Frau im Umgang mit diesen Bedingungen.

Diese Befunde in ein Konstrukt »Privatleben« abschieben zu wollen, wäre töricht. Ist doch die zunehmende Überschneidung von Berufs- und Privatleben einer der stärksten Trends dieser Jahre.

Daß Männer auf sie »angewiesen« sind, wie Prof. Scase sagt, ist den meisten Frauen zwar »privat« bewußt. Daß sie es beruflich sind, bezweifeln die meisten Frauen vehement. Vor allem deshalb, weil Männer ihnen keine Defizitmeldung geben. Auch privat dürften die meisten Frauen aber schon erfahren haben, daß Männer die Grenzen ihrer eigenen Lösungsmacht ungern beschreiben – und daß sie, um von diesen Grenzen möglichst weit entfernt zu bleiben, auch recht wenig darüber wissen, ob ihr Know-how irgendwo an seine Grenzen käme. Kein Thema. Was sie können müssen, das können sie. Alles andere muß man nicht können.

Deshalb drängt es sich den Männern auch nicht auf, daß Frauen im Business weiße Flecken auf der maskulinen Landkarte ausfüllen könnten. Weiße Flecken bleiben ja gerade deshalb weiß, weil dort der blinde Fleck im Auge des Mannes ist. Woher also sollen Männer wissen, was Frauen können? Sie kennen Frauen doch eigentlich nur privat. Für Frauen ist das sehr wichtig zu wissen: Männer wissen nicht, wie die weibliche Leistung aussehen könnte. Ihr Leistungsspektrum endet da, wo das männliche Auge den Bildrand sieht. Daß die Frau »Breitwand« sieht, wissen die wenigsten Männer. Daß man davon bei der Arbeit entschieden profitieren könnte, möchten die allerwenigsten zu Ende denken. Eigentlich müßten aber immer mehr Männer bemerken, daß es nicht mehr gelingt, die Problemprofile eindeutig männlich zu halten. Vieldeutigkeit heißt das Gesetz der Stunde. Vieldeutigkeit ist da, um Eindeutigkeit herzustellen – so sehen es viele Männer. Sie greifen zu, vereinfachen – und erfahren wenig später: Problem verfehlt, Vorsprung verloren, Sieg verschenkt. An wen? Vielleicht an eine gemischte Company, in der Frauen den Männern helfen, mit Vieldeutigkeit geschickter umzugehen.

Daß die Frau neben dem Breitband-Zugriff auch eine größere Tiefenschärfe mitbringt, wissen die meisten Männer auch nicht. Sie arbeitet simultan mit zwei mächtigen Hirnarealen, die der Mann entschieden voneinander isoliert: dem Neocortex, Sitz der logischen Vernunft, und dem limbischen System, der Zentrale für emotionale Kondition.

Der wichtigste Unterschied beruht auf dieser Abweichung: Frauen sehen niemals nur das Problem, sondern immer auch dessen emotionale Sprengkraft. Sie erfassen simultan mit der Sache selbst die kommunikative Dimension – was immerhin heißt: die Marktrelevanz. Das gilt für den Markt der Meinungen genauso wie für den Markt der Produkte.

Woher sollen Männer wissen, daß bei der Frau immer ein paar Register mehr mitschwingen, wenn sie ein Thema kennenlernt? – »O doch, wir wissen das!« ruft ein erfahrener Ehemann. »Das ist es ja, was sie immer so zerstreut und abgelenkt macht, meine Marion. Wenn ich etwas ganz sachlich diskutieren will, greift sie plötzlich zur Keule und sagt: Hast du dir mal überlegt, was das für unsere Kinder bedeutet? Dabei steht das in dem Moment überhaupt nicht zur Debatte!« Daß dieser mehrdimensionale Zugriff geradezu ein Fehlerdetektor sein könnte im Business, kommt dem empörten Ehemann nicht in den Sinn. – Und die Frauen warten, daß er darauf kommt. Da können sie lange warten. Solange es Frauen nicht ausreicht, selbst zu wissen, was sie zu bieten haben; solange sie sich auf das Aschenputtelschema »warten und entdeckt werden« kaprizieren, werden sie im Business nicht mitspielen dürfen. Ja, solange sie überhaupt alles in Abholkategorien sehen, wird niemand sie abholen.

Und die Männer werden weiter ihre »Behandlungsanleitungen« für Frauen austauschen, um diesen unberechenbaren Privatfaktor einigermaßen zu systematisieren. Beruflich, so vermuten sie, würde das ein unbeherrschbares Stresskonzept, was sie schon privat kaum handeln können.

Das Motto für den Aufbruch aus den Ghettos lautet: Frauen wissen mehr. Nein, nicht vom Business, sondern von den Männern. Wieso? Weil es sie mehr interessiert. Die Folgerung, bei der viele Frauen nicht mitspielen wollen: Deshalb müssen Frauen das größere Stück des Weges gehen – statt auf eine Mutation der Männer zu warten.

Abhängig erzogen, verhalten sich aber die meisten Frauen lieber abhängig. Das ist tödlich in den höheren Etagen, weil es ja genug Abhängige im Unternehmen gibt – und weil abhängiges Verhalten im öffentlichen Sektor Männer unsicher macht. Alles führt immer wieder auf wenige grundsätzliche Einsichten zurück. Wer die als Frau abwehrt, zum Beispiel weil Männer diese Einsichten nicht haben, wird nie Erfolg haben.

24. Gemeinsam siegen

Nicht die Stunde der Frauen schlägt, sondern das Zeitalter der gemischten Teams wird eingeläutet. Während Männer davon träumen, sich den Weg freizuschießen, zerstreuen Frauen den Feind durch widersprüchliche Signale. Er erschlägt den Gegner – das Problem –, sie überlistet es – und zuweilen auch ihn, den kühnen Vereinfacher.

Wo Frauen mitwirken, liegt die Kommunikationsmacht, von Männern ohnehin unterschätzt, bald in ihren Händen. Frauen wissen: Männer sind berechenbar – weil sie rechnen. Wer eine Frau ausrechnen will, bekommt ein Komplexitätsproblem: ihre Stärke. Männer halten auch Konzerne für berechenbar; Frauen wissen, daß sie es nicht sind. Wer Konzerne behandelt wie männliche Organismen, wiederholt den Fehler, der Männer im Umgang mit sich selbst so viele Optionen kostet: Er stoppt den Herzschlag zugunsten des Kopfes. Frauen sind der Herzschlag der Kopfkultur. Frauen wissen, daß viele männliche Kopfbotschaften im Bauch der Mitarbeiter und Kunden landen. Dort erregen sie nichts als Unbehagen.

Intelligente Stoffe umschreiben für Normalverbraucher, das fällt Frauen deshalb soviel leichter, weil sie keine Mühe haben, sich in diesen Normalverbraucher zu versetzen. Es kostet sie auch kein Prestige. Das gilt für alle Aufgaben, an denen Männer durch ihre Statusfixierung gehindert sind. Wer im Zwischenreich männlicher Verweigerung unterwegs ist, stößt auf eine ganze Kette von Tricks. »Das kann ich nicht«, sagt ein Mann bei Anforderungen, die sein Selbstvertrauen und Prestige bedrohen. »Das sollen andere machen«, sagt er hochmütig von Dingen, die er wirklich nicht kann. Daß es solche Dinge überhaupt gibt, soll niemand erfahren. Frauen springen ein, wo Männer in dieser lächerlichen Weise überfordert sind. Ein Glücksfall für beide, daß Frauen kein so empfindliches Prestige haben wie Männer.

Warum ist die angemessene Plazierung der Strategischen Kommunikation in den Vorständen ein immer noch vernachlässigtes Thema? Weil Männer nur mäßig kommunizieren. Kurzschlußlogik: Was Männer nicht gut können, das mögen sie nicht besonders. Was Männer nicht gut können und nicht mögen, das kann nicht besonders wichtig sein. Da Management ein Spielplatz für Männervorlieben ist, bleibt die Kommunikation draußen. Erst Serien von Mißerfolgen, die diesem Fehlurteil folgen, belehren einige Unternehmen eines Besseren. Wo Frauen in der Führung mitarbeiten, dürfte es schneller gehen.

Männer streben nach Definitionsmacht, Frauen nach Kommunikationsmacht. Eines geht nicht ohne das andere. Frauen wissen das längst, weil sie daran gewöhnt sind, sich abhängig zu definieren. Männer gehen vom Gegenteil aus: Sie definieren die Welt und verändern sie. Frauen könnten ihnen regelmäßig zeigen, wo sie den Kontakt zu den Fakten verlieren. »Herr der Lage sein«, ein tägliches Ziel für Männer. Gelingt das mit der realen Lage nicht, schafft man kurzerhand eine andere. Das heißt dann »Fakten schaffen« und klingt nach Sieg.

Frauen sehen dabei gelassen zu. Ihnen ist Durchblick wichtiger als Macht. Und heute endlich begreifen sie: Durchblick ist Macht. Männer beobachten mit Vergnügen, wie Frauen gehorsam den männlichen Macher-Machtbegriff auf sich anwenden und feststellen: nur begrenzt tauglich. Recht haben sie – wenn sie nicht sich selbst damit meinen, sondern die männliche Variante von »Macht«. Für die gemischten Teams wird der Streit um die Macht kein Thema sein, weil Männer und Frauen verschiedene Spielarten von Macht entwickeln. Was herauskommt, ist ein nie gekanntes Balancespiel einander korrigierender Machtvarianten. Die Dämonie des Machtbegriffs liegt dann an einer elastischen Kette – Vertrauen und Kontrolle arbeiten einander zu.

Am Beispiel »Macht« wird deutlich, was für viele kämpferisch diskutierte Themen gilt: Sie kommen plötzlich abhanden, wenn wir den Bann des »Entweder-Oder« verlassen, der auch für die maskuline und feminine Hälfte der Welt galt, solange beide, Männer und Frauen, an der Unversöhnlichkeit mehr Gefallen fanden als an der komplementären Mischung ihrer Talente. Streit müssen sie nun gemeinsam bei den Problemen suchen – deren Zahl nicht abnimmt. Auch die Beute werden sie sich teilen wie die männlichen und weiblichen Alphatiere im Wolfsrudel. Daß auch Frauen Alphatiere sind, werden die Männer schnell erkennen – wenn sie aufgehört haben, die männliche Perspektive als die einzig mögliche oder jedenfalls überlegene auszugeben.

Dieses Buch hat deutlich gezeigt, daß die unmittelbare Bedrohung eines Mannes durch eine Frau oder einer Frau durch einen Mann im Business immer auf einem Fehlurteil beruht. Was beide leisten, ist immer verschieden. Wer von beiden im Team akut gebraucht wird, weiß das Team. Und dessen Urteil wird um so sicherer, je ausgewogener die männlich-weibliche Mischung ist.

Der Weg dahin sei zu weit, sagen viele. Als ich kürzlich die zarte Genfer Managerin Beth Krasna auf eine Frage aus dem Auditorium antworten hörte, wußte ich: Er verkürzt sich täglich. Krasna, die eine singuläre Saniererkarriere begonnen hat, sollte beantworten, wodurch ihr Maschinenbauunternehmen den Wettbewerbern voraus bleiben wolle. Was die grazile Frau in drei Sprachen antwortete, war nicht der Männertext *grow to be great*, sondern es waren drei Worte, die sie lächelnd und langsam in den Saal mit 200 Fachleuten lieferte: »To be faster – cheaper – better«. Jeder im Raum kannte ihre Geschichte, sie brauchte nicht aufzutrumpfen. Aber sie »brauchte« das Auftrumpfen auch nicht für sich selbst – weil sie eben eine Frau ist. Kein Waffenklirren, kein Schlachtruf.

Was sie sagte, klang fast bescheiden, aber auch entschieden und souverän. In ihrer Firma sind viele Männer, wie bei Ingenieurprodukten üblich. Die sorgen für den Schlachtenlärm und für das Triumphgeschrei, weil 1999 wieder ein gutes Jahr war. Auftritte wie die von Fiorina und Krasna mehren sich in diesen Jahren. Sie werden weiter zunehmen. Frauen sind es, die den Männern die Unsicherheit vor der weiblichen Komponente im Management nehmen. Dazu gehört Feingefühl, wie ich immer wieder gezeigt habe. Die

Mann und Frau –
zweimal die halbe Welt

Er	Sie
- Brechen - Abgrenzung - Ziel - Dominanz - Wut - Aggression - explorativ	- Biegen - Verbundenheit - Weg - Harmonie - Trauer - Hingabe - gehorsam

Er	Sie
- Herrschen - Verändern - Siegen - Überwinden - Handeln - Schützen - fight or flight	- Versöhnen - Bewahren - Überstehen - Verstehen - Dulden - Umarmen - Hegen und Hüten

© Prof. Dr. Höhler

Managerin ist eben nicht die Dame, die den Handschuh fallen läßt; der Blick, mit dem sie Ikarus beobachtet, wenn er – nur vordergründig an einen Sitzungstisch gefesselt – der Sonne mit seinen Flügeln immer näher kommt, ist eben nicht jener der Angebeteten, für die er die Sterne vom Himmel zu holen versprochen hat. Er hat ein ausgeprägtes Empfinden für den Rollenunterschied, der das eine vom andern trennt – obwohl er immer der Held sein möchte, in der einen wie in der andern Rolle. Ein falscher Wimpernschlag von den Businessfrauen, und er wird unsicher. Ich habe gezeigt, daß der Fluchtweg aus Unsicherheit für Männer Wut oder Angeberei ist; der Vereinfacher schlägt zu und »schafft Fakten«. Erstklassige Ergebnisse sind an diesem Tag nicht mehr möglich.

Wer sich hier als Frau überfordert fühlt oder Gerechtigkeitsdebatten vom Zaun brechen möchte, die mit »Wieso soll ich ...?« beginnen, wird auch in hundert anderen Situationen mit Männern scheitern. Die paar Register mehr, die ihre *multi-task*-Ausstattung den Frauen schenkt, wollen gespielt sein! Wer keinen Spaß daran hat, wird ohnehin bald über *burn-out*-Syndrom oder Mobbing klagen.

Viele von den hier besprochenen Zusammenhängen sind mit Männern nicht aufklärbar. Kommunikationsmacht, eine Frauendomäne, heißt auch, mit vielen Befunden allein sein. Das Schweigen der Männer ist ein großes Sammelbecken für weibliche Mißverständnisse, für Kleinmut und Spekulationen von Frauen. Grundsätzlich gilt: Je wortreicher sie wird, desto wortkarger reagiert er. Das gilt auch im Management. Frauen wissen meist viel mehr zu sagen, als dem Team zuträglich ist. Sie haben aber die adäquate soziale Sensibilität, um schnell zu lernen, wo das Schweigen der Männer beginnen könnte. Sprich nur so viel, daß Männern noch etwas zum Antworten bleibt, ist eine gute Regel. Nicht jede Nuance eines Themas muß zur Sprache kommen. Wichtiger ist für alle, »zur Sache« zu kommen. Frauen, so der männliche Eindruck, verzögern das oft.

Männer setzen ihre Statusnachrichten häufig wortlos ab: durch Bewegungsmuster, verschlossene Miene, »Chefmanieren«. Sie sorgen damit selbst für den Nachrichtenentzug, der Chefpositionen gefährlich macht. Bald sind sie nur noch mit Leuten zusammen, die

Mann und Frau – Ergänzung durch Verschiedenheit

Er	Sie

- erfolgsorientierter Vereinfacher

- bevorzugt schlußfolgernde **Logik** und **Ratio**

- Motto: Wie sieht die **Sachfrage** aus?

- macht durch **Regelbrüche** auf sich aufmerksam
  • mit viel Erfolg

- Anwältin der Komplexität und Widersprüche

- mischt Ratio mit **assoziativer Logik** und **Emotion**

- Motto: Was bedeutet die Sachfrage **für mich**?

- macht durch **Normtreue** und **Gehorsam** auf sich aufmerksam
  • mit weniger Erfolg

© Prof. Dr. Höhler

ebenfalls nichts erfahren: Chefs kommunizieren mit Chefs – wenn sie männlich sind. Frauen kommunizieren mit jedermann. »Mangelndes Statusbewußtsein«, so die männliche Diagnose. Aber was die Frauen dem Spitzengremium zuliefern, sind Nachrichten aus der wirklichen Welt – die immerhin Lebensraum von Mitarbeitern und Kunden ist.

Die Kommunikationsprobleme zwischen Männern und Frauen in unserer Kultur, die sich immerhin »Kommunikationsgesellschaft« nennt, entstehen an den Nahtstellen zwischen weiblichen und männlichen Erfolgsprinzipien. Seit die Debatte über mögliche Kombinationen dieser Erfolgsmuster läuft, hat sich der maskuline Wortschatz offensiv verändert; der weibliche beharrt auf defensiven Positionen. Wo Angriffslust aufflammt, wird das alte Modell »du oder ich« verstärkt.

Die männliche Position zur besseren Durchmischung der Beiträge verblüfft Frauen durch entspannte Gönnerhaftigkeit: Klar könnt ihr mitspielen, sagen die großen Jungs, aber lest mal die Spielregeln – und heult nicht, wenn ihr verliert! So die Kernbotschaft. In Watte verpackt, klingt das dann weniger harsch, aber ebenso verwirrend: »Ich habe immer schon lieber mit Frauen gearbeitet«, sagt Peter D. »Im Grunde war ich der erste Feminist in der Firma.« – »Frauen sind belastbarer und geduldiger«, fügt Henri an. Der Auftritt der Gönner hat hundert Variationen – und er langweilt starke Frauen. Das weibliche Profil, das sie wohlwollend zeichnen, ist eine Mischung aus Barbie mit Abitur und Pfadfinderin.

Wer mit Frauen arbeitet, vergißt diese Klischees männlichen Unwissens schnell. Aber Frauen sollten wissen: Solange das Urteil nicht genügend Nahrung erhält, regiert das Vorurteil. Das gilt nach beiden Seiten. Teams als Kommunikationszentren zwischen Männern und Frauen sind auch deshalb eilig anzustreben: weil wir nur so den Abschied von wechselseitigen heißgeliebten Vorurteilen beschleunigen können.

25. Männer und Frauen – als Team unschlagbar

»Führen durch Vorbild«: Nie ist das in den Firmenleitlinien so gemeint, wie es sich nun darstellt: Männer und Frauen sind Vorbilder füreinander, weil jeder und jede von beiden die jeweils anderen anspornt, mit den eigenen Stärken großzügig und mit den eigenen Schwächen selbstkritisch umzugehen.

Achtung vor dem abweichenden Leistungsspektrum des andern schließt Geringschätzung endgültig aus. Sie wirkt als Korrektiv gegen Kulturtraditionen, in denen wir gedankenlos Platz nehmen, um sie zu multiplizieren. Wer weiß, was in diesem Buch vorgestellt wurde, wird bei der Geringschätzung des einen oder anderen Geschlechts nie mehr mitspielen können.

Wo die Achtung das wechselseitige Verhalten bestimmt, gibt es mehr und mehr Anlässe zur Bewunderung. Der Stellenwert unzähliger altvertrauter Beobachtungen oder Meinungen über Männer und Frauen verschiebt sich in unerwartete Richtungen. Dabei vergeht uns keineswegs das Lächeln oder Lachen. Im Gegenteil: Der Humor nimmt im gleichen Maß zu, wie wir einander und uns selbst entspannter betrachten.

Nicht mehr Groll und Präpotenz bestimmen die Szene, sondern offene Neugier und gemeinsames Vergnügen. Wie sich die Bilder und ihre Zuordnung wandeln, zeige ich an einigen wohlvertrauten Beobachtungen nun noch einmal. Die Freude am gemeinsamen Sieg nach einer Epoche der schmerzlichen Verfeindung und des gestörten Verständnisses kann damit ihren Anfang nehmen.

Es läßt sich so leicht beweisen, daß Männer und Frauen nicht zusammenpassen. Man wähle nur einen beliebigen Satz wie diesen. Sie: »Es genügt nicht, die richtigen Gedanken zu einer Sache zu haben, man muß auch die richtigen Gefühle dazu haben.« Er darauf: »Es genügt eben nicht, nur die richtigen Gefühle zu einer Sache zu haben. Die richtigen Gedanken dazu muß man haben.« Ob es »richtige«, gar notwendige Gefühle zu einem Sachverhalt gebe, daran sollte man eher zweifeln, meint der Mann. Unvermeidliche Gefühle mögen sich einstellen, gewiß, aber Gefühle als Entscheidungs- und Handlungsgrundlage? Eher unbehaglich.

Gut, daß sie sich besser fühlt bei der Sache. Noch besser, wenn sie die Chance erhält, ihm davon etwas abzugeben: im Team. Frauen sind emotionale Kontrolle und Aufmunterung, das Gefühlstabu zu lockern, das je höher, desto entschiedener zugreift im Management. Gefühle haben heißt Gefühle auch bei anderen erkennen. Erst daraus entsteht die Qualifikation, strategisch mit Gefühlen umzugehen und sie bei anderen Menschen auszulösen. Wer heute noch behaupten will, dies sei kein Thema, sollte sich auf einem anderen Stern nach Arbeit umsehen.

Der erste Sieg lautet also: Strategische Balance von intelligenten und emotionalen Leistungen gelingt Männern und Frauen nur gemeinsam. Das Management-Motto »Erfolg trotz Gefühlen« wird abgelöst: »Nie mehr Erfolg ohne Gefühle.« Die Märkte brodeln nicht durch Intelligenz, sondern durch Gefühle. Der zweite Satz: Frauen haben keine Lobby. Nicht einmal bei den Frauen. Denn die Frauenlobby ist keine taugliche Lobby für Frauen: Sie ist eine Verliererlobby, die ein- und anklagt. Frauenmechanismen laufen so: Eine Frau, die Glanz entwickelt, wird weggebissen, weil sie das Bild der verfolgten Unschuld stört. Beispiel Aschenputtel: Die schöne Wettbewerberin ist böse. Frauen leben von verkannten Qualitäten. Sie haben sich daran gewöhnt.

Der Mann bestimmt seine Qualität selbst. Sein ganzes Leben lang macht er Qualitätsmitteilungen über sich selbst – auch, um den Standard festzulegen, auf dem er beurteilt werden möchte. Der Mann wartet nicht auf Entdeckung, sondern er führt den Entdeckern die Hand: »Ich bin's! Besser ist keiner!«

Hat er also eine Lobby? Ja, er hat sie, aber sie tritt hier noch gar nicht auf. Sie bestimmt sein Bewußtsein. Es ist die Gruppe der an-

Was kostet eine Karriere?

Frauen beweisen, daß Männer zuviel dafür bezahlen –

- **an Freiheit**
- **sozialer Kompetenz**
- **emotionaler Kondition**

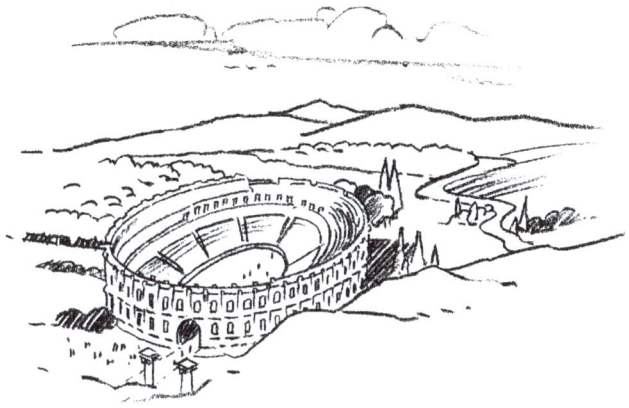

Frauen öffnen Karrieren in Richtung Leben.

Männer werden von ihnen lernen.

© Prof. Dr. Höhler

dern Männer, von denen er sicher weiß, daß sie als Rudelgefährten in Frage kommen und daß sie als Rivalen zur Verfügung stehen – also zwei Grundbedürfnisse mit ihm teilen. Er ist »einer von ihnen«, das weiß er seit seiner Kinderzeit.

Die Frau hat also den weiteren Weg, wenn sie Alphatier im Rudel werden will. Sie wird von der Männerlobby erst sehr spät aufgenommen, dann nämlich, wenn sie bewiesen hat, daß sie die Spielregeln einhält und das männliche Grenzempfinden zwischen Privat und Öffentlich achtet.

Sie hat aber zugleich nicht die Zwänge zu bearbeiten, unter denen ein Mann leidet: starke Impulse niederhalten, Reptilhirn abschalten, die Liste der Elementarverzichte mit großer Härte gegen sich selbst führen. Frauen machen ihren Erfolg ohne diese elementaren Verzichte – oder sie scheitern daran. Das ist eine beachtlich vorteilhafte Ausgangsposition, von der niemals gesprochen wird.

Frauen kostet die Karriere weniger – aus einem einfachen Grunde: Sie weigern sich, soviel zu bezahlen. Und es geht. Damit liefern sie dem Team ein offenes Fenster in das wirkliche Leben – und den Ausblick auf eine Alternative zur männlichen Opferbereitschaft, die im anbrechenden Jahrhundert Schule machen wird.

Frauen spüren es noch: Das Hochseil schwankt. Sie fühlen die Absturzvermutungen der Zuschauer. Das macht sie besser. Je höher eine Frau nach oben steigt, desto gelassener sieht sie der Entzauberung der Topshots zu. Männlicher Durchschnitt kann es zu sehr guten Plätzen bringen. Erstklassige Frauen entlarven aber auch die Legende, Frauen müßten viel besser sein als Männer, um nach oben zu kommen. Frauen fallen mehr auf, weil sie – noch – die seltenere Spezies sind. Man kommentiert sie mehr. Aber es genügt auch für Frauen, gut zu sein, um auf gute Plätze zu gelangen. Der Einwand, dort seien aber auch durchschnittliche Männer, verdient zwei Hinweise. Erstens: Ein guter Platz läßt sich dennoch besser halten, wenn man gut ist. Das kostet auch weniger Stress. Und zweitens: Eine mittelmäßige Frau, die auf einen guten Platz will, braucht einen starken Willen und ein gehöriges Maß an Selbstüberschätzung. Dann schafft sie es. Ich habe darüber berichtet, daß diese Kombination bei Männern häufiger ist.

Das Business-Szenario heute

- vielseitig qualifizierte Frauen
  Prinzip: aufblenden!

- einseitig getrimmte Männer
  Prinzip: ausblenden!

Das Business-Szenario morgen
vielseitig qualifizierte Männer und Frauen
entscheiden gemeinsam:

Ausblenden? Aufblenden?
Ausleuchten!

© Prof. Dr. Höhler

Schließlich führt dieses Aufrechnen am Wichtigsten vorbei: Frauen wollen ja nicht den Club der Blender und Prahler vergrößern, sondern durch ihre Präsenz die Qualität der Teams und ihrer Erfolge verbessern. Warum halten wir uns dann mit fruchtlosen Eifersüchteleien auf? Die Chance lautet: Frauen sind nicht abgelenkt durch Rivalitäten und Imponiergehabe. Sie haben mehr Energie für Arbeit und ein hellwaches Sensorium für das Teamklima.

Ihr Wissensvorsprung beruht auf diesen Vorteilen. Sie müssen immer im Bewußtsein haben: Die Macht der Frauen über das Teamklima ist kaum erforscht und weit unterschätzt. Was wir bereits zuverlässig wissen, ist in diesem Buch festgehalten. Hier sei dazu wiederholt: Schwache Frauen machen Männer schwach. Starke Frauen machen Männer stark. Unsichere Frauen rauben Männern das Wichtigste: ihre Sicherheit. Das verzeihen Männer nicht. Sie werden sich an der Frau, die sie aus dem männlichen Sicherheitskonzept geworfen hat, rächen. Frauen, die dies wissen, beginnen zu begreifen, wieviel Schutz sie, ganz gegen die geltenden Klischees, Männern im Business gewähren sollten, damit der gemeinsame Erfolg wachsen kann.

Überall in der Welt des Business sitzen vielseitige Frauen mit einseitig getrimmten Männern zusammen. Sein Erfolgsmuster: ausblenden. Ihres: aufblenden! Aus diesem Unterschied ziehen gute Teams all ihre Kraft – wenn beide, Männer und Frauen, bereit sind, die alten Klischees der Auseinandersetzung zu verlassen und die »Zusammensetzung« der Kräfte produktiv zu machen. Männer werden dabei lernen, über ihre Verzichtbereitschaft gegenüber dem reichen Leben »da draußen« kritischer nachzudenken, und Frauen werden zu unterscheiden lernen zwischen notwendiger Vereinfachung und lockender Weiträumigkeit der Perspektive.

Frauen als Neulinge in den männlichen Netzwerken spüren sehr genau, daß sie im Prozeß des Mitspielens Vorteile aufgeben, die sie »als Frauen« bei diesen Männern hätten. Sie erfahren aber sehr schnell, wodurch dieses Opfer kompensiert wird: Stück für Stück blenden Frauen ihre Vorsprünge in die männlichen Handlungsmuster ein, wie ich es an vielen Beispielen in diesem Buch gezeigt habe. Damit nehmen sie endlich teil an dem, was für Männer selbstverständlich ist: die Lebenswelt auch dort mitzugestalten, wo Männer bisher allein gelassen wurden mit ihrer Hälfte der Welt.

Erst wenn sie das erlebt hat, begreift die Frau, daß sie nun mehr erreicht hat als die meisten Männer: Sie hat ja nicht jene Hälfte der Welt, in der sie sich auskennt, hinter sich gelassen, sondern sie hat viel mehr davon mitgenommen, als Männer sich selbst je zugestehen würden. Der »Rest der Welt« begleitet sie überall in Assoziationen und Simultangedanken: das Haus, die Blumen, die Kinder. Was sie zur Arbeit beiträgt, ist von dieser weiträumigen Perspektive geprägt; sie bringt Gelassenheit und Realitätssinn – kurz: die Wirklichkeit der Märkte ins Spiel, die den hochspezialisierten Männern aus dem Blick geraten ist.

Männer spüren die Botschaft. Sie löst Wehmut aus. Frauen sind also immer noch zu Hause in jener Welt, die der Mann als Schuljunge bewohnt hat. Es scheint, als bewohnten Frauen diese Welt der Träume, der Kinderzimmer und Blumenarrangements, der Zimtpfannkuchen und Beerensträucher immer noch. – Wie kann das sein? geht es einem nach dem andern durch den Kopf. Frauen wissen, wie Kunden fühlen, und die Männer im Management beginnen, sich darauf zu verlassen. Frauen zeigen Männern im Team, wie man »auch« leben kann, und von dieser Entdeckung geht eine deutliche Lockerung der Haltung im Männergremium aus: Man stürzt also doch nicht gleich ab, wenn man an normale Dinge denkt, sogar von ihnen spricht. Was noch verblüffender ist: Man kann mit so viel Normalität, wie sie die Frauen mitbringen, sogar an die Spitze gelangen.

Spontan empört es die Männer, aber das ist nur der Schatten eines Moments. Dann atmen sie erleichtert durch und beginnen zu genießen, was Frauen mitbringen: etwas mehr Abstand zu den Ritualen. Dafür gibt es viele kuriose Beispiele. In der Firma *Redwood* fand Jahr für Jahr in der letzten Augustwoche ein mehrtägiges Klausurmeeting der Konzernspitze statt, das jedem der Manager sein Ferienkonzept zerstörte. Keiner sagte es. Erst als Susan Tellme in den Topzirkel aufgerückt war und im zweiten Jahr ihrer Teilnahme den Augusttermin als Problem für ihren Kalender bezeichnete, atmeten alle Männer hörbar auf. Erstaunte und erleichterte Blicke richteten sich auf die Tabubrecherin: In Minuten war der Termin vom Tisch. Susan kam aus dem Staunen nicht heraus: So setzen Männer sich unter Zwang, ganz freiwillig.

Ein ähnliches Erlebnis, freilich etwas ernsterer Art, hatte Isa Brend im Finanzkonzern *Risky*. Als sie nach der zweiten oder dritten Sitzung im Board von *Risky* mit einem der Kollegen zum Flughafen fuhr, begann dieser: »Ist das nicht ein seltsamer Konzern, der sechshundert Seiten Material auf unsere Plätze legt, die wir gar nicht lesen können, und kein Stück Papier verschickt?« Darüber hatte Isa sich auch schon gewundert. »Wir müssen das ändern«, sagte sie. Auch Mr. Orly mußte also neu im Board sein. »Wie lange sind Sie denn schon dabei?« fragte sie ihn. »Sieben Jahre«, war die Antwort. Und Orly fuhr fort: »Können Sie nicht einmal etwas sagen?« Er selbst hatte das Verfahren nie moniert. Feigheit unter Männern. Die mit dem Mut der Frauen selbstverständlich rechnen. Gerade weil sie wissen: Frauen lassen sich nicht so von Ritualen knechten wie sie selbst, die Männer.

Das heißt aber immerhin: Männer erkennen, daß Frauen freier von Zwängen agieren. Und sie greifen auf diese weibliche Überlegenheit zurück. Klartext: Mit Frauen entstehen mehr Handlungsvarianten; und Männer greifen zu. Es geht also nicht einfach darum, die Siege im Männerland mit den Frauen zu teilen. Vielmehr haben die gemeinsamen Siege eine andere Qualität: Sie sind umfassender. Unweigerlich wirken sie auf die Wegstrecken zurück, die Männer unter Verachtung vieler Bedürfnisse, vor allem der eigenen, zu gehen gewohnt waren.

Das große Ego, mit dem sie unterwegs sind, ist ja in Wahrheit nur ein kläglicher Ersatz für all die Lebensgüter und Werte, die sie hinter sich lassen, um auf einer Straße erfolgreich zu sein; der steilsten zum Gipfel. »Da hat nicht viel anderes Platz«, sagte der freundliche Chef des Technologiekonzerns. Und sein rundes, lächelndes Gesicht ließ ahnen, daß er sich wenigstens noch erinnerte, was alles im Leben Platz finden könnte, hätte man sich nicht für den Orden der Businesspriester entschieden. Er befiehlt Armut – nicht materielle, sondern bedrohlichere: Armut an Gefühlen, Armut an direkten Begegnungen und spontanen Taten, tiefen Erlebnissen – eine Armut der Seele. Der Orden bietet einen Teil des Lebens, einen kleinen Ausschnitt für das Ganze. Weil der Ausschnitt in luftiger Höhe liegt, stimmen Männer zu. Fliegen wie Ikarus, die Götter herausfordern wie Prometheus, mächtiger scheinen, als Menschen je sein können: Ja, das wollen sie. Es ist der alte Pakt, den Gretchen nicht versteht.

Die kluge Frau, den Umgang mit Männern gewohnt, versteht die Faszination, und erlebt genußvoll, daß sie sie für sich außer Kraft setzen kann. Sie kam mit mehr Optionen zur Welt und muß nicht mehr wählen: Sie hat sie. Bald erfährt sie, wieviel von diesem ungeheuren Vorteil sie Männern zurückgeben kann. Damit ist ihr Unterlegenheitsproblem dann endgültig erledigt. Sie steht auf dem Gipfel und ist frei – umgeben von Gefangenen, die mit Statuszwängen und Rangordnungen kämpfen. Sie kann ihnen zumindest zeigen, daß es sich lohnt, frei zu sein.

Die Besten unter den Männern spüren es als erste: Sie ist nicht die Beute, sondern die Göttin der Jagd. Ohne sie glückt nichts. Und sie wird die gemeinsamen Erfolge schützen, wie die Alphawölfin ihre Jungen verteidigt. Es gibt Augenblicke in der Arbeit gemischter Teams, wo beide, Männer und Frauen, begreifen, das sie aufeinander angewiesen sind wie ihre Vorfahren.

Seltsam verschlüsselte Wege zu einander deuten sich an: Da reden Männer von einer Kundenbeziehung, die alle Merkmale der Reue für jene Versäumnisse trägt, durch die sie ihre Ehe zerstören. Hellhörig solle man mit dem Kunden umgehen, flexibel und in verläßlicher Treue. Jedes Kundenwort müsse der Firma wichtig sein, auch das unvernünftige – schließlich sei er kein Profi ... Das klingt wie ein Programm der Abbitte für alles das, was ihnen privat mißlingt. Hier, wo ihre Frau sie nicht beobachtet, predigen sie jene Tugenden, die sie verraten.

Wer sie bei Empfängen sieht, die Machtmänner mit den dicken Bäuchen, der hat den Eindruck, als suchten sie die machtvolle, in sich ruhende Präsenz schwangerer Frauen. Sie wissen: Frauen stehen sicherer auf ihren Füßen. Ist ihre Schwäche vielleicht nur ein Zugeständnis an das männliche Dominanzbedürfnis – also eine List?

Frauen sind Grenzgänger zwischen den feindlichen Linien. Während die Männer Losungsworte austauschen – »Freund oder Feind?« –, liefern Frauen die Formel, die morgen beide Fronten verbinden wird. Wolfsrudel brauchen Wölfinnen.

Register

Aggression 14, 15, 16, 20, 56, 58, 61, 62, 66, 71, 77, 111, 127, 131, 133, 150, 281
Aggressor 114
Alphafrau 123
Alphamann 114
Alphaqualitäten 123
Alpharolle 125
Alpharüde 125, 126, 128
Alphatier 28, 114, 124, 125, 133, 195, 280, 288
Alphawolf 125, 132
Alphawölfin 125, 128, 129, 130, 132, 229, 293
Androgene 30, 115, 117, 148
Angst 19, 36, 201
Apha-Anspruch 130
assoziative Intelligenz 124
Autisten 95, 168, 193

Balance 14, 16, 28, 202, 286
Balancestörungen 14
Balanceverlust 213
Betroffenheit 134, 135

Brutpflege 24, 25
business hero 248

commitment 180, 186
corporate profile 52, 102, 243, 245
Cranfield University 179, 186
Cranfield-Studie 186, 189, 272
Dienstleistung 23, 86, 102, 236, 269, 271
Dominanz 15, 16, 17, 24, 27, 28, 53, 57, 124, 133, 136, 269, 293
Doping 85

Echsen 23
Ego 171, 194, 195, 271, 272, 292
Egomanie 138, 168, 192, 259
Egotrip 137
Emotion 18, 19, 20, 21, 36, 38, 40, 41, 50, 63, 104, 107, 108, 149, 164, 188, 191, 219, 224, 247, 276, 283, 286
emotionale Intelligenz 247, 248

emotionaler Stress 63
Emotionalität 18
Empathie 21, 53, 161, 167, 181, 237, 242, 267, 270
Ethik 24, 107, 125, 128, 168, 170, 220, 223, 227, 237, 238, 239, 243, 258
Ethos 24, 100, 102, 125, 166, 170
Evolution 14, 15, 17, 19, 20, 25, 31, 34, 46, 86, 111, 232
evolutionärer Beistandspakt 35
Evolutionsbiologie 14, 124, 147, 274

feminin 39, 52, 77, 81, 166, 265, 266, 271, 272, 274, 280
Feminismus 32, 39, 68, 85, 197, 229, 230, 268
Feminist 284
Fight-or-flight(-Impuls) 127, 150, 160, 281
Firmenego 236
Fokus 273
Fokussierung 51, 224
Fortune 229, 230
Frauengehirne 43
Frauenland 23
Fürsorge 13, 14, 15, 16, 17, 25
Fürsorglichkeit 15, 24, 25, 28
Fusion 253, 253, 254, 255, 257, 258, 259, 260, 261, 263, 264

Gebärdensprache 106, 125, 126
Gehirn 19, 27, 30, 31, 33, 37, 39, 40, 41, 41, 47, 50, 54, 55, 57, 58, 61, 114, 268

Gewalt 13
global manager 241, 242, 247
global player 99
global profile 246
Greenpeace 265
Großfusionen 38
guter Hirte 190

Held 58, 57, 58, 66, 78, 99, 102, 104, 129, 153, 258, 264
Heldenrollen 78
Heldin 264
high-risk gambler 26, 55, 164, 180, 246, 273
high-trust 176, 243
high-trust company 237, 239
high-trust culture 102
Hirnareale 276
Hirnforschung 20, 41, 55, 77, 114, 219, 234, 268
Hirnphysiologie 127
Hirnregionen 53, 55, 57, 58, 63
Hirnzellen 46, 52, 113
Hohepriester 203
Homo sapiens 13, 14, 15, 19, 23, 234
Hormone 30, 40, 41, 113, 114, 115, 117, 144
Hormonforschung 41, 116

Imponieren 59, 66, 144, 181, 182
Imponiergehabe 21, 24, 111, 125, 143, 179, 248, 253, 271, 290
Innovation 22, 86, 162, 228, 238, 243

Intellekt 111
Intelligenz 41, 86, 108, 128, 134, 286
Intelligenzquotient 41

Jagd 17, 22, 173, 213, 216, 256, 293
Jäger 21, 22, 46, 98, 114, 148, 171, 173, 254, 256

Kampf 98, 114, 125, 126, 127, 132, 157, 160, 165, 171, 184, 194, 195, 209, 210, 231, 239
Kampfatmosphäre 127
Kampfeswut 111
Kampfgeist 104
Kampfordnung 127
Kampfszene 136
Kinder 66, 68, 76, 92, 192, 196, 197, 209, 210, 211, 213, 214, 215, 216, 217, 220, 221, 222, 223, 224, 225, 274, 277, 288, 291
Kinderland 209
Kinderträume 93
Kindheit 148, 216
kognitive Differenz 43
kognitive Fremdheit 41
kognitives Fremdeln 43
Kommunikation 14, 21, 34, 37, 52, 53, 56, 57, 80, 86, 102, 158, 179, 181, 184, 236, 238, 243, 258, 259, 263, 269, 278, 279, 282, 284
Kommunikationsmacht 21
Komplexitätsmacht 52
Konkurrenz 79, 92, 111, 124, 141, 160, 170, 172, 190, 194, 205, 227, 230, 231, 269
Konkurrenzrituale 176
Krasna, Beth 280
Kunde 97, 100, 107, 110, 219, 239, 269, 271, 293
Kundenbeziehung 106, 236, 238, 269, 293
Kundenservice 107
künstliche Intelligenz 234

Lamm 121, 134, 192
Leittier 71
limbisches Nachglühen 60, 73
limbisches System 33, 37, 53, 55, 56, 57, 58, 65, 245
Löwe 100
Löwin 100, 114

Macht 91, 93, 105, 124, 125, 149, 174, 175, 176, 192, 193, 196, 200, 233, 265, 268, 274, 279, 290, 293
Machtkämpfe 124, 126, 142
Machtposition 95, 126
Machtzentrum 125
Männergehirne 71
Männerland 138, 207, 218
Männerteams 127
maskufeminin 209, 233
maskulin 39, 52, 73, 76, 81, 155, 272, 274, 276, 280, 284
Meerechsen 17, 24
men's 237
Menschenrudel 129

mission 102
mission-Statement 100
Motivation 106, 151, 172, 194, 219, 227, 236, 244
Motivationskultur 326
multi-task 34, 37, 68, 220, 226, 234, 265, 273, 282
multi-view 50, 51

Neocortex 33, 276

Opfer 43, 62, 92, 94, 128, 144, 148, 161, 163, 165, 226, 274, 288
Opferlamm 142, 163
Opferpower 66, 69, 70, 135, 136, 141, 142, 266, 267, 270, 274
Opferrolle 141, 148, 153, 197
Oxytocin 63

Panoramablick 26, 87
personal values 189
Priester 292
Priesterkaste 254
Priesterschaft 193
Primaten 14

Rang 127, 129, 132, 134, 144, 164, 194, 199
Rangbeziehungen 127
ranghöchst 132
Rangkämpfe 128, 129, 130, 168
rangniedrigst 132
Rangordnung 124, 127, 130, 133, 175, 204

Ratio 19, 21, 55, 111, 114, 118, 283
räumliche Orientierung 46
räumliche Prozesse 46
räumliche Vorstellung 43, 48
Reptilhirn 23, 32, 33, 34, 35, 36, 37, 38, 53, 55, 56, 57, 58, 65, 66, 114, 127, 150, 190, 204, 272, 288
risk taker 180
Ritual 55, 65, 92, 113, 123, 137, 138, 139, 151, 162, 163, 165, 181, 193, 199, 201, 203, 204, 254, 292
Rivalenrudel 123
Rivalität 28, 30, 57, 58, 73, 74, 96, 138, 142, 160, 161, 176, 192, 194, 198, 224, 231, 290
Rivalitätsrituale 176
Rollen 82, 83, 131, 218
Rollenbilder 134
Rudel 100, 110, 128, 132, 133, 166, 288
Rudelkampf 176

safe investor 26, 55, 65, 144, 164, 180, 273
Sammeln 17
Scase, Richard 275
Schafspelz 123, 141
Schmerz 148, 150
Selbstbehauptung 43, 59, 66, 183
self-fulfilling prophecy 142
self-promotion 180, 182, 189, 272

self-realisers 186, 189
Service 106
Shareholder 111
Siegeswille 30
silent revolution 84, 85
Solidarität 28, 71, 79, 124, 125, 160, 170, 194, 198, 230, 269
Spiel 129, 130, 151, 161, 163, 165, 166, 169, 170, 173, 177, 194, 202, 213, 216, 227, 233, 234
Spielerisches 255
Spielernst 151
Spielpläne 254
Spielplatz 258, 259, 279
Stammhirn 18, 19, 33, 57, 61, 111, 232
Status 55, 130, 151, 196, 197, 198, 199, 200, 202, 203, 204, 205
Statusjagd 202
strategische Kommunikation 52, 263
Stress 62, 63, 74, 269, 288
Stresshormone 113, 237

Täter 62, 73
Team 25, 28, 38, 47, 50, 52, 54, 63, 68, 70, 72, 73, 75, 77, 85, 86, 88, 98, 102, 110, 115, 127, 128, 130, 151, 155, 164, 166, 169, 176, 182, 194, 205, 217, 218, 224, 234, 240, 241, 254, 256, 258, 262, 262, 270, 272, 273, 278, 279, 280, 282, 284, 285, 286, 288, 290, 291

Teamwork 77, 110, 194
Testosteron 27, 28, 29, 30, 31, 63, 71, 84, 114, 115, 116, 117, 257, 258
Trauen 281
Trauer 35, 36, 59, 66, 68, 201
Tunnel 192, 207
Tunnelblick 11, 26, 87, 88, 238, 273
Tunnelperspektive 265

Überleben 16, 17, 24, 27, 133, 176, 218
Überlebensimpulse 22, 23
Überlebenskämpfe 23
Überlebensprogramme 17
Überlebensstrategien 16
Urteam 26, 27

Vertrauen 245, 269
Vertrauenskultur 176, 239, 257, 269
Vertrauensmanagement 269
Virtualität 19, 86, 101, 134, 139, 222, 229, 230, 233, 238, 245, 258, 259, 268

Werte 120, 245, 268, 292
Wertvorstellungen 239
Wolf 17, 23, 121, 123, 127, 128, 129, 130, 131, 132, 133, 164, 166, 190, 192, 265, 271
Wölfin 17, 129, 130, 131, 132, 133, 141, 164, 166, 226, 251, 293
Wolfsbruder 126

Wolfsforscher 124, 125, 126
Wolfspelz 142
Wolfsrüde 17
Wolfsrudel 124, 127, 129, 133, 168, 293

Wolfswelt 126
Wut 35, 36, 59, 62, 63, 66, 68, 71, 201, 281, 282

Zentralnervensystem 14
Zimen, Erik 126

*»Auf originelle Art zeigt Goeudevert
Auswege aus der Bildungskrise«
Focus*

Um die Bildung ist es in Deutschland mittlerweile schlecht bestellt. Internationale Vergleichsstudien wie die PISA-Studie stellen der Jugend ein mäßiges Zeugnis aus. Nahezu im gesamten, für die Gestaltung unserer Zukunft so essentiell wichtigen Bildungs- und Ausbildungsbereich herrscht der Notstand. Der ehemalige Topmanager und Bestsellerautor Daniel Goeudevert zeigt konkrete Auswege aus der Bildungskrise. Für Schule, Universität, Berufsausbildung und Weiterbildung schlägt er Maßnahmen vor, die das Bildungswesen erneuern und dadurch gewährleisten können, dass wir und nachfolgende Generationen den Herausforderungen des 21. Jahrhunderts gewachsen sind.

Daniel Goeudevert

Der Horizont hat Flügel

Die Zukunft der Bildung

Erweiterte Taschenbuchausgabe

ULLSTEIN TASCHENBUCH

»Ich war und bleibe engagierter Anhänger der europäischen Integration aus strategischem, patriotischem Interesse.«

Europa steht vor gewaltigen Herausforderungen – so die Diagnose von Altbundeskanzler Helmut Schmidt. Die weltweiten Rahmenbedingungen verändern sich dramatisch. Frieden, Freiheit und Wohlstand in Europa sind keineswegs auf Dauer gesichert. Nur wenn Europa gemeinsam auftritt, hat es eine Chance, sich in der Weltpolitik des 21. Jahrhunderts zu behaupten. Aber noch ist die Europäische Union dieser Aufgabe nicht gewachsen. Vor der Aufnahme neuer Teilnehmerstaaten muß daher eine weitreichende Reform der EU stehen. Andernfalls ist ihr Scheitern nicht ausgeschlossen ...

»Wie eh und je argumentiert Schmidt nüchtern, sachlich und überzeugt durch Kompetenz«
Berliner Morgenpost

Helmut Schmidt

Die Selbstbehauptung Europas

Perspektiven für das 21. Jahrhundert

Aktualisierte Taschenbuchausgabe

ULLSTEIN TASCHENBUCH

Trotz allem heiter

War schon sein Vater, der »Wüstenfuchs« Erwin Rommel, eine Legende, so ist es der ehemalige Oberbürgermeister von Stuttgart, Manfred Rommel, nicht minder. Wer gegen ihn antrat, war schon Verlierer, entwaffnet und überlistet von seinem unverwechselbaren Witz. Wenn auch unablässig das Fehlen politischer Vorbilder beklagt wird: Mit seiner humorvollen und liberalen Art hat Manfred Rommel es geschafft, die Politik menschlicher zu machen. Hier erzählt er nachdenklich und amüsant aus seinem ereignisreichen Leben.

Manfred Rommel
Trotz allem heiter
Erinnerungen
Mit Abbildungen

ULLSTEIN TASCHENBUCH